Konforowitsch · Logischen Katastrophen auf der Spur

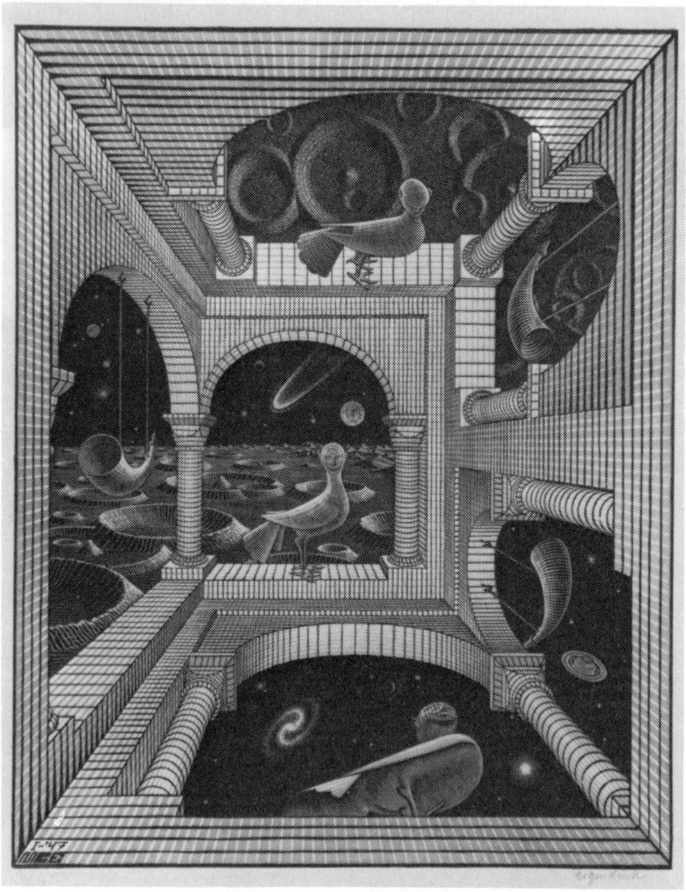

ANDREJ GRIGORJEWITSCH KONFOROWITSCH

Logischen Katastrophen auf der Spur

– Mathematische Sophismen und Paradoxa –
mit 122 Bildern
und 178 Aufgaben mit Lösungen

2. Auflage

Fachbuchverlag Leipzig
im Carl Hanser Verlag

Titel der Originalausgabe: А. Г. Конфорович
Математичні софізми і парадокси. Київ »Радянська школа«, 1983 г.

Übersetzung aus dem Ukrainischen:
Dipl.-Math. Galina Stephan, Berlin
Dipl.-Math. Holger Stephan, Berlin
Wissenschaftliche Redaktion:
Prof. Dr. rer. nat. habil. Siegfried Gottwald, Leipzig

Die Deutsche Bibliothek – CIP-Einheitsaufnahme

Konforovyč, Andrij H.:
Logischen Katastrophen auf der Spur : mathematische Sophismen und Paradoxa ; 178 Aufgaben mit Lösungen / Andrej Grigorjewitsch Konforowitsch. [Übers. aus dem Ukrain.: Galina Stephan ; Holger Stephan]. – 2. Aufl. – Leipzig ; Köln : Fachbuchverl., 1992
Einheitssacht.: Matematyčni sofizmy i paradoksy <dt.>
ISBN 3-343-00831-1

ISBN 3-446-00831-4

Unveränderter Nachdruck 1997
Fachbuchverlag Leipzig im Carl Hanser Verlag

Druck und Bindung: Druckerei zu Altenburg GmbH, Altenburg
Printed in Germany

Inhaltsverzeichnis

Vorwort . . . 7

1. Die Wahrheit und der Weg zu ihr . . . 11

Was ist Wahrheit? . . . 12
Sprache und Denkformen . . . 16
Wie wir logische Schlüsse ziehen . . . 22
Wie gelangt man zur Wahrheit? . . . 26
Wie sich die Wahrheit beherrschen läßt . . . 38
Wie man die Wahrheit beweisen kann . . . 42
Über die Erkenntnis, die Wahrheit, Paradoxa und die Mathematik . . . 44

2. Arithmetik . . . 51

Erste Überraschungen . . . 52
Ungebräuchliche Regeln der Arithmetik . . . 54
Pierre de Fermats nicht aufgenommener Handschuh . . . 57
Interessante Aufgaben . . . 59
Lösungen . . . 62

3. Algebra und Anfänge der Analysis . . . 71

Alte Bekannte . . . 72
Neue Möglichkeiten – neue Resultate . . . 76
Die Methode der vollständigen Induktion . . . 82
Abenteuer mit Gleichungen und Ungleichungen . . . 84
Antworten und Lösungen . . . 92

4. Geometrie . . . 103

Erste Sophismen . . . 104
Der wohlbekannte und doch nicht bestimmbare Flächeninhalt . . . 121
Überraschungen der Unendlichkeit . . . 133
Im Banne des Parallelenaxioms . . . 143
Interessante Aufgaben . . . 150
Antworten und Lösungen . . . 157

5. Logik 191

Auf den Spuren logischer Katastrophen 192
Weitere Sophismen und Paradoxa 198
Logikaufgaben 203
Antworten, Lösungen und Kommentare 228

Benutzte und empfehlenswerte Literatur 245
Bildnachweis 248
Personenregister 249

Vorwort

Wer dem Paradoxen gegenübersteht, setzt sich der Wirklichkeit aus.

F. Dürrenmatt

Der Erkenntnisprozeß der Umwelt durch den Menschen ist ein Triumphmarsch, da jedes aufgedeckte Geheimnis das Vertrauen des Menschen in seine Kraft festigt. Doch auf dem Weg des siegreichen menschlichen Denkens erhoben sich gewaltige, scheinbar unüberwindliche Hindernisse – Aufgaben, vor denen sich raffinierteste Überlegungen als machtlos erwiesen. Die Gelehrten empfanden solche Mißerfolge stets schmerzlich. Der antike griechische Philosoph Diodoros Chronos soll der Überlieferung nach vor Verzweiflung gestorben sein, weil er eines der ältesten logischen Rätsel – das Paradoxon des Eubulides (siehe Abschnitt 5., Aufgabe 5) – nicht auflösen konnte. Ein anderer Philosoph, Philetas von Kos, dem dasselbe Mißgeschick widerfuhr, soll seinem Leben durch Selbstmord ein Ende gesetzt haben.

Die antiken griechischen Gelehrten stießen auch in der Mathematik auf unlösbare Aufgaben. Sie unternahmen große Anstrengungen, um den Entstehungsmechanismus solcher Rätsel herauszufinden. Es wurde festgestellt, daß unser Denken bestimmten Gesetzen (den Gesetzen der Logik) unterworfen ist, deren Verletzung die Ergebnisse solcher Überlegungen wertlos macht. Die Unlösbarkeit der Aufgaben, auf die Diodoros Chronos und Philetas von Kos stießen, läßt sich in der Regel mit Verstößen gegen die Gesetze der Logik erklären. Deshalb erhob sich schon damals dringend die Frage eines Systems »vorbeugender Maßnahmen« – die Beachtung bestimmter Denkregeln zur Umgehung logischer Fallen. Der in der Geschichte vermutlich erste Versuch zur Durchführung einer »logischen Prophylaxe« für Anfänger in der Mathematik ist einem bedeutenden Mathematiker der griechischen Antike, dem Autor der berühmten »Elemente«, Euklid, zuzuschreiben. Er verfaßte eine eindrucksvolle Sammlung »Pseudaria«, in der er verschiedene Fehlschlüsse erfaßt zu haben scheint, denen diejenigen oft verfallen, die die Mathematik zu studieren beginnen. So war Euklid der Autor der ersten unter den bis heute bekannt gewordenen Anthologien mathematischer Sophismen und Paradoxa. Es ist nur zu bedauern, daß uns dieses Werk des Patriarchen der Mathematik nicht überliefert wurde. Dafür fand die Forderung Euklids nach Strenge und Denkkultur eine Vielzahl Nachfolger. Sie sammelten und veröffentlichten eine große Kollektion mathematischer Sophismen und Paradoxa. Auch in unserer Zeit setzen Pädagogen und Mathematiker dieses Anliegen fort. Denn Irren ist menschlich. Es ist wichtig, eigene und fremde Fehler herauszufinden und sie zu vermeiden. Gerade hier erweisen sich solche Sammlungen wie die »Pseudaria« als nützlich. Es ist verständlich, daß die nach einem Fehler Suchenden die größte Befriedigung erlangen können, je kniffliger ein Sophismus ist, je meisterhafter der Fehler versteckt ist; denn jede Widerlegung eines Sophismus ist vor allem eine kleine Entdeckung und eine schöne Schule der Denkkultur.

Die Sammlungen mathematischer Sophismen und Paradoxa waren bei Lehrern und jungen Mathematikern immer populär. Davon zeugen auch folgende interessante Fakten. Am 28. Juni 1846 schrieb N. G. Tschernyschewski seinem Bruder Alexander: »Mein lieber Freund und Bruder Sascha ... Ich bekenne Dir, daß man mir hier eine Nuß gegeben hat und ich elf Wochen und drei Tage sitze, ohne sie geknackt zu haben. Hilfst nicht wenigstens Du mir, denn sonst muß ich wohl wie der gute Ilja Muromez 30 Jahre lang sitzen? Ich hatte mir vorgenommen, nicht eher vom Stuhl aufzustehen, bis ich die Aufgabe gelöst habe, aber irgendwie gelingt es nicht; hilf wenigstens Du, einzig auf Dir liegt meine Hoffnung. Hier ist die Aufgabe:

›Das Quadrat einer beliebigen Seite in einem beliebigen Dreieck ist gleich der Summe der Quadrate der beiden anderen Seiten.‹« N. G. Tschernyschewski fügte dem Brief eine Zeichnung bei und gab Überlegungen an, die zu dem interessanten Sophismus führten (siehe Abschnitt 4., Aufgabe 22). Am 30. August 1846 legte Nikolai Gawrilowitsch dem Bruder wiederum einen Sophismus vor (siehe Abschnitt 4., Aufgabe 23).

Im September 1884 schrieb Alexander Uljanow, Student der Petersburger Universität, seiner Mutter: »Ich schicke Papa die Broschüre ›Mathematische Sophismen‹, die er haben wollte. Für Wolodja, denke ich, wird es sehr nützlich sein, wenn er diese Sophismen selbständig analysiert.« Es ist sehr wahrscheinlich, daß es sich dabei um das 1883 in Petersburg erschienene Buch »Mathematische Sophismen« des progressiven russischen Mathematikpädagogen W. I. Obreimow handelt, das die zu dieser Zeit beste russische Anthologie mathematischer Sophismen darstellte. Offenbar arbeitete W. I. Lenin, d. h. jener Wolodja Uljanow, dieses Buch von W. I. Obreimow sorgfältig durch, da er in seinen Werken des öfteren die Begriffe »Sophismus« und »Sophistik« verwendete.

Eines der ersten populärwissenschaftlichen Bücher über Mathematik, das im jungen Sowjetland herausgegeben wurde, war die aus dem Deutschen übersetzte Sammlung mathematischer Paradoxa »Wo steckt der Fehler?« von W. Lietzmann und V. Trier, die 1919 in Petrograd erschien. Heute gibt es zahlreiche Anthologien mathematischer und physikalischer Paradoxa, von denen das Literaturverzeichnis am Ende des Buches eine Auswahl bietet.

Unser Buch präsentiert den Lesern keine weitere Aufgabensammlung zur unterhaltsamen Mathematik, sondern lädt sie zu einer originellen Reise auf den aufregenden Wegen des menschlichen Denkens ein. Die Leser sollen an der schwierigen Suche nach Gesetzmäßigkeiten und Geheimnissen des abstrakten Denkens teilhaben.

Innerhalb der Abschnitte sind die Aufgaben in der Reihenfolge zunehmenden Schwierigkeitsgrades angeordnet. Man kann daher beginnend mit einem beliebigen Kapitel an den Aufgaben des Buches arbeiten. Notwendig ist nur das Studium des einführenden Teils des Buches. Es macht den Leser nicht nur mit dem Fragenkreis bekannt, der mit Sophismen und Paradoxa im Zusammenhang steht, sondern deckt auch die Quellen ihrer Entstehung auf.

Es sei vor Versuchen gewarnt, unter allen Umständen sofort die uns von den Denkern der Vergangenheit überlieferten logischen Knoten, die bis heute noch nicht den Anstrengungen der hervorragendsten Logiker und Mathematiker nachgegeben haben, lösen zu wollen. Es lohnt nicht, sich an einem scheinbaren Sieg zu erfreuen. In diesem Fall geraten Sie sicher in eine der logischen Fallen, die im Abschnitt 1. behandelt werden. Hier ist Ausdauer nötig und die Bereitschaft, die Illusion eines leichten Sieges aufzugeben.

Der Beginn der Überlegungen, die zu sophistischen Schlüssen führen, wird durch das Zeichen ▲ und das Ende durch ■ angezeigt.

1. Die Wahrheit und der Weg zu ihr

Die Wahrheit hat tausend Hindernisse zu überwinden, um unbeschädigt zu Papier zu kommen und von Papier wieder zu Kopf.
G. Ch. Lichtenberg

Was ist Wahrheit?

Von allem, was dem menschlichen Verstand zugänglich ist, ist nichts angenehmer und würdiger als die Erkenntnis der Wahrheit.

G. CARDANO

Im weitesten philosophischen Sinne ist Wahrheit die vollständig entsprechende identische Abbildung der realen Wirklichkeit durch den Menschen, die Widerspiegelung des Erkenntnisgegenstandes so, wie er außerhalb unseres Bewußtseins und unabhängig von ihm existiert.

Die Wahrheit nimmt im menschlichen Leben einen besonderen Platz ein. Sie bringt Freude oder Traurigkeit, bezaubert und ruft Zorn hervor, lähmt den Willen der Schwachen und führt die Starken zu großen Leistungen.

Von dem bedeutenden materialistischen Philosophen der griechischen Antike DEMOKRIT wird der Ausspruch überliefert, daß ihm das Auffinden einer kausalen Erklärung wichtiger sei als der persische Thron. Der große italienische Gelehrte GIORDANO BRUNO erduldete der wissenschaftlichen Wahrheit wegen grausame Foltern und mußte schließlich auf den Scheiterhaufen der Inquisition steigen.

Der Weg zur Wahrheit muß oft durch harte Arbeit gebahnt werden. So schrieb K. MARX: »Es gibt keine Landstraße für die Wissenschaft, und nur diejenigen haben Aussicht, ihre lichten Höhen zu erreichen, die die Mühe nicht scheuen, ihre steilen Pfade zu erklimmen.« Dieser treffende Aphorismus wird durch das Leben und Wirken vieler Gelehrter verschiedener Epochen und Völker belegt.

1820 schrieb der ungarische Mathematiker FARKAS (Wolfgang) BÓLYAI seinem Sohn JÁNOS (Johann), als er erfuhr, daß dieser das euklidische Parallelenaxiom beweisen wollte:

»Du darfst die Parallelen auf jenem Wege nicht versuchen; ich kenne diesen Weg bis an sein Ende – auch ich habe diese bodenlose Nacht durchmessen, jedes Licht, jede Freude meines Lebens sind in ihr ausgelöscht worden – ich beschwöre Dich bei Gott! laß die Lehre von den Parallelen in Frieden ... sie kann Dich um all' Deine Muße, um die Gesundheit, um Deine Ruhe und um Dein ganzes Lebensglück bringen. – Diese grundlose Finsternis würde vielleicht tausend NEWTONsche Riesentürme verschlingen, es wird nie auf Erden hell werden, und das armselige Menschengeschlecht wird nie etwas vollkommen Reines haben, selbst die Geometrie nicht; ... ich wäre bereit gewesen, zum Märtyrer zu werden, damit ich nur die Geometrie von diesem Makel gereinigt dem menschlichen Geschlecht übergeben könnte. Schauderhafte riesige Arbeiten habe ich vollbracht, habe bei weitem Besseres geleistet als bisher, aber keine vollkommene Befriedigung habe ich je gefunden« (s. Reichardt 1976, S. 56).

Die Warnungen waren zwecklos. János Bólyai legte den ganzen schwierigen Weg zur Aufdeckung des Geheimnisses der Parallelen zurück, erfuhr die freudigen Minuten des Entdeckers und bittere Stunden, selbst Jahre ohne Anerkennung seiner für die damalige Zeit paradoxen Ergebnisse.

Der forschende menschliche Gedanke entfaltete eine unerschöpfliche Fähigkeit, Gewandtheit und Kraft, um der Natur ihre Geheimnisse abzuringen und die Gesetzmäßigkeiten der Welt zu erkennen. Der Mensch, der die Ohnmacht vor den Naturgewalten heftig empfand, stattete seine phantastischen Helden reichlich mit magischer Erkenntniskraft aus. So besitzt die Maske des mongolischen Kriegsgottes Schameran drei Augen, das mythische Wesen der griechischen Antike Argus wird sogar mit hundert Augen dargestellt.

Auf dem Weg der ständigen Suche nach der Wahrheit schuf der Mensch erstaunliche Geräte, die ihm halfen, tiefer in das Wesen der untersuchten Objekte einzudringen. Doch die Geräte bereicherten, verfeinerten oder verstärkten nur die menschlichen Sinne. Die sinnliche Erkenntnis führte den Menschen aber oft zu falschen Schlüssen. Das, was klar und offensichtlich (offen sichtbar!) schien, erwies sich häufig als Fehler. Die Menschen beobachten, wie die Sonne »um die Erde kreist«, in Wirklichkeit ist diese Bewegung nur die scheinbare Folge der Bewegung der Erde um die Sonne und die eigene Achse.

Vielen Mathematikergenerationen erschien es selbstverständlich, daß eine beliebige Fläche im dreidimensionalen euklidischen Raum unbedingt zwei Seiten besitzen muß. 1858 setzte jedoch der deutsche Mathematiker August Ferdinand Möbius die Welt mit einem paradoxen mathematischen Objekt in Erstaunen – einer einseitigen Fläche, die später als »Möbiusches Band« bezeichnet wurde. Wie oft deuteten die Menschen die Information falsch, die sie mit den Sinnesorganen aufnahmen, wenn sie die Ausmaße von Körpern, Zeitintervalle, die Lage von Gegenständen im Raum und deren Farbe einschätzten! Diese Besonderheiten unserer Wahrnehmung des dreidimensionalen Raumes nutzte mit erstaunlicher Meisterschaft der bekannte holländische Graphiker Maurits Cor-

NELIS ESCHER in seinen Stichen aus. Einige von ihnen zieren unser Buch. Beispiele ähnlicher Überraschungen, die geometrische Illusionen heißen, finden sich auf den Farbtafeln.

Der amerikanische Schriftsteller EDGAR ALLAN POE beschreibt in der Erzählung »Die Sphinx« folgenden Vorfall, der dem Helden der Erzählung widerfuhr:

»Nun geschah es, daß sich bald nach meiner Ankunft in dem Landhause ein seltsamer Vorfall ereignete ... Er erschreckte, verwirrte und verstörte mich so, daß mehrere Tage vergingen, ehe ich mich entschließen konnte, meinem Freunde eine Mitteilung von demselben zu machen.

Am Abend eines außerordentlich warmen Tages saß ich mit einem Buche in der Hand an einem offenen Fenster, das eine weite Aussicht längs der Ufer des Flusses auf einen entfernten Hügel gestattete, dessen mir zugekehrter Abhang größtenteils der Bäume entblößt war. Meine Gedanken waren schon lange von dem Buche in meiner Hand zu den Verwüstungen gewandert, die in der benachbarten Stadt herrschen mochten. Als ich einmal meine Blicke von den Blättern hob, fielen sie auf das nackte Bild jenes Hügels und auf einen Gegenstand – auf ein lebendiges Ungeheuer von schaudererregender Gestalt, das sich mit großer Schnelligkeit vom Gipfel zum Grunde bewegte und endlich in dem dichten Walde am Fuße des Hügels verschwand. Als mein Auge dieses Wesen zuerst wahrnahm, bezweifelte ich meinen gesunden Verstand oder wenigstens das Zeugnis meiner Augen; und es dauerte mehrere Minuten lang, ehe ich mich davon überzeugte, daß ich weder irre sei noch träume. Und dennoch fürchte ich, daß alle, denen ich das Ungeheuer beschreibe, das ich doch deutlich sah und auf seinem ganzen Wege unausgesetzt beobachtete, noch schwerer zu überzeugen sein werden, als ich es selbst war.«

Das schreckliche Ungeheuer erwies sich als Insekt, das an einer Spinnwebe den Fensterrahmen entlang kroch. Die Verfälschung und Hyperbolisierung des Sinnesbildes ließen den Helden der Erzählung Minuten tiefer Erschütterung erleben.

Um ähnliche und noch tragischere Situationen zu vermeiden, suchte der Mensch von Beginn seiner Tätigkeit an, noch lange vor der Erfindung verschiedener Geräte, einen anderen Weg zur Erkenntnisgewinnung, der ihm half, die sinnliche Erkenntnis nicht nur zu kritisieren, sondern auch zu korrigieren. Dieser Weg ist das Denken. Nur auf Grund des Denkens gelingt es, die Fakten zu erklären und zu präzisieren, die im Ergebnis der Beobachtungen und Forschungen gewonnen wurden.

Höchste Form der geistigen Tätigkeit des Menschen ist das theoretische Denken. Unter den verschiedenen theoretischen Methoden zur Erkenntnis der Welt ist die mathematische Methode eine äußerst wirkungsvolle und originelle. Sie nimmt einen besonderen Platz in der Erkenntnis sowohl hinsichtlich der Maßstäbe ihrer Anwendung als auch des Maßes an Vertrauen in die von der Mathematik erhaltenen Wahrheiten ein. Der bekannte französische Philosoph und Mathematiker PIERRE GASSEND (auch PETRUS GASSENDI genannt) schrieb: »Derjenige, welcher von klein auf von der Mathematik durchdrungen wird, indem er sich ihre unumstößlichen Beweise aneignet, ist so zur Wahrnehmung der Wahrheit vorbereitet, daß er leicht jeglichen Betrug abschüttelt.«

Gerade auf diese wichtige Eigenschaft der Mathematik macht der bedeutende armenische Astrophysiker W. A. AMBARZUMJAN aufmerksam: »Die Mathematik ist für die Bildung der Schüler nicht nur als Grundlage der weiteren technischen und beruflichen Ausbildung wichtig. Sie lehrt den Schüler vor allem genaues und richtiges Denken. Richtig denken müssen aber alle – der Arbeiter, der Ingenieur, der Wissenschaftler wie auch der Soldat.«

Die Mathematik hat mit Abstraktionen zu tun, die in unserem Bewußtsein gebildet werden. Sie untersucht jedoch auch, wenngleich mittelbar, quantitative Verhältnisse und räumliche Formen der realen Welt.

Viele Jahrtausende nahm die Zeit der konkreten Beobachtungen der Eigenschaften von Zahlen und geometrischen Figuren ein. Erst im 7. bis 3. Jh. v. u. Z. formierte sich im antiken Griechenland die Mathematik als selbständige Disziplin des theoretischen Wissens mit einer besonderen Methode und einem besonderen Gegenstand.

Um von der Richtigkeit der mit Hilfe der Mathematik erhaltenen Schlußfolgerungen überzeugt zu sein, sorgten sich die Wissenschaftler um die Zuverlässigkeit und Tadellosigkeit des höchsten und kompliziertesten Erkenntnisinstrumentes – des Denkens. Nur dieses findet die wichtigsten und tiefsten Eigenschaften der Objekte und der Zusammenhänge zwischen ihnen heraus. Das Denken verwirklicht sich in bestimmten Formen, und der Denkprozeß selbst sowie seine Ergebnisse werden in einer bestimmten Sprache fixiert und weitergegeben.

Sprache und Denkformen

Die beste von allen Sprachen der Welt ist eine künstliche Sprache, eine ziemlich gedrängte Sprache, die Sprache der Mathematik.
N. I. LOBATSCHEWSKI

Bevor man sich in die erstaunliche Welt der Paradoxa und Sophismen begibt, muß man sich mit dem für eine solche Reise notwendigen Inventar ausrüsten. Dies ist Wissen, von dem der bekannte englische Philosoph THOMAS HOBBES schrieb: »Die ersten Grundlagen jeder Wissenschaft blenden wahrlich nicht durch ihren Glanz, sie sind eher bescheiden, trocken und fast häßlich.« Doch sie sind notwendig, ergänzen wir, um die Schönheit der höchsten Gipfel der Mathematik zu verstehen, notwendig wie das Beherrschen des Alphabets für das Verständnis von A. S. PUSCHKIN und J. W. GOETHE, wie die Kenntnis der Noten für den Vortrag der Musik von L. VAN BEETHOVEN und P. I. TSCHAIKOWSKI.

Die Menschen drücken ihre Gedanken mit Hilfe der Sprache aus und verständigen sich so.

Im weiteren werden wir meistens die natürliche Sprache verwenden, doch dort, wo es zweckmäßig ist, auch einige mathematische Symbole und Bezeichnungen einführen. In Mathematikbüchern kommen häufig die Zeichen $\forall$ und $\exists$ vor – die Quantifikatoren der Allgemeinheit und der Existenz. Das Zeichen $\forall$ wird »für alle« gelesen und als *Allquantor* bezeichnet, das Zeichen $\exists$ wird »es existieren solche« gelesen und *Existenzquantor* genannt. Quantifikatoren sind direkt oder indirekt in jeder Definition und jedem Satz vorhanden. Betrachten wir als Beispiel folgende zwei Behauptungen.

1. Für beliebige ganze Zahlen a und b existiert eine ganze Zahl c so, daß $a = b + c$.
2. Das Quadrat der Hypotenuse eines rechtwinkligen Dreiecks ist gleich der Summe der Quadrate der Katheten (Satz des PYTHAGORAS).

In der ersten Behauptung sind die Quantifikatoren der Allgemeinheit und der Existenz genannt, in der zweiten tritt dagegen der Allquantor indirekt auf, da der Satz des PYTHAGORAS bekanntlich für alle rechtwinkligen Dreiecke gilt.

Zeichen für Quantifikatoren werden nur in Einzelfällen verwendet, wobei genau zu unterscheiden ist, ob es sich um den Bezug auf alle oder nur auf einzelne Elemente einer bestimmten Menge handelt.

Objekte (reale oder abstrakte, darunter mathematische) werden in jeder Sprache mit Hilfe bestimmter Symbole aus dieser Sprache – den Namen dieser Objekte – bezeichnet. Das (reale oder abstrakte) Objekt selbst stellt den *Träger* bzw. die *Bedeutung* seines Namens dar.

Der Name bezeichnet nicht nur das Objekt, sondern drückt auch immer einen bestimmten Sinn aus. Der Sinn ist das, was wir meinen, wenn wir einen Namen benutzen. Zum Beispiel bezeichnen die Namen »Hauptstadt Rußlands« und »Moskau« ein und dasselbe Objekt, wenn sie sich auch dem Sinn nach unterscheiden. Wie schon gesagt, besitzt ein Name immer einen Sinn, bezeichnet aber nicht immer ein Objekt. Zum Beispiel haben solche Namen wie »Nixe« oder »Pegasus« einen Sinn, bezeichnen aber keine realen Objekte, das heißt, sie haben keine Bedeutung. Ebenso besitzt der Name »kleinste reelle Lösung der Gleichung $x^2+1=0$« einen Sinn, aber keine Bedeutung (es existiert keine solche Lösung).

In wissenschaftlichen Theorien werden die Objektnamen unter Einhaltung einer Reihe von Prinzipien gebraucht.

Ein Satz handelt von Gegenständen, deren Namen darin vorkommen, nicht aber von den Namen der Gegenstände. In der Mathematik kann ein und derselbe Gegenstand viele, sogar unendlich viele Namen tragen. Zum Beispiel kann man die Symbole $2-1$, $\sin\frac{\pi}{2}$, $0!$, 1983^0 als verschiedene Namen der Zahl »Eins« betrachten. (Dieses Wort in Anführungsstrichen ist auch einer der Namen derselben Zahl.)

Jedes Symbol, das in der Rolle eines Namens verwendet wird, darf nicht mehr als einen Gegenstand bezeichnen. In der natürlichen Sprache wird dieses Prinzip nicht immer eingehalten. So besitzt das Wort »Leiter« verschiedenen Sinn. Ein weiteres Prinzip ist das Austauschprinzip. Wenn ein Objekt, von dem ein Satz handelt, mehrere Namen besitzt, so ändert der Satz seine Bedeutung nicht, wenn einer dieser Namen durch einen anderen ersetzt wird.

Die Sätze werden ebenfalls als Namen betrachtet, die ein besonderes abstraktes Objekt bezeichnen – den Wahrheitswert: das Wahre bzw. das Falsche. Ein Gedanke ist der Inhalt, den ein Satz ausdrückt.

Zum Beispiel ist der Satz »$2^2 > 5$« falsch und verändert seine Bedeutung nicht, wenn der Name 2^2 durch den Namen 4 ersetzt wird.

Ein beliebiger Satz, von dem man sicher und objektiv sagen kann, ob er wahr oder falsch ist, heißt *Aussage.* Betrachten wir folgende Beispiele.

1. Das Parallelogramm besitzt vier Seiten.
2. $5 \mid 25$. (5 teilt 25)
3. $2 > 5$.
4. Die Diagonalen und die Seiten eines Quadrates sind kommensurable (mit dem gleichen Maß meßbare) Strecken.
5. Es dämmert.
6. Wie spät ist es?

Die Sätze 1. bis 4. sind Aussagen; die Aussagen 1. und 2. sind wahr (bedeuten das Wahre), 3. und 4. sind falsch (bedeuten das Falsche). Die Sätze 5. und 6. sind keine Aussagen (ein Wahrheitswert ist nicht bestimmbar).

Es ist offensichtlich, daß auch Fragesätze keine Aussagen sind, weil darin kein bestimmter Gedanke über einen Gegenstand ausgedrückt wird und nicht gesagt werden kann, ob sie wahr oder falsch sind.

Die Namen, die immer ein und denselben Gegenstand bezeichnen, das heißt die ein und dieselbe Bedeutung haben, heißen *Konstanten* (Unveränderliche). Konstanten sind zum Beispiel π, sin, exp (zur Bezeichnung von Funktionen), $\mathbb{N}$ (zur Bezeichnung der Menge der natürlichen Zahlen). Außer den Konstanten gibt es in der Mathematik Symbole, die als Bedeutung irgendeinen Gegenstand aus einer bestimmten Menge (dem Definitionsbereich) von Gegenständen annehmen können. Diese Symbole heißen *Variablen.*

Zeichenkombinationen, die eine oder mehrere Variablen enthalten, heißen *Sätze mit Variablen* oder *Formen* (gemeint sind Variablen, die frei eingehen, ohne durch Quantifikatoren gebunden zu sein). Zum Beispiel ist der Ausdruck $x^3 + 5x$ $(x \in \mathbb{R})$ eine numerische Form oder auch ein *Term*, und der Ausdruck $x^2 + 6x = 0$ $(x \in \mathbb{R})$ eine Aussageform. Wenn aber statt der Variablen x irgendeine Zahl eingesetzt wird, so verwandelt sich der Term in den Namen einer bestimmten Zahl, und die Aussageform wird zu einer Aussage. Eine solche Aussageform verwandelt sich in eine Aussage auch dann, wenn alle in ihr vorkommenden Variablen durch Quantifikatoren gebunden sind.

In jeder einfachen Aussage gibt es ein Objekt und ein Prädikat (Subjekt und Prädikat genannt als grammatische Formen der natürlichen Sprache). Das *Objekt* ist der Gegenstand (oder sind die Gegenstände), von dem (oder denen) die Aussage handelt, und das *Prädikat* ist die charakteristische Eigenschaft, mit der die betrachteten Objekte aus einer Menge hervorgehoben werden. Wenn zum Beispiel durch P die Eigenschaft (das Prädikat) einer natürlichen Zahl n bezeichnet wird, eine Primzahl zu sein, so kann die Aussageform »die natürliche Zahl n ist eine Primzahl« als $P(n)$ geschrieben werden. Wenn in die Aussageform $P(n)$ statt der Variablen n ein bestimmter Wert aus $\mathbb{N}$ eingesetzt wird, so erhalten wir wahre oder falsche Aussagen: $P(2)$ [= 1], $P(3)$ [= 1], $P(4)$ [= 0] usw. (hier und im weiteren bezeichnen wir den Wert der Aussage »wahr« durch die Zahl 1 und »falsch« durch die Zahl 0). Deshalb kann man diese Form $P(n)$ als Funktion betrachten, deren Definitionsbereich $D(P)$ mit dem dieser Form übereinstimmt und deren Wertebereich $W(P)$ der zweielementigen Menge $B = \{0, 1\}$ angehört. Hier gilt $D(P) = \mathbb{N}, W(P) = \{0, 1\}$.

Höchste Form des Denkens ist die logische oder begriffliche Erkenntnis.

Der *Begriff* ist das Ergebnis einer Abstraktion, des Absehens von bestimmten, für die Lösung der betrachteten Aufgabe *unwesentlichen* Merkmalen des untersuchten Objektes. Der Begriff ist folglich Ergebnis einer Denkform, die wesentliche Eigenschaften der zu studierenden Objekte widerspiegelt.

Die Gesamtheit der wesentlichen Merkmale der untersuchten Objekte heißt *Inhalt* des Begriffes und die Menge der von dem Begriff erfaßten Objekte sein *Umfang.*

Begriffe werden mit Hilfe von *Definitionen* eingeführt. Diese besitzen meist die Form einer logischen Gleichung, die sich aus dem *Definiendum* (dem Begriff, der definiert wird) und dem *Definiens* (dem Begriff oder der Gruppe von Begriffen, mit der der definierte Begriff eingeführt wird) zusammensetzt. Die gebräuchlichste Definitionsart sind die sogenannten klassischen Definitionen. Bei klassischen Definitionen wird das Definiens aus dem *Gattungsbegriff* und dem *artbildenden Unterschied* gebildet. Es folgen einige Beispiele.

»Parallelogramm $\overset{\text{Def}}{\Longleftrightarrow}$ Viereck, dessen gegenüberliegende Seiten parallel sind«;

»Rhombus $\overset{\text{Def}}{\Longleftrightarrow}$ Parallelogramm mit gleichlangen Seiten«.

In der ersten Definition ist »Viereck« der definierende und »Parallelogramm« der definierte Begriff, in der zweiten ist dagegen »Parallelogramm« Teil des Definiens und »Rhombus« das Definiendum. In der ersten Definition ist »Viereck« der Gattungsbegriff und »Parallelität gegenüberliegender Seiten« der artbildende Unterschied. Gerade das letztere bestimmt auf der Menge (der Gattung) der Vierecke die Teilmenge (die Art) der Vierecke, die Parallelogramme sind. In der zweiten Definition ist »Parallelogramm« der Gattungsbegriff und »gleiche Länge aller Seiten« der artbildende Unterschied.

Neue mathematische Begriffe werden auch mit Hilfe der *Beschreibung* ihrer Eigenschaften eingeführt. Solche Definitionen heißen *Deskriptionen.* Eine mögliche Deskription der Zahl π ist die folgende: »Diejenige Zahl, die bei der Multiplikation mit dem Durchmesser den Kreisumfang ergibt.«

Begriffe können auch *konstruktiv* – durch eine direkte Beschreibung des Bildungsalgorithmus des definierten Objektes – eingeführt werden. Zum Beispiel: »Arithmetische Folge heißt eine Zahlenreihe der Art: $a, a+d, a+2d, a+3d, \ldots$, wobei $a, d \in \mathbb{R}$«.

Damit die Begriffe zuverlässige Erkenntnisinstrumente, also *korrekt* werden, müssen ihre Definitionen unter Einhaltung einer Reihe von Forderungen gebildet werden. Wenn eine Definition durch Gattungsbegriff und artbildenden Unterschied gegeben wird, so darf der Gattungsbegriff nicht ausgelassen (»eine arithmetische Folge – das ist, wenn jedes Glied ...«) oder ausgetauscht werden (»eine arithmetische Folge ist eine Folge ...« statt Zahlenreihe). Der artbildende Unterschied darf nicht unscharf bestimmt werden (»eine Primzahl ist eine natürliche Zahl, die zwei verschiedene Teiler besitzt« statt des Begriffes »eine natürliche Zahl, die nur zwei Teiler – eins und sich selbst – besitzt«). Ein Begriff darf nicht mit sich gegenseitig widersprechenden Charakteristika eingeführt werden (»rundes Quadrat«, »eckiger Kreis«). Es kommt vor, daß ein Widerspruch in einer Definition tief versteckt ist und daß man ihn nur herausfinden kann, indem man einen oder mehrere Sätze beweist. Zum Beispiel ist der Umfang des Begriffs »ein Dreieck mit zwei rechten Winkeln« in der euklidischen Geometrie die leere Menge von Objekten, doch um sich dessen zu vergewissern, muß man zuerst zeigen, daß die Winkelsumme im Dreieck in dieser Geometrie stets ein und dieselbe ist und 180° beträgt.

Soll eine Definition korrekt sein, ist das Fehlen von Homonymen (vom griechischen homonymos – gleichnamig) notwendig. Der Begriff muß eindeutig bestimmt werden. Zum Beispiel darf man nicht sagen, daß »$\sqrt{a}$ die Zahl x ist, für die $x^2 = a$«. Wenn $a < 0$, so wird mit dieser Definition auf der Menge $\mathbb{R}$ kein Objekt bestimmt, wenn dagegen $a > 0$, so erfaßt sie zwei reelle Zahlen.

Wichtig ist auch die Forderung nach dem Fehlen eines Zirkels in der Definition. Der zu definierende Begriff darf in dem definierenden nicht vorkommen oder mit ihm zusammenfallen (»die Lösung einer Gleichung – das ist die Zahl, die ihre Nullstelle ist«).

Im Falle einer Kette von Definitionen besteht die Forderung nach der Unzulässigkeit eines Zirkels darin, daß nicht nur das Definiendum nie im Definiens enthalten sein darf, sondern die Definitionen dürfen auch keine Begriffe enthalten, die erst in einem späteren Schritt – unter Benutzung der zuvor eingeführten Begriffe – als Definiendum erklärt werden.

Begriffe können nur einzelne, wenn auch für uns wichtige Eigenschaften der realen Gegenstände beschreiben. Deshalb sollte man nie vergessen, daß Definitionen oft nur bedingte und relative Bedeutung haben, da eine Definition niemals die allseitigen Zusammenhänge einer Erscheinung in ihrer vollen Entfaltung umfassen kann. Dies mindert jedoch in keiner Weise die Bedeutung der Begriffe für wissenschaftliche Ergebnisse sowie politische und wissenschaftliche Diskussionen. Es ist sicher unvernünftig, um Worte zu streiten. Aber es ist notwendig, die Begriffe genau zu klären, wenn man vernünftig diskutieren will.

Die Wissenschaftsgeschichte kennt viele komische und dramatische Diskussionen, die deshalb entstanden, weil die Opponenten verschiedene Bedeutungen in ein und denselben Begriff legten. Es seien zwei Beispiele aus der Geschichte der berühmten Aufgabe von der Quadratur des Kreises angeführt. 1665 veröffentlichte der englische Philosoph THOMAS HOBBES ein Buch, in dem er neben anderen mathematischen Ergebnissen eine Näherungsberechnung der Zahl π darlegte. Der Autor, der keine mathematische Ausbildung besaß, betrachtete die Rechnung als exakt. Der berühmte Mathematiker JOHN WALLIS unterzog die Auffassung HOBBES' in einem Pamphlet, das einen erbitterten Streit einleitete, der Kritik. HOBBES konnte bis zu seinem Tode die Kritik von WALLIS nicht verstehen, da er in die Begriffe Punkt, Gerade und Fläche einen völlig anderen Sinn legte, als diesen Begriffen in der Mathematik beigelegt wurde (detaillierter siehe GARDNER (1986)).

Bekannt ist auch der Konflikt zwischen dem Oberst MONTEILLE, welcher der Pariser Akademie seine Lösung der Aufgabe von der Quadratur des Kreises geschickt hatte, und dem Sekretär dieser Akademie, dem Mathematiker JEAN GASTON DARBOUX. Der Wissenschaftler lehnte die Arbeit des Obersten ab und forderte im Verlaufe der Diskussion, daß dieser eine Definition des Kreisumfanges gäbe, dann würde seine Arbeit begutachtet werden. Der Oberst lehnte ab mit dem Hinweis, daß der Kreisumfang nicht definiert, sondern gemessen werde. Da ein Grundbegriff undefiniert blieb, fanden die Diskussion und die Prüfung der Arbeit nicht statt.

Wie wir logische Schlüsse ziehen

Die Logik ist die Hygiene, deren sich der Mathematiker bedient, um seine Gedanken gesund und kräftig zu erhalten.

H. WEYL

In der täglichen Arbeit und im wissenschaftlichen Forschungsprozeß zieht der Mensch ständig Schlußfolgerungen im Bestreben, aus schon bekanntem Wissen neues zu erhalten. Dieses neue Wissen wird *abgeleitetes Wissen* genannt.

Die antiken indischen Logiker führten oft folgendes Beispiel an. Nehmen wir an, wir wissen, daß »wo Rauch ist, ist Feuer« und daß »auf dem Hügel Rauch ist«. Auf der Grundlage dieser Voraussetzungen erhalten wir neues, abgeleitetes Wissen: »Auf dem Hügel ist Feuer.« Wenn die Voraussetzungen wahr waren, brauchen wir nicht auf den Hügel zu klettern, um uns von der Existenz des Feuers dort zu vergewissern.

Ist das aber immer so? Einmal führte ein Schüler in einer Mathematikstunde auf die Frage des Lehrers, warum ein gegebenes Parallelogramm kein Rhombus sei, folgende Schlußkette an: »Wenn die Diagonalen eines Parallelogramms senkrecht zueinander stehen, ist dieses Parallelogramm ein Rhombus. Im gegebenen Parallelogramm stehen die Diagonalen nicht senkrecht zueinander. Darum ist es kein Rhombus.«

Die angeführte Schlußweise ähnelt sehr der, die Alice – im Märchen »Alice im Wunderland« des englischen Mathematikers CHARLES LUTWIDGE DODGSON – von der Grinsekatze hörte. (Der Autor veröffentlichte seine Märchen und Sammlungen über unterhaltsame Mathematik und Logik unter dem Pseudonym LEWIS CARROLL.) Folgender Dialog fand zwischen Alice und der Grinsekatze statt:

»Und woher weißt du, daß du verrückt bist?« fragte Alice.

»Das will ich dir an den Hunden erläutern«, sagte die Katze.

»Die sind nicht verrückt, das gibst du doch zu?«

»Ja, vermutlich nicht.«

»Gut«, fuhr die Katze fort. »Wie du weißt, knurrt ein Hund, wenn er wütend wird, und wedelt mit dem Schwanz, wenn er sich freut. Ich dagegen knurre, wenn ich mich freue, und wedele mit dem Schwanz, wenn ich wütend werde. Folglich bin ich verrückt.« Ungläubig nahm Alice die Erläuterung der Grinsekatze auf.

Der Lehrer erklärte dem Schüler, daß er zwar ein richtiges Ergebnis erhalten hatte (das Parallelogramm war tatsächlich kein Rhombus), seine Schlußweise aber, die zum Ergebnis führte, falsch war. Mit dem gleichen Schluß kann man auch zu einem falschen Ergebnis gelangen. Der Lehrer zeigte auf einen Tisch aus Kiefernholz, der im Klassenraum stand und führte einen falschen, dem des Schülers analogen Schluß an: »Wenn der Tisch aus Eichenholz ist, dann ist er aus Holz. Dieser Tisch ist nicht aus Eichenholz, also ist er nicht aus Holz.«

Richtige Schlüsse ergeben bei wahren Ausgangssätzen stets wahre Ergebnisse. Allerdings kann man bei weitem nicht jedesmal überprüfen, ob das Ergebnis wahr oder falsch ist. Meistens gelangen wir zu neuem Wissen nur ausgehend von glaubwürdig erscheinenden Hypothesen, deren Wahrheitsgehalt gerade durch unsere Schlußweise unterstrichen werden soll. Die einzige sichere Garantie für wahre Ergebnisse sind wahre Voraussetzungen und exakte Schlüsse.

Die Wissenschaft von den Gesetzen und Formen des Denkens heißt *Logik*. Sie hilft, Schlüsse so zu ziehen, daß wahre Folgerungen getroffen werden. Die Logik ist das Mittel, die verschiedenen Wissensgebiete miteinander zu verbinden, die Methode, die benutzt wird, damit die verbundenen Teile gesunde Komponenten eines großen Organismus, der Wissenschaft, sind.

Sachkunde in der Logik ist eine wichtige Komponente einer gesunden Denkkultur. Es ist klar, daß die Bekanntschaft mit wenigen logischen Begriffen diese Sachkunde noch nicht sichert. Ein wichtiger Schritt dazu wird die Arbeit an den Aufgaben dieses Buches sein.

Als *Schlußschema* bezeichnen wir eine Gesamtheit von Aussagen, zum Beispiel $A_1, \ldots, A_n, B$, von denen eine (hier: B) aus den anderen ($A_1, \ldots, A_n$) folgt, was heißt, daß die Aussage B immer dann wahr ist, wenn die Aussagen $A_1, \ldots, A_n$ wahr sind. In diesem Fall heißen die Aussagen $A_1, \ldots, A_n$ *Voraussetzungen* und die Aussage B *Folgerung*. Voraussetzungen sind solche Aussagen, die das Ausgangswissen beinhalten, wogegen Folgerungen die Aussagen sind, die neues Wissen enthalten, das aus dem ursprünglichen Wissen (den Voraussetzungen) erhalten wurde. Im allgemeinen läßt sich ein Schlußschema folgendermaßen aufschreiben:

$$\frac{A_1, \ldots, A_n}{B}$$

Schlußschemata werden immer in Form mehrerer, durch gemeinsame Termini (gemeinsame Wortverbindungen oder Formeln) verbundener Sätze ausgedrückt. Das Vorhandensein gleicher Termini in den einzelnen Sätzen zeugt davon, daß diese Sätze durch einen allgemeinen Gedanken, durch allgemeines Wissen miteinander verbunden sind.

Schlußschemata kann man in *unmittelbare* und *mittelbare* unterteilen. Ein unmittelbares Schlußschema hat nur eine Voraussetzung. Zum Beispiel kann man aus der Aussage: »Kein Kreis ist ein Quadrat« unmittelbar die Folgerung: »Kein Quadrat ist ein Kreis« treffen. In mittelbaren Schlußschemata werden mehrere Voraussetzungen benutzt. So können wir zum Beispiel aus den beiden Voraussetzungen »Alle Rhomben sind Parallelogramme« und »Das Viereck *ABCD* ist ein Rhombus« die Schlußfolgerung »Das Viereck *ABDC* ist ein Parallelogramm« ziehen.

Schlußschemata unterscheidet man der Form nach. Wir werden vor allem zwei Arten betrachten – *induktive* und *deduktive.*

Induktion (vom lateinischen inductio – das Hineinführen) ist die Ableitung des Allgemeinen aus dem Besonderen, dem Einzelfall. Ein induktives Schlußschema wird benutzt, wenn auf der Grundlage von Wissen über einzelne Objekte einer gewissen Klasse Schlüsse über alle Objekte dieser Klasse gezogen werden.

Betrachten wir einmal folgendes Schlußschema:

»Eine Gerade schneidet einen Kreis in höchstens zwei Punkten.«
»Eine Gerade schneidet eine Ellipse in höchstens zwei Punkten.«
»Eine Gerade schneidet eine Parabel in höchstens zwei Punkten.«
»Eine Gerade schneidet eine Hyperbel in höchstens zwei Punkten.«
»Kreise, Ellipsen, Parabeln und Hyperbeln sind Kegelschnitte.«

»Eine Gerade schneidet einen beliebigen Kegelschnitt in höchstens zwei Punkten.«

Auf der Grundlage von Informationen über jedes einzelne Objekt einer Klasse erhalten wir mit Hilfe eines induktiven Schlußschemas Informationen über die gesamte Klasse. Dieses Schlußschema wird *Induktion durch vollständige Aufzählung* oder oft auch kurz *vollständige Induktion* genannt. Mit ihrer Hilfe erhalten wir stets wahre Aussagen. Falls über die gesamte Klasse von Objekten auf der Grundlage von Informationen über einen Teil der Objekte dieser Klasse eine Aussage getroffen wird, so spricht man von *unvollständiger Induktion.* Schlüsse, die auf unvollständiger Induktion basieren, können sowohl zu wahren als auch zu falschen Ergebnissen führen. Das wollen wir uns an zwei Beispielen vor Augen führen: »Die Zahlen 15, 25, 35, 55, 65 sind alle durch 5 teilbar, deshalb ist jede auf 5 endende Zahl durch 5 teilbar.« Wir erhalten ein wahres Ergebnis, das sich auch streng beweisen läßt. Wenn wir in den Term $991n^2 + 1$ nacheinander für n die positiven ganzen Zahlen ($n = 1, 2, 3, \ldots$) einsetzen, werden wir wohl niemals eine Quadratzahl finden, auch wenn wir ein Leben lang rechnen würden. Trotzdem ist der induktive Schluß auf: »Für alle positiven ganzen Zahlen n ist $991n^2 + 1$ keine Quadratzahl« falsch. Mit einem Computer gelang es, die kleinste positive ganze Zahl n zu finden, für die $991n^2 + 1$ eine Quadratzahl ist. Diese Zahl ist:

$$n = 12\,055\,735\,790\,331\,359\,447\,442\,538\,767.$$

An diesem Beispiel sehen wir, daß man durch unvollständige Induktion, unabhängig von der Anzahl der untersuchten Einzelobjekte, für die die Aussage wahr ist, nichts über den Wahrheitsgehalt des Ergebnisses sagen kann. Deshalb erhalten durch unvollständige Induktion aufgestellte Hypothesen erst nach strengem Beweis den Status wahrer Aussagen.

Deduktion (vom lateinischen deductio – das Herausführen) ist z. B. die Ableitung des Besonderen, des Einzelfalles aus dem Allgemeinen. Ein deduktives Schlußschema wird z. B. benutzt, wenn eine konkrete Entscheidung auf der Grundlage bekannten, allgemeinen Wissens getroffen wird. Immer wenn wir eine allgemeine Regel auf einen konkreten Fall anwenden und aus dieser allgemeinen Regel den konkreten Fall folgern, benutzen wir ein deduktives Schlußschema.

Es sei uns zum Beispiel bekannt, daß »drei gegebene Punkte nicht auf einer Geraden liegen«. Außerdem kennen wir die allgemeine Regel: »Durch drei beliebige, nicht auf ein und derselben Geraden liegende Punkte läßt sich genau eine Ebene legen.« Diese Regel auf den konkreten Fall angewendet ergibt nach deduktivem Schluß: »Durch die gegebenen drei Punkte läßt sich genau eine Ebene legen.«

Das erwähnte Verfahren der Induktion durch vollständige Aufzählung muß unterschieden werden von der Methode der vollständigen Induktion in der Mathematik, die ein korrektes Beweisverfahren ist und eine deduktive Schlußweise.

Wie gelangt man zur Wahrheit?

Man kann der Wahrheit nicht mehr schaden als mit dem Bestreben, sie auf falschen Schlußfolgerungen aufzubauen.
P. L. M. de Maupertuis

Das Denken als Teilform und zweifellos als komplizierteste Form der Bewegung der Materie muß sich, soll es rational und also korrekt sein, objektiven Gesetzen unterordnen, den Gesetzen der Logik. Diese Gesetze muß man erkennen, erforschen und sie beim Schlußfolgern anwenden, um aus bekanntem wahrem Wissen neues wahres Wissen zu erhalten. In diesen Gesetzen ist die gigantische Erfahrung der praktischen Tätigkeit der Menschheit konzentriert und verallgemeinert. W. I. Lenin schrieb: »Die praktische Tätigkeit des Menschen mußte das Bewußtsein des Menschen milliardenmal zur Wiederholung der verschiedenen logischen Figuren führen, damit diese Figuren die Bedeutung von Axiomen erhalten konnten.«

Es wird erzählt, wie einst ein Astronom, ein Physiker und ein Mathematiker durch Schottland reisten. Aus dem Fenster des Wagens sahen sie auf einer Weide ein schwarzes Schaf.

»Interessant«, bemerkte der Astronom, »in Schottland sind die Schafe also schwarz.«

»Nein«, rief der Physiker, »in Schottland gibt es schwarze Schafe.«

Der Mathematiker stimmte beiden nicht zu: »In Schottland gibt es wenigstens eine Weide, auf der wenigstens ein Schaf weidet, welches wenigstens auf einer Seite ein schwarzes Fell hat.«

Diese geistreiche Anekdote unterstreicht sehr gut die charakteristischen Besonderheiten des mathematischen Denkens.

Seit der Zeit der alten Griechen festigte sich der Anspruch der Mathematik, eine exakte Wissenschaft zu sein. Der sowjetische Mathematiker J. A. Schreider schreibt: »Besteht der Wert des Satzes des Pythagoras etwa nur darin, daß er uns die Möglichkeit gibt, aus bekannten Kathetenlängen die Länge der Hypotenuse zu berechnen? Bedeutet die durch den Satz erhaltene Gewißheit in die Ewigkeit und Unerschütterlichkeit der Mathematik etwa wenig? Ein Felsen wird doch durch Wald und Regen letztendlich vernichtet, der Satz des Pythagoras aber bleibt ewig wahr.«

Die Vertreter der pythagoreischen Schule betrachteten als erste die Mathematik als Wissenschaft, die exaktes Wissen hervorbringt.

Mit der Zeit wurden aus der Geometrie und später auch allgemein aus der Mathematik die Beweise verdrängt, die sich auf gefühlsmäßige Eindrücke stützten. An ihre Stelle traten Beweise, die durch logische Schlußfolgerungen gewonnen wurden. NICOLAS BOURBAKI (ein Pseudonym für eine Gruppe Mathematiker verschiedener Länder, vor allem aus Frankreich) schreibt: »Die Originalität der Griechen besteht gerade darin, daß sie bewußt versuchten, die Kette mathematischer Beweise so folgerichtig aufzubauen, daß der Übergang von einem Glied zum anderen keine Zweifel läßt und allgemein anerkannt wird.«

EUKLID schuf ein theoretisches System auf der Grundlage der deduktiven Methode. Dies ist das berühmte Werk »Elemente«. Große Bedeutung bei der Formulierung der logischen Grundlagen der Mathematik hatte das Werk des griechischen Philosophen und Universalgelehrten ARISTOTELES. In den der Logik gewidmeten Arbeiten »Kategorien«, »Über den Satz«, »Erste Analytik«, »Zweite Analytik«, »Topik« schuf er die Grundlagen der formalen Logik. Mit Stolz und vollauf zu Recht erklärte er, daß die neue Disziplin, für die er keinen Namen fand, sein Werk sei und daß es auf diesem Gebiet vor ihm noch nichts gab. Der Wissenschaftler zeigte, daß sich richtiges Schlußfolgern nach wenigen Gesetzen richtet, die nicht vom Inhalt der Aussagen, sondern nur von ihrer Form abhängen. Daher wird die ARISTOTELische Logik auch *formale* Logik genannt. Das Beachten der Gesetze der formalen Logik ist eine Grundbedingung für Determiniertheit, Folgerichtigkeit, Widerspruchsfreiheit, Beweiskräftigkeit und Richtigkeit unserer Gedanken, für die richtige Widerspiegelung des untersuchten Objektes in ihnen.

Eines der vier Grundgesetze der formalen Logik, das **Identitätsgesetz**, besagt, daß ein und derselbe Gedanke, der in einer Beweiskette angeführt wird, bei seiner Wiederholung denselben Inhalt haben muß. Viele Fehler entstehen gerade durch das Verletzen dieses Gesetzes. Der Grund dafür ist, daß in der menschlichen Sprache ein Wort mehrere Bedeutungen haben kann. Diese Fehler kann man in drei Arten unterteilen: Äquivokation, Logomachie und Amphibolie.

Äquivokation (vom lateinischen aequus – gleich und vocalis – Klang) bedeutet die Benutzung eines Namens in verschiedenen Bedeutungen. Das wird an folgendem Beispiel deutlich: »Jedes Metall ist ein chemisches Element«, »Messing ist ein Metall.« Daraus folgt: »Messing ist ein chemisches Element.« Das ist falsch. Der Fehler besteht hierbei in der Benutzung des Namens »Metall« in zwei Bedeutungen. Im ersten Satz ist ein chemisches Element gemeint, im zweiten dagegen eine Legierung, die die physikalischen Eigenschaften (elektrische Leitfähigkeit, metallischer Glanz, Schmiedbarkeit usw.) eines Metalls besitzt. In der Mathematik kommen Äquivokationen kaum vor und sind dann immer leicht zu erkennen, weil uns die Forderung nach dem Fehlen von Homonymen vor der Zweideutigkeit der Begriffe, die in der Mathematik benutzt werden sollen, schützt. Manchmal wird in Diskussionen von verschiedenen Teilnehmern dasselbe Wort in verschiedener Bedeutung benutzt. Die Diskussion hat dann kein Ende, wenn sich die Teilnehmer nicht einigen, welche Bedeutung sie dem Wort geben. So ein Disput heißt *Logomachie* (vom griechischen logos – Wort, mache – Streit). Logomachie wird auch eine Diskussion genannt, die nichts Wesentliches oder Wichtiges bringt. Man kann sich zum Beispiel ohne Ende über das Thema »Ist ein Mensch glücklich, der in Eintracht mit der Natur lebt?« streiten, weil die Wortverbindungen »Eintracht mit der Natur« und »glücklich sein« mehrdeutig sind.

Amphibolien (vom griechischen amphibolia – Doppeldeutigkeit) treten auf, wenn ein Satz benutzt wird, den man auf verschiedene Weise auslegen kann. Die bekannte Phrase: »Hängen soll er nicht laufen lassen« kann auf zwei gegensätzliche Weisen verstanden werden: »Hängen soll er, nicht laufen lassen« und »Hängen soll er nicht, laufen lassen.« So einen Fehler begeht man nicht, wenn man Worte und Wortverbindungen benutzt, die nicht verschieden verstanden werden können. Dazu sagte einmal L. N. Tolstoi: »Das einzige Mittel des geistigen Austausches zwischen den Menschen ist das Wort. Damit der Austausch möglich wird, muß man die Worte so wählen, daß jedes Wort bei allen den gleichen Sinn hervorruft.«

Ein weiteres logisches Gesetz ist das **Gesetz vom ausgeschlossenen Widerspruch** (lateinisch: Lex contradictionis), welches besagt, daß keine Aussage und ihre Negation zusammen wahr sein können. Das Gesetz vom ausgeschlossenen Widerspruch hängt mit den sogenannten *konträren Gegensätzen* zusammen. Das sind Gegensätze, bei denen eine allgemeine Behauptung und eine allgemeine Negierung davon gegenübergestellt werden: »Alle Rhomben sind konvexe Vierecke«, »Kein Rhombus ist konkav.«

Konträre Gegensätze können allerdings auch beide falsch sein: »Alle Primzahlen sind gerade«, »Alle Primzahlen sind ungerade.« Es gibt nämlich noch die dritte Möglichkeit: »Es existiert eine gerade Primzahl.«

Beim Operieren mit konträren Gegensätzen muß man folgende Regeln beachten: 1) Wenn ein Satz wahr ist, muß der andere falsch sein. 2) Wenn ein Satz falsch ist, muß der andere nicht unbedingt wahr sein. (Er kann ebenfalls falsch sein.)

Hieraus ergibt sich die fundamentale Bedeutung des Gesetzes vom ausgeschlossenen Widerspruch für das menschliche Denken: Aus Falschem kann sowohl Wahres als auch Falsches folgen, ohne daß man das eine oder das andere ausschließen kann.

Das **Gesetz vom ausgeschlossenen Dritten** (lateinische Bezeichnung: Lex exclusi tertii sive medii inter duo contradictoria; alte lateinische Bezeichnung: tertium non datur – ein Drittes ist nicht gegeben) besagt, daß von zwei gegensätzlichen Aussagen über ein und dasselbe Objekt stets eine wahr ist.

Dieses Gesetz erstreckt sich auf die sogenannten *Kontradiktionen* (vom lateinischen contradictorius – widersprüchlich). Das ist eine Art von Widersprüchen, bei denen beispielsweise allgemein behauptende und partiell verneinende (»Alle geraden Zahlen sind zusammengesetzt«, »Einige gerade Zahlen sind Primzahlen«) oder allgemein verneinende und partiell behauptende (»Um kein unregelmäßiges Vieleck läßt sich ein Kreis legen«, »Um einige unregelmäßige Vielecke läßt sich ein Kreis legen«) Aussagen gegenübergestellt werden.

Beim Arbeiten mit Kontradiktionen muß folgendes beachtet werden: 1) Beide Aussagen können nicht gleichzeitig falsch sein. 2) Beide Aussagen können nicht gleichzeitig wahr sein. 3) Eine der beiden Aussagen ist stets falsch und eine ist stets wahr. Eine andere Möglichkeit gibt es nicht.

Dieses Gesetz spielt in der Mathematik eine sehr wichtige Rolle.

Der hervorragende deutsche Mathematiker David Hilbert sagte: »Dem Mathematiker das Gesetz vom ausgeschlossenen Dritten zu nehmen ist dasselbe, wie den Astronomen des Teleskops zu berauben oder dem Boxer zu verbieten, die Fäuste zu benutzen.«

Alle indirekten Beweise in der Mathematik beruhen auf dem Gesetz vom ausgeschlossenen Dritten: Um die Aussage A zu beweisen, wird die Aussage »nicht A« widerlegt. Nach dem Gesetz folgt dann sofort, daß A wahr ist.

Das **Gesetz des zureichenden Grundes** fordert, daß jede wahre Aussage aus anderen Aussagen folgt, deren Richtigkeit bewiesen ist. Dieses Gesetz spiegelt eine fundamentale Eigenschaft der Materie wider: In der Natur, deren Teil der Mensch ist, gibt es keine grundlosen Erscheinungen. Jede Erscheinung entwickelt sich aus irgendwelchen anderen Erscheinungen.

Nach dem Gesetz des zureichenden Grundes müssen unsere Aussagen über ein zu untersuchendes Objekt im Innersten zusammenhängend sein, auseinander hervorgehen und sich gegenseitig begründen. Konsequent zu sein bedeutet, nicht nur wahre Aussagen zu treffen, sondern sie auch zu begründen und aus ihnen die nötigen Schlußfolgerungen zu ziehen.

Im schon zitierten Märchen von Lewis Carroll finden wir herrliche Beweise, in denen die handelnden Figuren des Märchens auf elementare Weise das Gesetz des zureichenden Grundes verletzen:

»Nimm deinen Hut ab!«, sagte der König zum Hutmacher.

»Es ist nicht meiner«, widersprach der Hutmacher.

»Dann hat er ihn gestohlen!« rief der König und sah die Geschworenen gebieterisch an, die diese Feststellung flugs zu Protokoll nahmen.

»Ich trag' ihn, weil ich ihn verkaufen will«, erläuterte der Hutmacher. »Ich besitze keinen eigenen. Ich bin Hutmacher.«

Unsere Schlußfolgerungen werden korrekt, wenn wir uns an die grundlegenden logischen Gesetze halten, an die Prinzipien der formalen Logik. Die Verletzung eines beliebigen Prinzips der Logik führt letztendlich zur Verletzung eines der vier logischen Gesetze (Identitätsgesetz, Gesetz vom ausgeschlossenen Widerspruch, Gesetz vom ausgeschlossenen Dritten, Gesetz vom zureichenden Grunde).

»Die Fehlersuche«, schrieb der hervorragende polnische Mathematiker Hugo Steinhaus, »darf man nicht als Äußerung eines schlechten Geschmackes oder als Meckerei betrachten. Man darf nicht vergessen, daß es außerordentlich schwer ist, Fehler zu vermeiden. Sogar die hervorragendsten Mathematiker begingen Fehler, und es ist somit keine Schande, Fehler zu begehen. Einen Fehler zu beseitigen, sooft wir das auch tun müssen, dient der Wissenschaft. Aber es gibt noch einen Grund, warum das Zusammenstellen von mathematischen Fehlern vor allem für die, die Mathematik studieren, große Bedeutung besitzt. Solche Sammlungen sind eines der durchschlagskräftigen Mittel für das Lernen.«

Es gibt zwei Arten von Fehlern in Denkprozessen, die zur Verletzung der logischen Gesetze führen: Paralogismen und Sophismen. Ein *Paralogismus* (vom griechischen paralogismos – unkorrekte, falsche Schlußfolgerung) ist ein Fehlschluß, ein logischer Fehler, der nicht mit Absicht begangen wurde, sondern durch Inkonsequenz bei der Beweisführung oder durch Verletzung eines der logischen Gesetze entstand. Die verschiedenartigsten mathematischen Fehler, die sowohl von Schülern als auch von großen Mathematikern gemacht werden, sind im allgemeinen Paralogismen.

Ein großer Schritt zum Erkennen der Gesetzmäßigkeiten des menschlichen Denkens war die Entdeckung der *Sophismen* (vom griechischen sophisma – Erfindung, List). Das sind Schlüsse, in denen ein logischer Fehler mit Absicht begangen wurde und die natürlich zu falschen Ergebnissen führten.

Als erster erwähnte der Begründer der Sophistenschule PROTAGORAS von Abdera die Sophismen. Die Sophismen bewirkten eine Vervollkommnung der Redekunst und eine Erhöhung der logischen Denkkultur.

ALEXANDER I. HERZEN, ein russischer Philosoph des 19. Jahrhunderts, charakterisierte gekonnt die Sophisten und deren Einfluß auf das philosophische Denken: »Die Sophisten, herrliche Blumen des reichen griechischen Geistes, sind Ausdruck der Periode der jugendlichen Selbstsicherheit und Kühnheit ... Welche Pracht in ihrer Dialektik! Welche Erbarmungslosigkeit! Welche meisterhafte Beherrschung des Geistes und der formalen Logik!«

Später arteten die Dispute der Sophisten allerdings in resultatslose Streite aus. Hier rührt auch die Bedeutung des Wortes Sophist her (ein Mensch, der bereit ist, auf jede Weise eine Ansicht zu verteidigen, egal ob sie wahr oder falsch ist). Einige der alten griechischen Sophisten führten Streit um des Streites willen.

PLATON führt in seinen Dialogen verschiedene Sophismen auf. Als erster gab ARISTOTELES in seinem Buch »Sophistische Widerlegungen« eine Analyse und eine Klassifikation der Sophismen. Meist gründeten sich sophistische Schlüsse auf eine absichtlich falsche Wahl der Voraussetzungen, auf das Herauslösen eines Faktes aus dem allgemeinen Zusammenhang, auf die Doppeldeutigkeit einzelner Wörter, auf das Verwechseln von Begriffen und anderes mehr.

»Oft sagt man, ›Es ist richtig, wie 2 mal 2 gleich 4 ist.‹«, schrieb H. STEINHAUS. »Die, die so sprechen, teilen die verbreitete Meinung über die Unfehlbarkeit der Mathematik. Es wäre schwer, die Richtigkeit mathematischer Beweisführungen anzuzweifeln. Im Gegenteil, Schlüsse, die aus Axiomen durch mathematische Beweise gezogen werden, kann man zweifellos als wissenschaftliche Wahrheiten betrachten. Es ist sogar schwer, dieses zu bezweifeln, wenn man von mathematischen Beweisen nichts versteht. Im weiteren geht es aber um solche Beweise, die nur so scheinen, in der Tat aber keine mathematischen Beweise sind, also um solche Beweise, die auf krummen Wegen trotz der Aufmerksamkeit der Wissenschaftler in die Wissenschaft eingedrungen sind. Es würde vielleicht reichen, wenn die Mathematiker nur an den Seiteneingängen ins Wissenschaftsgebäude wachten, wenn es nicht zu viele dieser Seiteneingänge gäbe. Nicht nur einmal gelang es falschen Beweisen einzudringen, und die Aufdeckung kostete meist viel Kraft.«

Der deutsche Mathematiker FELIX HAUSDORFF schrieb, um zu unterstreichen, daß man aus einer einzigen falschen Voraussetzung alles beweisen kann: »Wenn man voraussetzt, daß zwei mal zwei fünf ist, kann man beweisen, daß Nixen existieren.«

Den Konstrukteuren von Sophismen steht ein reiches Arsenal von Methoden zur Verfügung, Fehler in der Beweisführung zu maskieren. Natürlich lassen sie keinen offensichtlichen Unsinn, wie $2 \cdot 2 = 5$, zu. Die Sophisten lenken die Aufmerksamkeit des Lesers oder Zuhörers ab und begehen meisterhaft versteckt den Fehler. Wie warnte doch LEO TOLSTOI: »Das Haupthindernis bei der Wahrheitsfindung ist nicht die Lüge, sondern die Halbwahrheit.«

BLAISE PASCAL sagte: »Die Wahrheit ist so zerbrechlich, daß es reicht, sich nur ein kleines Stück von ihr zu entfernen, um schwere Fehler zu begehen.«

Paralogismen bringen Unaufmerksame oder in der komplizierten Kunst des Beweisens ungenügend Trainierte zu Fall. Sophismen sind absichtlich verteilte logische Fallen.

Es gab aber auch alarmierende, tatsächlich katastrophale Situationen in der erkenntnisgewinnenden Tätigkeit des Menschen. Wenn bekannt ist, daß ein Widerspruch ein Paralogismus oder ein Sophismus ist, also das Resultat eines logischen Fehlers, so besteht die Aufgabe nur darin, den Fehler zu lokalisieren, herauszufinden, in welchem Glied der Beweiskette die Gesetze der Logik und der Mathematik verletzt wurden und auf welche Weise. Viel schwerer ist es, wenn formal-logisch richtige Schlußfolgerungen Resultate bringen, die mit der allgemein anerkannten Meinung nicht in Einklang zu bringen sind. Es scheint, daß es aus solchen logischen Labyrinthen keinen Ausweg gibt.

Das sind *Paradoxa* (vom griechischen paradoxos – unerwartet, verwunderlich). Der schon erwähnte PHILETAS von Kos überwand angeblich die Kenntnis von einem typischen Paradoxon, dem des antiken griechischen Philosophen EUBULIDES von Milet, nicht. Dieses Paradoxon wird dem kretischen Philosophen EPIMENIDES zugeschrieben. In EUBULIDES' Version lautet es so: EPIMENIDES sagt: »Alle Kreter sind Lügner.« Da EPIMENIDES selbst Kreter war, bedeutet das, daß er ein Lügner ist. Wenn EPIMENIDES aber ein Lügner ist, ist sein Ausspruch falsch. Das heißt, daß alle Kreter keine

Lügner sind. Damit ist auch Epimenides kein Lügner, und sein Satz ist wahr. Wir erhalten ein Paradoxon, das heißt eine Situation, in der (hier nur scheinbar) logisch richtige Schlüsse zu gegensätzlichen Aussagen *A* und nicht *A* führen, wobei keine der beiden Aussagen als wahr oder als falsch bezeichnet werden kann.

Das Paradoxon »der Lügner« rief bei den Zeitgenossen Verwunderung und Besorgnis hervor. Seiner Analyse widmete Chrysippos, einer der bedeutendsten Vertreter der stoischen Philosophenschule, drei Bücher. Noch in unserer Zeit weckt dieses Paradoxon in der präzisierten Form eines Satzes, der die eigene Falschheit aussagt, bei Logikern, Mathematikern und Philosophen Interesse. Noch schwieriger waren die Paradoxa des Zenon von Elea (siehe Abschnitt 5., Aufgaben 1 bis 4), mit denen sich eine große Zahl wissenschaftlicher und populärwissenschaftlicher Arbeiten beschäftigen.

Die Paradoxa von Eubulides und Zenon schöpfen den Vorrat der logischen Katastrophen nicht aus. Ihre Natur ist längst noch nicht völlig enträtselt. Dies hebt z. B. der bekannte zeitgenössische amerikanische Gelehrte und Autor der Monographie »Grundlagen der mathematischen Logik«, H. B. Curry, hervor:

»Das Problem der Erklärung der Paradoxa bleibt jedoch ein wichtiges offenes Problem. Obwohl ihnen eine umfangreiche Literatur gewidmet und eine große Anzahl von Erklärungen vorgeschlagen wurde, gibt es derzeit doch keine allgemein anerkannte Erklärung. Es scheint, als ob eine vollständige Reform der Logik erforderlich wäre. Die mathematische Logik könnte dafür das Hauptinstrument sein.«

Es ist möglich, daß Curry hier der Wahrheit sehr nahe kam. In jüngster Zeit wurde versucht, unter dem Eindruck, daß sich solche Antinomien wie »der Lügner« im Rahmen der klassischen Aussagenlogik nicht lösen lassen, eine Art Näherungsbeweis anzuwenden. Man führte eine neue, sogenannte unscharfe Logik ein, um mit deren Hilfe Beweise zu modellieren, die zum Lösen zweier Paradoxa von der erwähnten Art dienen.

Paradoxa in der Form absoluter Widersprüche treten in Theorien auf, deren logische Grundlagen ungenügend erforscht und noch nicht vollständig ermittelt wurden.

Die in gewissem Sinne negative Rolle der Paradoxa besteht darin, daß sie die Schwächen der Theorie, in deren Rahmen sie entstanden, aufdecken und zeigen, daß die Axiomatik dieser Theorie widersprüchlich ist und überarbeitet werden muß. Die logischen Gesetze geben uns die Möglichkeit, aus widersprüchlichen Axiomen eine beliebige Aussage zu beweisen, was natürlich den Begriff der Beweisbarkeit in solchen Theorien entwertet. Beim Entwickeln einer wissenschaftlichen Theorie ist es wichtig, sie von Paradoxa zu befreien; das heißt, ihr eine Form zu verleihen, die die Möglichkeit der Entstehung von Paradoxa ausschließt. Solche Theorien sind in sich widerspruchsfrei. Auf Grund der Schwierigkeit des Beweises der Widerspruchsfreiheit einer Theorie begnügt man sich mit anderen Varianten, die Theorie von Paradoxa zu befreien (obwohl der erste Weg natürlich besser ist). So ersetzt man zum Beispiel eine Theorie, in der Paradoxa auftreten, durch eine andere, möglichst von der ursprünglichen »nicht allzuweit entfernte« Theorie, in der keine Paradoxa auftreten.

Unerwartet und außerordentlich wichtig für die logische Begründung der Mathematik waren zwei berühmte Sätze des österreichischen Mathematikers Kurt Gödel, die im Jahre 1931 veröffentlicht wurden (s. auch Nagel/Newman (1979), Meschkowski (1985) und Peter (1984)).

Der erste Satz behauptet: Jede formalisierte und widerspruchsfreie axiomatische Theorie, die die Arithmetik umfaßt, ist unvollständig, das heißt, es existiert stets eine Aussage dieser Theorie, die inhaltlich wahr ist, aber nicht aus den Axiomen der Theorie abgeleitet werden kann.

Der zweite Satz behauptet: Es ist nicht möglich, die Widerspruchsfreiheit einer formalisierten und widerspruchsfreien axiomatischen Theorie, die die Arithmetik umfaßt, mit Mitteln zu beweisen, die sich in dieser Theorie formalisieren lassen.

Folgerungen aus den Gödelschen Sätzen waren sehr unerwünscht für solche Gelehrten, die den Versuch unternahmen, die Widerspruchsfreiheit axiomatischer Theorien, zum Beispiel der Arithmetik der natürlichen Zahlen, mit besonders elementaren Mitteln zu beweisen. Es stellte sich heraus, daß die axiomatische Methode in der Wissenschaft nicht allmächtig ist. Sie ist als Instrument zur Erkennung der Realität nötig und außerordentlich wichtig, besitzt aber auch Grenzen ihrer Anwendbarkeit.

Als Paradoxa werden auch Entdeckungen bezeichnet, die nicht zu traditionellen Ansichten passen. So zählten zu ihrer Zeit zu den Paradoxa solche Entdeckungen wie die Inkommensurabilität von Strecken, die Drehung der Erde um die Sonne und um die eigene Achse, die ersten Sätze der nichteuklidischen Geometrie, die imaginären Zahlen, Folgerungen aus der Relativitätstheorie, Gesetzmäßigkeiten der Mikrowelt. Einer solchen Hypothese zufolge kann eine ganze Galaxis aus einem einzelnen Elementarteilchen (zum

Beispiel einem Proton) entstehen, das auf eine Geschwindigkeit von nahezu 300000 km/s beschleunigt wurde. – Denn wieviel Masse entsteht nach dem Gesetz von der Äquivalenz von Masse und Energie?! Man kann noch viele andere Paradoxa in anderen Wissensgebieten nennen: in der PASCALschen Hydrostatik, in der d'ALEMBERTschen Hydrodynamik, in der Geologie (je weiter man sich von der Erde entfernt, desto besser läßt sich der Erdkern erforschen), im Billardspiel (man kann Billardkugeln nicht mit den Handbewegungen zusammenführen, mit denen man sie auseinanderstieß). Und wie viele auf den ersten Blick paradoxe Fakten wurden in der Mathematik entdeckt? Das gilt zum Beispiel für die von LOBATSCHEWSKI bewiesenen Sätze zur nichteuklidischen Geometrie. An die euklidische Geometrie, insbesondere an die euklidische Geometrie des dreidimensionalen physikalischen Raumes, den euklidischen Charakter des irdischen Geistes und die nichteuklidische Geometrie wird einige Male in DOSTOJEWSKIS Roman »Die Brüder Karamasow« erinnert. Iwan Karamasow sagt zu seinem Bruder Alexej: »Sogar wenn sich Parallelen schneiden und ich das mit eigenen Augen sehe, werde ich zwar sagen, daß sie sich geschnitten haben, werde es aber trotzdem nicht anerkennen.«

Es kam auch vor, daß die Entdecker zunächst selbst nicht ihre Entdeckungen wahrhaben wollten, so wenig hatten die neuen Fakten mit den traditionellen Auffassungen gemein. Drei Jahre lang (von 1871 bis 1874) versuchte der deutsche Mathematiker GEORG CANTOR zu beweisen, daß es unmöglich ist, eineindeutige Abbildungen zwischen den Punkten eines Intervalls und den Punkten eines Quadrates herzustellen. Aber die unerbittliche Beweislogik brachte dem Gelehrten gerade die Konstruktion einer Abbildung, von deren Unmöglichkeit er überzeugt war. Vom erhaltenen Resultat erschüttert, soll er dem Mathematiker RICHARD DEDEKIND geschrieben haben: »Ich sehe es, aber ich glaube es nicht.« Schließlich mußte er es einsehen, so paradox das Resultat auch anfangs schien.

Mit Hilfe des sogenannten Auswahlaxioms bewies der deutsche Mathematiker FELIX HAUSDORFF, daß die Oberfläche einer Kugel einerseits in zwei gleich große (d. h. deckungsgleiche) und andererseits in drei gleich große Teile zerlegt werden kann, so daß auch diese »Hälften« mit den »Dritteln« deckungsgleich sind. Die polnischen Mathematiker STEFAN BANACH und ALFRED TARSKI zeigten, daß man ungleiche Punktmengen in die gleiche endliche Anzahl paarweise gleich großer Untermengen zerlegen kann. Daraus folgt unter anderem, daß eine beliebige Kugel die Vereinigung von fünf durchschnittsfremden Mengen derart ist, daß man aus ihnen nach entsprechender Drehung und Verschiebung zwei Kugeln erhält, die keine gemeinsamen Punkte haben und so groß wie die ursprüngliche Kugel sind. Der Satz beweist nur die Existenz solcher Kugeln, gibt uns aber keinen Algorithmus ihrer Konstruktion.

Vom Standpunkt der geometrischen Anschauung von Fläche und Volumen sind das offensichtliche Paradoxa. Es ist Tatsache, daß es aufgrund des Auswahlaxioms möglich ist, eine Kugel in solche Teile zu zerlegen, die keine Volumina besitzen, die also nicht kubierbar sind.

Oft schienen neue Resultate paradox aus der Sicht eines niedrigeren Niveaus der Strenge, eines niedrigeren Niveaus des Eindringens in die Gesetzmäßigkeiten der untersuchten Objekte, welches die Wissenschaft bereits überschritten hatte. Hinter der Grenze alter Theorien erhielten bekannte Begriffe neue, vorher unbekannte Eigenschaften, die, wenn dies nicht berücksichtigt wurde, zu Widersprüchen führten. So waren jahrtausendelang alle sicher, daß eine Figur endlicher Ausdehnung einen Flächeninhalt hat und das Problem nur darin besteht, ihn auszurechnen. Aber schon zu Beginn des zwanzigsten Jahrhunderts entdeckten die Gelehrten beschränkte ebene Figuren, die keinen Flächeninhalt hatten. Dafür, daß eine Figur quadrierbar ist, also einen definierten Flächeninhalt besitzt, ist notwendig und hinreichend, daß ihr Rand das Flächenmaß Null hat. Es wurden aber ebene Figuren von komplizierter Bauart konstruiert, deren Rand ein Flächenmaß größer als Null besaß. In gerade solche fünf nicht meßbare Teile wurde die Kugel im Beweis des unerwarteten Satzes von BANACH und TARSKI zerlegt.

Die besondere Aufmerksamkeit der Gelehrten gegenüber den Paradoxa und die Versuche, ihre Entstehungsmechanismen zu enträtseln und sie unschädlich zu machen, sind nicht nur von theoretischem Interesse. Heute fällen Tausende der verschiedensten, mit komplizierten logischen Schemata ausgerüstete Automaten Entscheidungen und bearbeiten verantwortungsvolle Aufgaben. Gerade hier können erstaunliche, ja dramatische Situationen entstehen. Wenn in der Logik und in der Mathematik Paradoxa möglich sind, wo ist dann die Garantie, daß in einem komplizierten Computerprogramm keine auftreten? Dann kann die »logische Katastrophe« in der Mathematik zu tragischen Ereignissen in der Realität führen. Der amerikanische Science-fiction-Autor I. ASIMOV schrieb eine Erzählung, deren Inhalt auf ein Paradoxon zurückgeht, das in der Architektur eines Automaten begründet ist. Auf einem Planeten landen Kosmonauten mit ihren Robotern als Gehilfen. Der Planet befindet sich in der Nähe einer Sonne. Deshalb gibt es auf der

Planetenoberfläche Seen aus geschmolzenem Metall. Das Schicksal der Kosmonauten hängt davon ab, ob aus einem See ein notwendiges Metall gewonnen werden kann oder nicht. Diese Arbeit läßt sich nur von Robotern erledigen. Aber die Arbeit kann nicht ausgeführt werden, da in der Konstruktion der Roboter zwei scheinbar völlig vernünftige, aber zueinander gegensätzliche Handlungsalgorithmen vereinbart wurden: a) stets die Befehle der Kosmonauten auszuführen und b) sich mit allen Mitteln vor Schäden zu bewahren. Die Roboter können nicht den Befehl verweigern, können aber auch nicht in den flüssigen Metallsee steigen, da dabei ihre Existenz gefährdet ist. So laufen sie am Rande des Sees herum, ohne eine Entscheidung zu treffen.

Natürlich treten Paradoxa nicht nur in der Logik, der Mathematik oder der Physik auf. Auf sie stößt man auch in anderen Wissensgebieten und in der praktischen Tätigkeit. Solche Beispiele sind u.a. in den Büchern von Gardner (1980), (1986), Makejewa/Zedrik (1984), Northrop (1954), Smullyan (1981), (1983) und Suchotin (1983) zu finden. Ein Paradoxon kann einen absoluten Widerspruch bedeuten, wenn in ihm keine Voraussetzungen benutzt wurden. Andernfalls bedeutet ein Widerspruch nur die Unvereinbarkeit der gemachten Voraussetzungen und ist an sich noch kein Paradoxon.

Beliebige Gedankengänge gehen von bestimmten Annahmen aus, die unverkennbar oder versteckt sind. Deshalb besteht immer die Möglichkeit, sich eines Paradoxons zu entledigen, indem man die Gedankengänge analysiert, die benutzten Annahmen herausfindet und auf widersprüchliche verzichtet.

Auf die ersten Paradoxa stießen bereits die Gelehrten der Antike. Seit dieser Zeit existieren noch nicht bis ins letzte gelöste Paradoxa, die den Mathematikern, Logikern, Physikern und Philosophen viel Kopfzerbrechen bereiten.

Die Paradoxa spielten in der Geschichte der Wissenschaft auch eine große positive Rolle. Denn sie signalisierten rechtzeitig, daß eine bestimmte wissenschaftliche Theorie in ihrer Entwicklung ein solches Niveau erreicht hatte, daß sie so tief in ihren Gegenstand eingedrungen war, daß es nicht möglich war, im Rahmen der bestehenden Begriffe, Axiome und Annahmen bestimmte Fakten zu erklären.

Wie sich die Wahrheit beherrschen läßt

Das einzige Mittel, unsere Schlußfolgerungen zu verbessern, ist, sie ebenso anschaulich zu machen, wie es die der Mathematiker sind, derart, daß man seinen Irrtum mit den Augen findet und, wenn es Streitigkeiten unter Leuten gibt, man nur zu sagen braucht: »Rechnen wir!« ohne eine weitere Förmlichkeit, um zu sehen, wer recht hat.

G. W. Leibniz

Jonathan Swift schrieb in seinem bekannten Buch »Gullivers Reisen« darüber, wie ein Professor der großen Akademie von Lagado eine Maschine erfand, mit der jeder Mensch ein Buch über Physik, Politik, Rechtswissenschaften, Mathematik oder Religion schreiben kann, unabhängig von seiner Bildung oder seinem Talent. Die Maschine erzeugte zufällige Wortkombinationen, aus denen man dann die sinnvollen Sätze auswählen konnte. Der Professor wollte auf diese Weise der Welt eine vollständige Bibliothek für alle Wissensgebiete bereitstellen. Es ist klar, daß das ein unerfüllbarer Wunschtraum war. Eher werden die Sterne der Galaxis erlöschen, als daß wir auf diese Weise eine neue Erzählung oder den Beweis eines bisher unbekannten geometrischen Satzes erhalten.

Trotzdem ist die Idee der Mechanisierung des Erkenntnisgewinns nicht nur phantastisch. Der spanische Philosoph, Logiker und Theologe Raimundus Lullus wollte eine Methode schaffen, die es ermöglichte, durch Kombination von Begriffen das Ableiten wahrer Schlußfolgerungen aus gegebenen Voraussetzungen zu erleichtern. Zu Lebzeiten des Gelehrten wurde seine Idee mit Skepsis aufgenommen, aber im 17. Jahrhundert hatte sie große Bedeutung für die Wissenschaftler. Zu dieser Zeit war die Herstellung einer Analogie zwischen logischen und mathematischen Begriffen eine wichtige Errungenschaft der Deduktionstheorie. Das ebnete den Weg zu einer gegenseitigen Durchdringung von Mathematik und Logik. Es entstand ein neues Gebiet der formalen Logik, die *mathematische Logik.* Sie untersucht mit mathematischen Methoden verschiedene Fragen, die beim Führen mathematischer Beweise auftreten. Unter anderem sind das:
Was heißt es, einen Satz zu beweisen?

Mit welchem Recht kann man behaupten, daß durch bestimmte Überlegungen ein Satz bewiesen wurde?
Wie muß eine mathematische Theorie aufgebaut sein, um Widersprüchen aus dem Weg zu gehen?
Nach welchen Gesetzen kann man aus gegebenen Aussagen neue ableiten?

Der große deutsche Mathematiker und Universalgelehrte Gottfried Wilhelm Leibniz machte sich sehr um eine Mathematisierung der Logik und um das *»Rechnen«* mit logischen Aussagen verdient. Seine mathematisch-logischen Ideen eilten seiner Zeit weit voraus. Ihre Verwirklichung begann erst im 19. Jahrhundert bei dem Begründer der mathematischen Logik George Boole. In den Werken »Die mathematische Analyse der Logik« und »Untersuchung der Gesetze des Denkens« schuf er eine erste mathematische Theorie logischer Gesetze und Beziehungen, von der G. W. Leibniz geträumt hatte. Die Boolesche Algebra der Logik stellt auch heute noch einen Grundbaustein der mathematischen Logik dar.

Wir werden uns hier nur mit einem Minimum von Begriffen der formalen und mathematischen Logik beschäftigen, die für eine richtige Beweisführung, zum Finden der Entstehungsquellen mathematischer Fehler und für deren Vermeidung in der praktischen Arbeit notwendig sind.

In der mathematischen Logik kann man mit Hilfe logischer *Operatoren* (das sind Ausdrücke oder Symbole, die bestimmte logische Operationen mit Aussagen darstellen) neue Aussagen konstruieren und deren Wahrheitsgehalt bestimmen. In der Aussagenlogik wird jede Aussage unabhängig von ihrem Sinn betrachtet. Uns wird nur ihr Wahrheitswert interessieren, das heißt, ob die Aussage wahr $(=1)$ oder falsch $(=0)$ ist. Mit großen lateinischen Buchstaben A, B, C werden wir einfache Aussagen bezeichnen. Aus einfachen Aussagen werden durch logische Operationen zusammengesetzte Aussagen gebildet. Eine Aufgabe der Aussagenlogik ist die Bestimmung des Wahrheitswertes zusammengesetzter Aussagen.

Um eine logische Operation zu definieren, muß man angeben, welchen Wahrheitswert ihr Resultat in Abhängigkeit von den Wahrheitswerten ihrer Komponenten annehmen kann. Dazu sind Wahrheitstabellen gut geeignet. Wir wollen solche Tabellen für einige logische Operationen zwischen beliebigen Aussagen A und B aufstellen.

Als *logisches Produkt* (oder *Konjunktion*) zweier Aussagen A und B wird die Aussage »$A \wedge B$« (lies: A und B) bezeichnet, die dann und nur dann wahr ist, wenn jede der Aussagen *A* und *B* wahr ist, und die falsch ist, wenn wenigstens eine der Aussagen *A, B* falsch ist (Tabelle 1).

Als *logische Summe* (oder *Alternative*) zweier Aussagen *A* und *B* wird die Aussage »$A \vee B$« (lies: *A* oder *B*) bezeichnet, die wahr ist, wenn wenigstens eine der Aussagen *A, B* wahr ist, und die falsch ist, wenn beide Aussagen *A, B* falsch sind (Tabelle 2). Mit »oder« ist hier das nicht ausschließende »oder« gemeint. Wenn wir sagen: »Es ist windig oder es regnet.«, so ist diese Aussage wahr, wenn es 1. regnet, wenn es 2. windig ist oder wenn es 3. sowohl windig ist als auch regnet.

Negation einer Aussage *A* heißt die Aussage $\neg A$ (lies: nicht *A*). Sie ist wahr, wenn *A* falsch ist, und falsch, wenn *A* wahr ist (Tabelle 3).

Als *Implikation* (von lateinisch implicatio – die Verflechtung) der Aussagen *A* und *B* wird die Aussage »$A \to B$« (lies: »Wenn *A*, so *B*«, »Aus *A* folgt *B*«, »*A* bedingt *B*«, »*A* ist hinreichende Bedingung für *B*« oder »*B* ist notwendige Bedingung für *A*«) bezeichnet, die dann und nur dann falsch ist, wenn *A* (der Vordersatz) wahr ist und *B* (der Hintersatz) falsch (Tabelle 4). Auf den ersten Blick scheinen die zweite und die dritte Zeile dieser Tabelle unverständlich. Daß die folgende Implikation wahr ist, ruft sicher keine Zweifel hervor: »Wenn 9 durch 3 teilbar ist, so ist 81 durch 3 teilbar.« Schwerer einzusehen ist aber, daß die Implikationen:

»Wenn 10 durch 3 teilbar ist, dann ist 100 durch 3 teilbar«, »Wenn $2 \times 2 = 5$ ist, dann mündet der Dnepr ins Kaspische Meer«, »Wenn unsere Oma Räder hätte, dann wäre sie ein Auto« aus der Sicht der mathematischen Logik wahr sind. In der mathematischen Logik hat eine Implikation auch dann eine Bedeutung, d. h. einen Wahrheitswert, wenn zwischen Vordersatz und Hintersatz kein sinnvoller Zusammenhang besteht. Aus einem falschen Vordersatz kann man einen falschen und auch einen wahren Hintersatz erhalten. Auf diese Besonderheit der Implikation wies schon ARISTOTELES hin. Sie gilt als ein Paradoxon der Implikation, stört jedoch bei mathematischen Anwendungen in keiner Weise.

Tabelle 1

A	*B*	$A \wedge B$
1	1	1
1	0	0
0	1	0
0	0	0

Tabelle 2

A	*B*	$A \vee B$
1	1	1
1	0	1
0	1	1
0	0	0

Tabelle 3

A	$\neg A$
1	0
0	1

Tabelle 4

A	B	$A \to B$
1	1	1
0	1	1
1	0	0
0	0	1

Tabelle 5

A	B	$A \leftrightarrow B$
1	1	1
1	0	0
0	1	0
0	0	1

Schließlich wollen wir noch eine logische Operation betrachten, die mit der Implikation eng verbunden ist. Als *Äquivalenz* zweier Aussagen A und B wird die Aussage »$A \leftrightarrow B$« (lies: »A genau dann, wenn B«, »A dann und nur dann, wenn B«, »A ist äquivalent zu B«) bezeichnet, die genau dann wahr ist, wenn die beiden Aussagen A und B den gleichen Wahrheitswert besitzen, also beide wahr oder beide falsch sind. Wenn $A \leftrightarrow B$ wahr ist, dann heißen die Aussagen A und B *äquivalent* oder *gleichwertig.*

Aus einfachen Aussagen lassen sich mit Hilfe logischer Operationen zusammengesetzte Aussagen bilden, die stets wahr sind, unabhängig davon, welchen Wahrheitswert die Operanden haben. Diese Identitäten sind die Gesetze der Logik. Unter anderem lassen sich die drei Grundgesetze der Logik auf folgende Weise schreiben:

$A \to A$	Identitätsgesetz
$A \vee \neg A$	Gesetz vom ausgeschlossenen Dritten
$\neg(A \wedge \neg A)$	Gesetz vom ausgeschlossenen Widerspruch

Weitere logische Gesetze sind:

$(A \wedge A) \leftrightarrow A$,	$(A \vee A) \leftrightarrow A$
$(A \vee 1) \leftrightarrow 1$,	$(A \vee 0) \leftrightarrow A$
$\neg \neg A \leftrightarrow A$	Gesetz der Negation der Negation
$\neg(A \vee B) \leftrightarrow (\neg A \wedge \neg B)$, $\neg(A \wedge B) \leftrightarrow (\neg A \vee \neg B)$	Gesetze von DE MORGAN

Wie man die Wahrheit beweisen kann

Seit der Zeit der Griechen bedeutet »Mathematik« zu sagen, »Beweis« zu sagen.

N. Bourbaki

Als Beweise werden in der Mathematik solche Schlußketten bezeichnet, mit deren Hilfe die Wahrheit einer Behauptung (eines Satzes, eines Theorems) als logische Folgerung aus anderen Behauptungen (Axiomen, Voraussetzungen oder schon früher bewiesenen Sätzen) festgestellt wird.

Seit Euklid blieb die ideale Gestalt des mathematischen Beweises unverändert, eine Herleitung »nichtoffensichtlicher« Wahrheiten aus »offensichtlichen« Wahrheiten mittels »offensichtlicher« elementarer Schlüsse. Einen Satz zu beweisen bedeutet zu zeigen, daß er aus Voraussetzungen der gegebenen Theorie nach den Regeln der in dieser Theorie üblichen Herleitung folgt.

Das beste wäre, beim Schreiben eines Beweises nur die mathematischen Symbole der entsprechenden Theorie zu benutzen. Dann ist jeder Beweisschritt nur das Umformen gewisser Formeln nach streng festgelegten Regeln bei völliger Abstraktion vom Inhalt der Formeln und von den Umformregeln. Solche Beweise heißen *formale* Beweise. Ihre Beherrschung setzt viel vorbereitende Arbeit voraus. Beweise in der Schulmathematik formuliert man mit mathematischen Symbolen, aber auch mit Ausdrücken der natürlichen Sprache, ohne daß die benutzten Ableitungsregeln festgelegt werden. Das sind *nichtformale Beweise.* Solche Beweise werden auch in diesem Buch benutzt.

Wenn eine Aussage B wahr ist, so existiert eine hinreichende Begründung A für sie. Die Aussage B, deren Wahrheit bewiesen werden soll, heißt *These*; die Aussagen, mit deren Hilfe die These bewiesen wird, heißen *Prämissen.* Der Beweis selbst ist die Methode, die Schlußweise, die benutzt wird, um aus den Prämissen die These herzuleiten.

Obwohl in nichtformalen Beweisen die Herleitungsregeln nicht fixiert werden, sind sie in versteckter Form natürlich vorhanden, denn sie sind es gerade, worauf sich die Folge elementarer Schlüsse gründet.

In nichtmathematischen Gedankengängen werden oft Analogiebeweise angeführt, bei denen die Ähnlichkeit zweier Objekte in einer gewissen Eigenschaft aus der Ähnlichkeit der Objekte in vielen anderen Eigenschaften geschlossen wird. So kann man zum Beispiel durch Analogieüberlegungen zu dem Schluß kommen, daß um andere Sonnen ebenfalls Planeten kreisen, auf denen es Leben geben müßte, wie dies bei unserer Sonne und unserem Planeten der Fall ist. Diese Schlüsse laufen nach folgendem Schema ab: Der untersuchte Gegenstand hat vermutlich die Eigenschaft P, da ein ähnlicher Gegenstand alle anderen Eigenschaften und auch noch die Eigenschaft P besitzt.

Durch Analogiebeweise erhält man natürlich nur »wahrscheinlich wahre« Resultate. Nur bei völliger Analogie kann man von einer echten Beweiskraft solch einer Schlußkette sprechen. Es kommt vor, daß bei Analogiebeweisen eine rein äußerliche oder gar dazugedichtete Ähnlichkeit benutzt wird.

So begründete die Tigerlilie der kleinen Alice, warum Blumen in normalen Gärten nicht sprechen:

»Wie geht es zu, daß ihr alle so reizend reden könnt?«, fragte Alice ...

»Leg deine Hand auf den Boden und befühl ihn«, befahl die Tigerlilie. »Dann weißt du, warum.«

Alice gehorchte. »Der Boden ist sehr hart«, sagte sie. »Aber ich kann nicht einsehen, was das mit der Sprache zu tun hat.«

»In den meisten Gärten«, erläuterte die Tigerlilie, »verwechselt man die Beete mit Betten und macht sie so weich, daß die Blumen dauernd einschlafen.«

Analogiebeweise haben in der Mathematik nur heuristische Bedeutung, sie helfen, gewisse Abhängigkeiten ans Tageslicht zu bringen. Mathematische Fakten ergeben sich aber nur nach Beweisen mit Methoden, wie sie in der Mathematik üblich sind.

Verständlich ist auch, daß alle Beweise nur in widerspruchsfreien Theorien einen Sinn haben. Die Widerspruchsfreiheit ist die wichtigste Eigenschaft, von der abhängt, ob eine entwickelte Theorie überhaupt Wert hat. Das ist eine sehr komplizierte Frage. Folgendes Beispiel soll das erläutern:

Eines der Axiome von Zahlkörpern (einer besonderen algebraischen Struktur, z. B. bilden die rationalen Zahlen einen Zahlkörper, die ganzen Zahlen aber nicht) fordert die Existenz eines inversen Elements bezüglich der Multiplikation: Wenn $a \neq 0$, dann existiert ein Element a^{-1}, so daß

$$a\,a^{-1} = a^{-1}\,a = 1.$$

Wenn man die Forderung $a \neq 0$ nicht stellt, erhält man ein widersprüchliches Axiomensystem. Wenn nämlich 0 ein inverses Element 0^{-1} besitzt, dann gilt

$$(0\cdot 0)\cdot 0^{-1}=0\cdot 0^{-1}=1 \text{ und}$$
$$0\cdot(0\cdot 0^{-1})=0\cdot 1=0,$$

was bedeutet, daß das Distributivgesetz

$$a(b\,c)=(a\,b)\,c$$

verletzt ist. Deshalb darf man nicht durch Null teilen, weil das die Gesetze der Arithmetik verletzt und zu widersprüchlichen Theorien führt. Das ist auch eine Quelle vieler Sophismen.

Wenn man in einer Theorie zwei gegensätzliche Aussagen beweisen kann, dann hat die Theorie keinen Wert, da man dann auch jede beliebige Aussage beweisen kann.

Einmal erzählte der englische Mathematiker G. H. HARDY bei einem Mittagessen von widersprüchlichen Axiomensystemen. Daraufhin bat ein Anwesender, ihm zu beweisen, daß unter der Annahme $2\times 2=5$ ein Mister X der römische Papst sei. HARDY überlegte einen Augenblick und erwiderte: »Wir wissen, daß außerdem $2\times 2=4$ gilt. Das bedeutet $5=4$. Jetzt subtrahieren wir von beiden Seiten 3 und erhalten $2=1$. Mister X und der römische Papst sind zwei Menschen. Wir wissen aber auch, daß $2=1$ ist, deshalb ist Mister X und der römische Papst ein Mensch.«

Über die Erkenntnis, die Wahrheit, Paradoxa und die Mathematik

Die Menschen, die den richtigen Weg gehen wollen, müssen auch von Irrwegen wissen.

ARISTOTELES

Vor allem muß man die Begriffe verstehen, die den Worten zugrunde liegen, um sie zu diskutieren, wenn sie unsere Gedanken, unsere Fragen, unser Schwanken ergreifen, damit im endlosen Streit kein Wort unerklärt bleibt oder wir keine leeren Worte benutzen. EPIKUR

Suchen wir die Wahrheit überall, und ernten wir sie überall, wo wir ihre Blüte oder ihr Samenkorn finden werden. R. ROLLAND

... Scherzhafte Beispiele haben manchmal größere Bedeutung als ernste.

M. STIFEL

Von allen wahrhaften Wissenschaften sind, wie Aristoteles und Averroes behaupten, die mathematischen Wissenschaften die wahrhaftesten und stehen in der Unbestreitbarkeit an erster Stelle vor den Naturwissenschaften. L. PACIOLI

Keinerlei Glaubwürdigkeit ist in jenen Wissenschaften, die sich der mathematischen Wissenschaften nicht bedienen oder keine Verbindung zu ihnen haben. LEONARDO DA VINCI

Nur in der Mathematik gibt es unwiderlegbare Beweise, die sich auf notwendige Voraussetzungen gründen. Deshalb kann der Mensch nur in der Mathematik, gestützt auf die dieser Wissenschaft eigenen Gesetze zur Wahrheit gelangen. R. BACON

Nur in der Mathematik gibt es Wissenschaftlichkeit und Beweiskraft im genauesten und eigentlichen Sinne. R. GROSSETESTE

Alles muß bewiesen werden, und beim Beweisen darf man nichts außer Axiomen und früher bewiesenen Sätzen benutzen. B. PASCAL

In mathematischen Fragen darf man sich auch über den kleinsten Fehler nicht hinwegsetzen. I. NEWTON

Menschen, die von der Algebra nichts wissen, können sich auch nicht die wunderbaren Dinge vorstellen, zu denen man mit Hilfe der genannten Wissenschaft gelangen kann. G. W. LEIBNIZ

In erster Linie schützt uns gerade die Mathematik vor Sinnestäuschungen und lehrt uns, daß es eine Sache ist, wie die Dinge aufgebaut sind, die wir mit den Sinnen erfassen, und eine andere, wie sie uns erscheinen. Diese Wissenschaft gibt uns die zuverlässigsten Regeln, wer sich von ihnen leiten läßt, braucht sich vor Sinnestäuschungen nicht zu fürchten.
L. EULER

Die Mathematik muß man schon deswegen studieren, weil sie die Gedanken ordnet. M. W. LOMONOSSOW

Die erste Regel, an die man sich in der Mathematik halten muß, ist, exakt zu sein. Die zweite Regel ist, klar und deutlich zu sein und nach Möglichkeit einfach. L. N. M. CARNOT

Die Mathematik ist die Königin aller Wissenschaften. Ihr Liebling ist die Wahrheit, ihre Kleidung – Einfachheit und Klarheit. Ihr Palast ist von Dornengehölz umwachsen, wer zu ihm gelangen will, muß sich durch dieses Dickicht kämpfen. Ein zufällig Reisender wird im Palast nichts Anziehendes finden. Seine Schönheit öffnet sich nur dem Verstand, der die Wahrheit liebt, der beim Überwinden von Schwierigkeiten hart wurde und der Zeuge ist für die erstaunliche Neigung des Menschen zu verworrenen, aber unerschöpflichen und erhabenen geistigen Genüssen.

J. B. Sniadecki

Die Mathematik ist das Instrument, welches die Vermittlung bewirkt zwischen Theorie und Praxis, zwischen Denken und Beobachten: sie baut die verbindende Brücke und gestaltet sie immer tragfähiger. Daher kommt es, daß unsere ganze gegenwärtige Kultur, soweit sie auf der geistigen Durchdringung und Dienstbarmachung der Natur beruht, ihre Grundlage in der Mathematik findet. D. Hilbert

Man muß einen mathematischen Satz erraten, ehe man ihn beweist, man muß die Idee eines Beweises erraten, ehe man die Einzelheiten durchführt. G. Polya

Da ist das Problem, suche die Lösung. Du kannst sie durch reines Denken finden; denn in der Mathematik gibt es kein Ignorabimus.

D. Hilbert

Man sagt: zwischen zwei entgegengesetzten Meinungen liege die Wahrheit mitten inne. Keineswegs! Das Problem liegt dazwischen.

J. W. v. Goethe

Zum Ergreifen der Wahrheit braucht es ein viel höheres Organ als zur Verteidigung des Irrtums. J. W. v. Goethe

Tausend Wege führen zu Fehlern, zur Wahrheit führt nur einer.

J. J. Rousseau

Man kann der Wahrheit nicht mehr schaden als mit dem Bestreben, sie auf falschen Schlußfolgerungen aufzubauen. P. L. M. de Maupertuis

Die Mathematik ist eine wunderbare Lehrerin für die Kunst, die Gedanken zu ordnen, Unsinn zu beseitigen und Klarheit zu schaffen.

J. H. Fabre

Es ist sehr wichtig, keine unbewiesenen Annahmen zu treffen, aber noch wichtiger ist es, keine Worte zu benutzen, hinter denen sich kein klarer Sinn verbirgt. W. K. Clifford

Als sehr irrtümlich erwies sich der Gedanke, daß Beweisstrenge der Feind der Einfachheit sei. Unzählige Beispiele überzeugen uns vom Gegenteil: Strenge Methoden sind gleichzeitig auch die einfachsten und verständlichsten. Das Streben nach Strenge führt gerade zum Finden der einfachsten Beweise. D. Hilbert

Seit man begonnen hat, die einfachsten Behauptungen zu beweisen, erwiesen sich viele von ihnen als falsch. B. Russell

Nichts ist verblüffender als die einfache Wahrheit. E. E. Kisch

Was wahr ist, ist weder gut noch böse, sondern einfach wahr. R. Tagore

Das größte Hindernis beim Erkennen der Wahrheit ist nicht die Falschheit, sondern die Halbwahrheit. L. N. Tolstoi

Die Geschichte der Trugschlüsse des menschlichen Verstandes ist möglicherweise genauso wichtig wie die Geschichte seiner Vorwärtsbewegung zur Wahrheit. P. S. Tannery

Ein Beweis, der nicht streng ist, ist nichts. H. Poincaré

In der Mathematik zählt alles nicht bis zum Ende Begründete als absolut unbegründet. A. J. Chintschin

Für die Mathematik ist die bis zum äußersten getriebene Dominanz der logischen Beweiskraft charakteristisch. Ein Mathematiker, der, wenn auch nur zeitweise, von diesem Schema abgeht, verliert überhaupt die Möglichkeit, wissenschaftlich zu denken. A. J. Chintschin

In der Mathematik kann es nichts zur Hälfte oder beinahe Bewiesenes geben. Entweder ist die Argumentation so vollständig, daß die Richtigkeit der bewiesenen Behauptung nicht mehr in Zweifel gezogen werden kann, oder es fehlt überhaupt jegliche Argumentation.

A. J. Chintschin

Moralisch lehrt uns die Mathematik, sich streng gegenüber dem zu verhalten, was als Wahrheit behauptet wird, was als Argument hervorgebracht wird oder was als Beweis angeführt wird. Die Mathematik fordert Klarheit der Begriffe und Behauptungen und duldet keinen Nebel und keine unbewiesenen Erklärungen. A. D. ALEXANDROW

Ein mathematischer Beweis wird so gewissenhaft geführt, daß er für alle, die ihn verstehen, überzeugend und unanfechtbar ist ... Allerdings ist die mathematische Strenge nicht absolut. Sie entwickelt sich, ihre Prinzipien sind nicht ein für allemal fest, sondern bewegen sich und sind ebenfalls Objekt wissenschaftlicher Diskussionen. A. D. ALEXANDROW

Nirgends macht es die Klarheit und Genauigkeit der Schlußfolgerungen so unmöglich wie in der Mathematik, Antworten durch Gerede um die Frage herum zu ersetzen. A. D. ALEXANDROW

Die Mathematik lehrt Genauigkeit der Gedanken, Unterordnung unter die Beweislogik, Verständnis für streng begründete Wahrheiten und formt trotzdem die Persönlichkeit sicher mehr als die Musik.
A. D. ALEXANDROW

Unwiderlegbarkeit – dein Name ist Mathematik. Sollen sich die Vertreter der Naturwissenschaften mit Offensichtlichkeiten zufriedengeben, der Mathematiker braucht den Beweis. W. v. O. QUINE

Wir Mathematiker haben ein wunderbar einfaches Wahrheitskriterium: Entweder es gibt einen Beweis oder nicht. K. URBANIK

In der Mathematik gibt es keine Autoritäten. Das einzige Argument für die Wahrheit ist der Beweis. K. URBANIK

Der Begriff der Wahrheit fordert unvermeidlich die Abstraktion der Unendlichkeit, schon weil eine wahre mathematische Aussage immer und überall wahr sein muß. J. I. MANIN

Die Wahrheit ist immer versteckt und nicht immer leicht zu entdecken, wenn man sie auch noch so liebt. H. BARBUSSE

Strenge in der Mathematik bedeutet in erster Linie Gewissenhaftigkeit und Klarheit. L. BERS

Ein guter mathematischer Scherz ist immer besser als ein ganzes Dutzend mittelmäßiger gelehrter Abhandlungen. J. E. Littlewood

Schwöre nicht auf den Namen deines Lehrers, sondern führe Beweise an.
Sprichwort aus dem Altertum

Es ist nicht das Wissen, sondern das Lernen,
nicht das Besitzen, sondern das Erwerben,
nicht das Da-Sein, sondern das Hinkommen,
was den größten Genuß gewährt. C. F. Gauss

Die Mathematik als Fachgebiet ist so ernst, daß man keine Gelegenheit versäumen sollte, dieses Fachgebiet unterhaltsamer zu gestalten.
B. Pascal

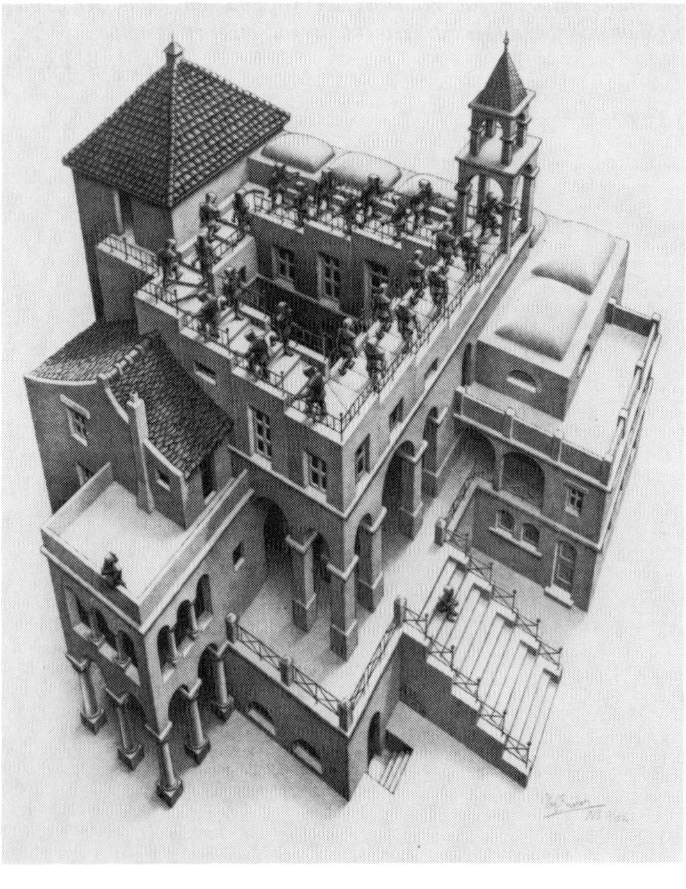

2. Arithmetik

Man kann beim Studium der Wahrheit drei Hauptziele haben; einmal, sie zu entdecken, wenn man sie sucht; dann: sie zu beweisen, wenn man sie besitzt; und zum letzten: sie vom Falschen zu unterscheiden, wenn man sie prüft.

B. PASCAL

Erste Überraschungen

Unter allen menschlichen Entdekkungen sollte die Entdeckung der Fehler die wichtigste sein.

St. J. Lec

1. $3 = 5$

Erste Möglichkeit:

▲ Es gilt die Gleichung $25 - 15 - 10 = 15 - 9 - 6,$

daher $5(5 - 3 - 2) = 3(5 - 3 - 2),$

also folgt $5 = 3.$ ■

Zweite Möglichkeit:

▲ $6x + 15 = 10x + 25,$

also $3(2x + 5) = 5(2x + 5);$

daraus folgt $3 = 5.$ ■

2. $5 = 7$

▲ Es sei $a = \frac{3}{2}b$, also $4a = 6b$. Wegen $4a = 14a - 10a$ und $6b = 21b - 15b$ folgt daraus $14a - 10a = 21b - 15b$ und auch $15b - 10a = 21b - 14a$. Nach Ausklammern erhalten wir $5(3b - 2a) = 7(3b - 2a)$, also $5 = 7$. ■

3. $1 = 2$

▲ Es gelten $2 = 2$, $3 - 1 = 6 - 4$, $1 - 3 = 4 - 6$, $1 - 3 + \frac{9}{4} = 4 - 6 + \frac{9}{4}$.

Aus der letzten Gleichung erhalten wir nach Ausklammern

$$\left(1 - \frac{3}{2}\right) \cdot \left(1 - \frac{3}{2}\right) = \left(2 - \frac{3}{2}\right) \cdot \left(2 - \frac{3}{2}\right),$$

also

$$\left(1 - \frac{3}{2}\right)^2 = \left(2 - \frac{3}{2}\right)^2.$$

Nach dem Ziehen der Wurzel folgt daraus

$$1 - \frac{3}{2} = 2 - \frac{3}{2}, \text{ also } \quad 1 = 2. \ ■$$

4. $2 = 3$

▲ Durch einfaches Umformen erhalten wir folgende Kette von Gleichungen: $4 - 10 = 9 - 15$, $4 - 10 + 6\frac{1}{4} = 9 - 15 + 6\frac{1}{4}$,

$$2^2 - 2 \cdot 2 \cdot \frac{5}{2} + \left(\frac{5}{2}\right)^2 = 3^2 - 2 \cdot 3 \cdot \frac{5}{2} + \left(\frac{5}{2}\right)^2,$$

$$\left(2-\frac{5}{2}\right)^2=\left(3-\frac{5}{2}\right)^2,$$

$$2-\frac{5}{2}=3-\frac{5}{2}, \text{ also } 2=3 \ \blacksquare$$

5. $4=5$

Erste Möglichkeit:

▲ Durch einfaches Umformen erhalten wir:

$$16-36=25-45,$$

$$16-36+\frac{81}{4}=25-45+\frac{81}{4},$$

$$\left(4-\frac{9}{2}\right)^2=\left(5-\frac{9}{2}\right)^2,$$

$$4-\frac{9}{2}=5-\frac{9}{2}, \text{ also } 4=5. \ \blacksquare$$

Zweite Möglichkeit:

▲ Aus der linken Seite der Gleichung $4:4=5:5$ klammern wir die Zahl 4 aus, aus der rechten Seite die Zahl 5. Dann erhalten wir $4(1:1)=5(1:1)$, also $4\cdot 1=5\cdot 1$ und $4=5$. ■

6. Eine beliebige natürliche Zahl ist gleich 0.

▲ Es sei $n\in\mathbb{N}$. Wir multiplizieren eine Gleichung mit n, die wir hergeleitet haben, zum Beispiel $4=5$, und erhalten $4n=5n$. Davon wird die Gleichung nicht falsch. Weiter erhalten wir $(4-5)n=0$. Wegen $4-5\neq 0$ folgt, daß $n=0$ gelten muß. ■

7. $1\neq 1$

Aus der Bruchrechnung ist bekannt, daß aus der Gleichheit zweier gebrochener Zahlen $\frac{a}{b}=\frac{c}{d}$ die Gleichung $\frac{a-c}{b-d}=\frac{a}{b}$ folgt, da in beiden Fällen die Grundbedingung für die Gleichheit zweier Brüche $ad=bc$ gilt.

▲ Es seien nun x, y, z solche Zahlen, daß folgende Gleichung gilt:

$$\frac{3y-4z}{3y-8z}=\frac{3x-z}{3x-5z}$$

Wir wenden die erwähnte Regel an und erhalten

$$\frac{3y-4z-(3x-z)}{3y-8z-(3x-5z)}=\frac{3y-4z}{3y-8z}$$

oder nach Auflösen der Klammern

$$\frac{3y-3z-3x}{3y-3z-3x}=\frac{3y-4z}{3y-8z}.$$

Auf der linken Seite dieser Gleichung steht ein Bruch, dessen Zähler und Nenner gleich sind, die linke Seite ist also gleich 1. Zähler und Nenner des Bruches auf der rechten Seite sind ungleich, also ist die rechte Seite ungleich 1. Damit ist »bewiesen«, daß $1 \neq 1$ ist. ■

Ungebräuchliche Regeln der Arithmetik

Die Regeln der Arithmetik, die vor Tausenden von Jahren aufgestellt wurden, erhalten auch in der Epoche der modernen Mathematik ihre Kraft und werden buchstäblich bei jedem Schritt benutzt.

B. W. GNEDENKO

Der Leser erinnert sich natürlich an die Grundregeln beim Rechnen mit natürlichen, ganzen und gebrochenen Zahlen. Wir wollen versuchen, noch einige neue Regeln aufzustellen.

Wir erweitern die Möglichkeiten, Brüche zu kürzen, auf folgende Weise:

8. $\frac{1\cancel{6}}{\cancel{6}4}=\frac{1}{4},\quad \frac{1\cancel{9}}{\cancel{9}5}=\frac{1}{5},\quad \frac{2\cancel{6}}{\cancel{6}5}=\frac{2}{5},\quad \frac{4\cancel{9}}{\cancel{9}8}=\frac{4}{8}$

9.

$$\frac{2199\cancel{9}78}{8799\cancel{9}12}=\frac{219\cancel{9}78}{879\cancel{9}12}=\frac{21\cancel{9}78}{87\cancel{9}12}=\frac{2178}{8712}$$

$$\frac{1388\cancel{8}75}{5788\cancel{8}31}=\frac{138\cancel{8}75}{578\cancel{8}31}=\frac{13\cancel{8}75}{57\cancel{8}31}=\frac{1375}{5731}$$

$$\frac{2144\cancel{4}23}{3244\cancel{4}12}=\frac{214\cancel{4}23}{324\cancel{4}12}=\frac{21\cancel{4}23}{32\cancel{4}12}=\frac{2123}{3212}$$

10. $\frac{19\cancel{9}8}{89\cancel{9}1}=\frac{1\cancel{9}8}{8\cancel{9}1}=\frac{18}{81},\quad \frac{26\cancel{6}4}{46\cancel{6}2}=\frac{2\cancel{6}4}{4\cancel{6}2}=\frac{24}{42}$

Jetzt erweitern wir diese »barbarische« Art zu kürzen so, daß auch Ziffernvertauschungen möglich werden.

$$\frac{\cancel{1}\cancel{8}2}{\cancel{8}\cancel{1}9}=\frac{2\cancel{1}\cancel{8}}{9\cancel{8}\cancel{1}}=\frac{2}{9},\ \frac{\cancel{2}\cancel{7}3}{\cancel{7}\cancel{2}8}=\frac{3\cancel{2}\cancel{7}}{8\cancel{7}\cancel{2}}=\frac{3}{8},\ \frac{\cancel{2}\cancel{4}4}{\cancel{4}\cancel{2}7}=\frac{4\cancel{2}\cancel{4}}{7\cancel{4}\cancel{2}}=\frac{4}{7},$$

$$\frac{\cancel{3}\cancel{6}4}{\cancel{6}\cancel{3}7}=\frac{4\cancel{3}\cancel{6}}{7\cancel{6}\cancel{3}}=\frac{4}{7},\ \frac{\cancel{1}\cancel{2}4}{\cancel{2}\cancel{1}7}=\frac{4\cancel{1}\cancel{2}}{7\cancel{2}\cancel{1}}=\frac{4}{7},\ \frac{5\cancel{4}\cancel{5}}{6\cancel{5}\cancel{4}}=\frac{5}{6},\ \frac{\cancel{4}\cancel{8}4}{\cancel{8}\cancel{4}7}=\frac{4}{7}$$

11. Diese Art, mit gebrochenen Zahlen zu arbeiten, ist natürlich absolut unstatthaft. Ungeachtet dessen stimmen die Ergebnisse. Vielleicht haben die Mathematiker die folgende Rechenregel für gebrochene Zahlen nur noch nicht entdeckt?

$$\frac{9-25}{6+10}=\frac{9}{6}-\frac{25}{10},\ \frac{121-64}{55+40}=\frac{121}{55}-\frac{64}{40},$$

$$\frac{8-50}{2+5}=\frac{8}{2}-\frac{50}{5}$$

12. Es ist bekannt, wieviel Mühe das Umformen von Ausdrücken bereitet, die Potenzen enthalten. Das liegt daran, daß eine einfache und sehr nützliche Umformregel in Vergessenheit geraten war:

$$\frac{41^3+25^3}{41^3+16^3}=\frac{41+25}{41+16},\ \frac{73^3+37^3}{73^3+36^3}=\frac{73+37}{73+36},$$

$$\frac{81^3+18^3}{81^3+63^3}=\frac{81+18}{81+63},$$

$$\frac{5^3+4^3}{5^3+1^3}=\frac{5+4}{5+1}=\frac{9}{6}=\frac{3}{2},$$

$$\frac{6^3+4^3}{6^3+2^3}=\frac{6+4}{6+2}=\frac{10}{8}=\frac{5}{4}.$$

13. Noch unangenehmer ist das Wurzelziehen. Leicht geht es mit einem Taschenrechner, aber auch ohne ihn lassen sich Wurzelausdrücke zumindest vereinfachen.

$$\sqrt{5\frac{5}{24}}=5\sqrt{\frac{5}{24}},\ \sqrt{12\frac{12}{143}}=12\sqrt{\frac{12}{143}},$$

$$\sqrt[3]{3\frac{3}{26}}=3\sqrt[3]{\frac{3}{26}},\sqrt[3]{2\frac{2}{7}}=2\sqrt[3]{\frac{2}{7}},$$

$$\sqrt[5]{2\frac{2}{31}}=2\sqrt[5]{\frac{2}{31}}.$$

14. a) Die Summe (Differenz) zweier Zahlen ist gleich ihrem Produkt (Quotienten).

$$5\frac{5}{4}=5\cdot\frac{5}{4},\ \frac{25}{4}-5=\frac{25}{4}:5,$$

$$6\frac{6}{5} = 6 \cdot \frac{6}{5}, \quad \frac{36}{5} - 6 = \frac{36}{5} : 6.$$

b) Um zu einem Bruch eine Zahl zu addieren, reicht es, diese Zahl zum Zähler und zum Nenner zu addieren.

$$\frac{2}{5} + \left(-\frac{22}{5}\right) = \frac{2 - \frac{22}{5}}{5 - \frac{22}{5}} = -4,$$

$$\frac{3}{4} + \left(-\frac{15}{4}\right) = \frac{3 - \frac{15}{4}}{4 - \frac{15}{4}} = -3.$$

15. a) Der Logarithmus der Summe ist gleich der Summe der Logarithmen.

$$\log\left(16 + \frac{16}{15}\right) = \log 16 + \log\left(\frac{16}{15}\right),$$

$$\log\left(17 + \frac{17}{16}\right) = \log 17 + \log\left(\frac{17}{16}\right).$$

b) Der Logarithmus der Differenz ist gleich der Differenz der Logarithmen.

$$\log\left(\frac{49}{6} - 7\right) = \log\left(\frac{49}{6}\right) - \log 7$$

$$\log\left(\frac{64}{7} - 8\right) = \log\left(\frac{64}{7}\right) - \log 8.$$

Diese Beziehungen gelten für beliebige Basen der Logarithmen.

Pierre de Fermats nicht aufgenommener Handschuh

... wir verstehen dieses besondere Gefühl, das jeden Gelehrten ergreift, der versucht, in das Geheimnis des Großen Fermatschen Satzes einzudringen, weil er den tiefsten Grundlagen der Arithmetik, jenen erhabenen Gesetzen, die die Welt der Zahlen regieren und auf welchen sich unser gesamtes Wissen über diese Welt gründet, gegenübersteht.

A. J. CHINTSCHIN

Der geniale französische Mathematiker PIERRE DE FERMAT war Jurist, beschäftigte sich aber in der Freizeit mit Mathematik. Von ihm stammen viele unbewiesene Vermutungen, von denen eine gar erst im Jahre 1993 bewiesen werden konnte. Das ist der berühmte und außerordentlich populäre Große FERMATsche Satz. Seine Formulierung ist sehr einfach, und man könnte meinen, sein Beweis wäre es ebenso. Der Beweis ist aber äußerst kompliziert.

Wir stellen hier dem Leser einige, nach der Meinung ihrer Autoren korrekte »Beweise« des Großen FERMATschen Satzes zur Fehlersuche vor.

16. Die Gleichung

$$x^n + y^n = z^n \qquad (1)$$

hat für natürliche n größer als 2 keine Lösung in positiven ganzen Zahlen x, y, z.

▲ Wir führen den Beweis indirekt. Wir nehmen an, es existiert ein $n > 2$, so daß die Gleichung (1) eine Lösung (x_0, y_0, z_0) in positiven ganzen Zahlen besitzt. Dafür gilt $x_0, y_0 < z_0$.

Keiner wird den Satz des PYTHAGORAS anzweifeln, für den Hunderte von Beweisen gefunden wurden. Er läßt sich in folgender Form schreiben:

$$x^2 + y^2 = z^2, \qquad (2)$$

wobei x, y, z die Längen der Katheten bzw. der Hypotenuse eines rechtwinkligen Dreiecks sind. Die Gleichungen (1) und (2) können wir wie folgt umformen:

$$\left(\frac{x}{z}\right)^n + \left(\frac{y}{z}\right)^n = 1 \quad (3), \qquad \left(\frac{x}{z}\right)^2 + \left(\frac{y}{z}\right)^2 = 1 \qquad (4)$$

Die rechten Seiten dieser beiden Gleichungen sind gleich, also gilt

$$\left(\frac{x}{z}\right)^n + \left(\frac{y}{z}\right)^n = \left(\frac{x}{z}\right)^2 + \left(\frac{y}{z}\right)^2 \tag{5}$$

Die Gleichung (5) hat aber nur für $n=2$ Lösungen (x_0, y_0, z_0) mit $x_0, y_0 < z_0$. Also sind wir ausgehend davon, daß der Große FERMATsche Satz falsch ist, zu einem Widerspruch gelangt, was bedeutet, daß das Gegenteil unserer Annahme wahr ist, das heißt, der Große FERMATsche Satz ist wahr. ■

17. Ein weiterer »Beweis« des Großen FERMATschen Satzes:

▲ Der Große FERMATsche Satz behauptet, daß

$$x^n + y^n \neq z^n \tag{1}$$

für $n > 2$ gilt. Der Satz des PYTHAGORAS besagt

$$x^n + y^n = z^n, \tag{2}$$

wenn zwei Bedingungen erfüllt sind: a) $n=2$ und b) x, y, z bilden ein pythagoreisches Zahlentripel (x, y, z sind ganze Zahlen und entsprechen den Längen der Katheten bzw. der Hypotenuse eines rechtwinkligen Dreiecks). Das bedeutet: wenn eine der Bedingungen a) oder b) nicht erfüllt ist, dann ist die Gleichung (2) nicht erfüllbar. Wir können also schließen, daß für $n > 2$ (also bei Verletzung der Bedingung a)) die Gleichung (2) nicht erfüllbar ist, also (1) gilt, sogar unabhängig von der Bedingung b), d. h. für alle ganzen Zahlen x, y, z. ■

Der Große FERMATsche Satz zog nicht nur die Aufmerksamkeit von Mathematikern auf sich. Wie viele elementar formulierbare Probleme der Zahlentheorie und auch der geometrischen Konstruierbarkeit mit Zirkel und Lineal reizte er immer wieder Laien zu Lösungsversuchen. Dieses Interesse nahm noch dadurch bedeutend zu, daß 1905 der Göttinger Professor P. WOLFSKEHL der Göttinger Gesellschaft der Wissenschaften die (später durch die Inflation entwertete) bedeutende Summe von 100000 Mark als Preis für den Beweis des Großen FERMATschen Satzes zur Verfügung stellte.

Aber erst mit modernsten mathematischen Theorien, für die FERMATS Behauptung nur einen Spezialfall allgemeinerer Probleme darstellt, gelang 1993 die Lösung dieses alten Rätsels.

Interessante Aufgaben

Man darf nicht das, was uns unwahrscheinlich und unnatürlich erscheint, mit dem verwechseln, was absolut unmöglich ist.

C. F. GAUSS

18. Beim Lesen einer populärwissenschaftlichen Zeitschrift fand ein Schüler eine Mitteilung über verschiedene Verbesserungen der Dampfmaschine, die voneinander unabhängig waren und darauf zielten, den Brennstoffverbrauch zu senken. Die erste Verbesserung versprach 40% Brennstoffeinsparung, die zweite 35% und die dritte 25%. »Hurra!« rief der Schüler, »endlich kann man ein Perpetuum mobile bauen, denn wenn man die drei Anteile addiert, erhält man 100% Brennstoffeinsparung, und das bedeutet, daß die Dampfmaschine ohne Brennstoff arbeitet.« Ist das tatsächlich so?

19. In einem Lager waren 100 kg Beeren. Eine Analyse ergab, daß die Beeren 99% Wasser enthalten. Später wurde die Analyse wiederholt und ergab einen Wassergehalt von 98%. Wieviel wogen die Beeren jetzt?

20. *Eine Aufgabe aus der »Arithmetik« von L. F. Magnizki*
Ein Kaufmann verkaufte ein Pferd für 156 Rubel. Der Käufer überlegte es sich aber anders und gab dem Kaufmann das Pferd mit den Worten zurück:

»Es lohnt sich nicht, das Pferd für diesen Preis zu kaufen, soviel ist es nicht wert.«

»Wenn dir der Preis für das Pferd zu hoch ist, dann kaufe doch nur die Nägel in den Hufeisen, und das Pferd bekommst du kostenlos dazu. In jedem Hufeisen sind 6 Nägel. Für den ersten gib mir $\frac{1}{4}$ Kopeke, für den zweiten $\frac{1}{2}$ Kopeke, für den dritten 1 Kopeke usw.«

Der Käufer ließ sich von dem Angebot verleiten in der Hoffnung, das Pferd für weniger als 10 Rubel zu erhalten. Wieviel muß der Käufer bezahlen?

21. *Ein tückisches Testament*
Die französische Gräfin Elisabeth-Angélique de Beautéville verwitwete im Alter von 20 Jahren. Ihr Gatte, der Gouverneur Sanslisse,

liebte sie sehr und hinterließ folgendes Testament: Im ersten Jahr nach seinem Tode wird der Witwe ein Goldstück ausgezahlt, wenn sie nicht wieder heiratet, so werden ihr jedes Jahr doppelt so viele Goldstücke wie im vergangenen Jahr ausgezahlt. Die Gräfin lebte noch 69 Jahre und heiratete nicht wieder. Wie viele Goldstücke hätte sie erhalten müssen?

22. Nehmt ein Blatt Papier mit einer Dicke von etwa 0,1 mm. Faltet es einmal in der Mitte, dann noch einmal usw. Natürlich kann man so eine Operation höchstens 8- bis 10mal durchführen. Angenommen, ihr hättet es geschafft, das Blatt 40mal zu falten, welche Dicke hätte es dann?

23. *Wo ist die Kopeke?* (Aus einer Aufgabensammlung von L. N. Tolstoi)
Zwei Bäuerinnen verkauften Äpfel, jede 30 Stück. Die erste verkaufte 2 Äpfel für eine Kopeke und die zweite 3 Äpfel für eine Kopeke. Die erste erhielt also 15 Kopeken, die zweite 10 Kopeken. Eines Tages konnte die zweite Bäuerin nicht auf den Markt gehen und bat die erste, ihre Äpfel mit zu verkaufen. Diese verkaufte 5 Äpfel für 2 Kopeken, weil sie sonst immer 2 Äpfel für 1 Kopeke bzw. 3 Äpfel für 1 Kopeke verkauft hatten. Sie hatte 60 Äpfel und verkaufte sie in 12 Portionen zu jeweils 5 Stück und erhielt 24 Kopeken. Wo ist die 25. Kopeke geblieben?

24. *Wo ist der eine Franc?*
Eines Abends kamen drei Touristen in einem Gasthof einer französischen Stadt an. Der Wirt verlangte für die Nacht pro Zimmer 10 Franc. Nachdem die Gäste bezahlt hatten und auf ihre Zimmer gegangen waren, dachte sich der Wirt, daß ihm auch 25 Franc gereicht hätten. Er schickte seinen Laufburschen mit der Order los, den Touristen 5 Franc zurückzugeben. Der Laufbursche wußte jedoch nicht, wie er 5 Franc an drei Personen verteilen sollte, und steckte deshalb 2 Franc in die eigene Tasche und gab jedem Gast einen Franc. Alle waren zufrieden, aber der Laufbursche wunderte sich:
»Die Gäste bezahlten also insgesamt $(10-1)\cdot 3=27$ Franc. Ich habe 2 Franc behalten, das ergibt 29 Franc. Der Wirt erhielt doch aber 30 Franc. Wo ist denn der eine Franc geblieben?«

25. Ein Römer hinterließ ein Testament zugunsten seiner Frau und seines noch ungeborenen Kindes: Wenn ein Sohn geboren wird, so soll er doppelt soviel von der Hinterlassenschaft erben wie die Frau. Wenn eine Tochter geboren wird, so soll sie halb soviel vom Erbe erhalten wie die Frau. Die Frau gebar aber Zwillinge, einen Jungen und ein Mädchen. Wie müßte jetzt die Hinterlassenschaft geteilt werden?

26. *Kann man ein ganzes Ei verkaufen, indem man halbe Eier verkauft?* Die Verkäuferin eines Lebensmittelgeschäftes erzählte, daß sie einem Kunden die Hälfte aller Eier aus einem Paket und noch ein halbes Ei verkauft hatte, dem zweiten Kunden die Hälfte der übriggebliebenen Eier und noch ein halbes Ei, dem dritten die Hälfte der nun übriggebliebenen Eier und noch ein halbes Ei usw., bis sie auf diese Weise sechs Kunden bedient hatte. Danach blieb gerade ein Ei übrig.

»Erzählen Sie doch keine Märchen!«, bemerkte einer der Zuhörer, »Wie können Sie denn halbe Eier verkaufen?«

»Ich habe auch keinem ein halbes Ei verkauft, sondern stets ganze Eier.«, bemerkte ihrerseits die Verkäuferin. »Trotzdem habe ich die Eier genau so verkauft, wie ich es erzählt habe.« Wie war das möglich?

27. Ein Nomade versprach in seinem Testament seinen drei Söhnen folgende Anteile seiner Kamelherde: Dem ältesten die Hälfte aller Kamele, dem mittleren ein Drittel und dem jüngsten ein Neuntel der Herde. Als er starb, hinterließ er 17 Kamele. Seine Söhne überlegten lange, wie sie diese Herde entsprechend dem Testament unter sich aufteilen könnten. Da kam ein Wanderer auf einem alten, schwachen Kamel des Weges und sagte:

»Ich gebe euch noch mein Kamel, und dann versucht noch einmal zu teilen.«

Das Teilen brachte nun keine Probleme mehr. Der älteste Sohn erhielt 9 (die Hälfte), der zweite 6 (ein Drittel) und der jüngste 2 (ein Neuntel) Kamele. Die Brüder waren zufrieden, der Wanderer auch, denn ein kräftiges, wohlgenährtes Kamel blieb übrig, welches er sich nahm und seinen Weg fortsetzte. Wie war die Teilung möglich?

Wir beschäftigten uns mit interessanten arithmetischen Aufgaben und Rätseln, Beispielen für einfachste mathematische Modelle, die den Forschergeist für die Entwicklung und die Untersuchung wesentlich komplizierterer realer und logisch möglicher Gesetzmäßigkeiten vorbereiten.

Lösungen

Vergeßt nicht: Wenn ihr schwimmen lernen wollt, dann geht mutig ins Wasser, wenn ihr lernen wollt, Aufgaben zu lösen, dann löst sie.
G. POLYA

1. Der Sophismus liegt in einer versteckten, typischen und ungesetzlichen Operation, der Division durch 0. Das Verbot der Division durch 0 ist eine der fundamentalen Grundlagen der Mathematik. Angenommen, $a \neq 0$ und $a:0 = c$, so bedeutet das, daß $c \cdot 0 = a$. Nach Definition der Null muß aber für alle a gelten: $a \cdot 0 = 0$. Die Division durch 0 ist verboten, weil der Quotient nicht existiert. Variationen dieses Sophismus kann man in der Algebra, der Geometrie und der Trigonometrie antreffen.

2. siehe Nr. 1.

3. Dieser Sophismus gründet sich auf eine unzulässige Verallgemeinerung. Vom Satz »Wenn zwei Zahlen gleich sind, dann sind auch ihre Quadrate gleich« wird die Umkehrung »Wenn die Quadrate zweier Zahlen gleich groß sind, dann sind es auch die Zahlen selbst.« betrachtet. Für die Menge der positiven reellen Zahlen gilt sowohl dieser Satz als auch seine Umkehrung. Für die Menge der reellen Zahlen gilt aber nur der Satz, nicht jedoch seine Umkehrung. Wahr ist nur eine abgeschwächte Form: »Wenn die Quadrate zweier Zahlen gleich groß sind, dann sind es auch die absoluten Beträge dieser Zahlen.«

Die letzten Umformungen hätten so erfolgen müssen:

$$\left(1-\frac{3}{2}\right)^2=\left(2-\frac{3}{2}\right)^2, \quad \left|1-\frac{3}{2}\right|=\left|2-\frac{3}{2}\right|,$$

$$\left|-\frac{1}{2}\right|=\left|\frac{1}{2}\right|, \quad \frac{1}{2}=\frac{1}{2}.$$

4. siehe Nr. 3.

5. *Zweite Möglichkeit:*

Der Sophismus entstand durch die Anwendung der Regeln des Ausklammerns (aus Analogieüberlegungen) für Summen oder Differenzen auf Quotienten. Man hätte folgendermaßen ausklammern müssen:

$$4:4=\frac{4}{4}=4\cdot\frac{1}{4}=4(1:4),\quad 5:5=\frac{5}{5}=5\cdot\frac{1}{5}=5(1:5),$$

und kein Sophismus wäre entstanden.

6. Hier wurde ein falscher Zirkelschluß (lateinisch: idem per idem – Wiederholung des Gleichen) angewendet. Die Richtigkeit der zu beweisenden Aussage wurde unter einer Voraussetzung erhalten, die ihr äquivalent war. (Wir setzten voraus, daß $4n=5n$ gilt, was der zu beweisenden Aussage gleichwertig ist.)

Außerdem wurde noch ein weiterer versteckter Fehler begangen. Erst setzten wir eine offensichtlich falsche Annahme, $4=5$, voraus und benutzten im weiteren Beweis den richtigen Fakt: $4\neq 5$.

7. Die erste Gleichung ist dann erfüllt, wenn x, y, z durch die Bedingung $y=x+z$ miteinander verknüpft sind. Das ist äquivalent zu $3y-3z-3x=0$. Deshalb hat die linke Seite der letzten Gleichung und damit die Gleichung überhaupt keinen Sinn $\left(\frac{0}{0}\right)$. Daraus darf man keine weiteren Schlüsse ziehen.

9., 10. Es existieren tatsächlich Brüche, in denen man im Zähler und im Nenner Ziffern gegeneinander kürzen kann, ohne daß sich der Wert des Bruches ändert. Solche Art zu kürzen ist für Brüche der Gestalt

$$\frac{ab\overbrace{mm\ldots mm}^{n}cd}{dcmm\ldots mmba}=\frac{ab\overbrace{mm\ldots mm}^{n-1}cd}{dcmm\ldots mmba}=\ldots=\frac{abcd}{dcba},$$

für die $a+c=b+d$, $a<d$ und $m=2, 3, \ldots, 9$ gilt, möglich. Es gibt 120 solcher Brüche.

Außerdem gibt es solche Möglichkeiten zum Kürzen für Brüche dieser Art:

$$\frac{a\overbrace{mm\ldots mm}^{n}b}{bmm\ldots mma}=\frac{a\overbrace{mm\ldots mm}^{n-1}b}{bmm\ldots mma}=\ldots=\frac{ab}{ba}$$

wobei $a+b=m$ und $a<b$ gelten muß. Dieser Fall führt zum vorherigen, wenn $b=c=1$. Es existieren nur 16 Brüche dieser Art.

In der Mathematik werden, wie in anderen Wissenschaften, die untersuchten Objekte nach bestimmten Eigenschaften klassifiziert. So kann man die natürlichen Zahlen einteilen in:

a) gerade und ungerade Zahlen,
b) die Untermengen {0}, {1}, {Primzahlen}, {zusammengesetzte Zahlen}

usw. Aus der Menge der Primzahlen bildet man Untermengen von Primzahlen der Art $4k+1$, $4k+3$, $6k+5$, n^n+1, $n^{n^n}+1$, usw.

Je kleiner eine Menge mathematischer Objekte, insbesondere eine Zahlenmenge, ist, desto mehr Möglichkeiten hat man, in ihr spezifische Eigenschaften festzustellen, die in der Regel auf eine Erweiterung dieser Menge nicht zutreffen. Die untypischen arithmetischen Regeln (Aufgaben 10 bis 15) verdeutlichen das.

Sind solche Regeln nützlich oder nicht? Natürlich sind sie außerordentlich nützlich. Sich alle einzuprägen ist aber unmöglich und auch nicht notwendig. Verschiedene Möglichkeiten, rationell (und schön) Ausdrücke umzuformen oder auszurechnen, gründen sich gerade darauf, daß es gelingt, für eine bestimmte Menge von Zahlen, algebraischen Ausdrücken oder geometrischen Figuren Gesetzmäßigkeiten herauszufinden, die nur dieser Menge eigen sind. Das gibt oft die Möglichkeit, eine gestellte Aufgabe zu vereinfachen. So sind Wert und Sinn der vorgestellten untypischen Rechenregeln zu verstehen. Davon gibt es sehr viele, und je mehr wir von ihnen kennen, desto weniger Mühe wird uns das Lösen verschiedener Aufgaben bereiten.

11. Die Gleichheit

$$\frac{a-b}{c+d}=\frac{a}{c}-\frac{b}{d}$$

ist den folgenden (im Falle, daß c, d, $c+d\neq 0$) äquivalent:

$$(a-b)cd=(c+d)(ad-bc),$$

$$acd-bcd=acd+ad^2-bc^2-bcd,$$

$$ad^2-bc^2=0;$$

Sie ist auch nur bei Erfüllung dieser Bedingung zutreffend.

12. Diese nützliche Regel ist ebenfalls nicht allgemein gültig, sondern nur für besondere Ausdrücke. Der Grund liegt in der Formel

$$\frac{a^3+b^3}{a^3+(a-b)^3}=\frac{a+b}{a+(a-b)}$$

In der Tat gilt nämlich:

$$\frac{a^3+b^3}{a^3+(a-b)^3}=\frac{a+b}{a+(a-b)}\cdot\frac{a^2-ab+b^2}{a^2-a(a-b)+(a-b)^2}$$

$$=\frac{a+b}{a+(a-b)}\cdot\frac{a^2-ab+b^2}{a^2-a^2+ab+a^2-2ab+b^2}$$

$$=\frac{a+b}{a+(a-b)}$$

13. Der Regel liegt folgende Identität zugrunde:

$$\sqrt[n]{a+\frac{a}{a^n-1}} = a\sqrt[n]{\frac{a}{a^n-1}}$$

14. Die Regel ist nur für Zahlen der folgenden Art gültig:

a) $$a+\frac{a}{a-1}=a\cdot\frac{a}{a-1} \quad \text{und}$$

$$\frac{a^2}{a-1}-a=\frac{a^2}{a-1}:a, \quad \text{wobei } a>0 \text{ ist.}$$

b) $$\frac{b}{c}+\left(1-c-\frac{b}{c}\right)=\frac{b+\left(1-c-\frac{b}{c}\right)}{c+\left(1-c-\frac{b}{c}\right)},$$

wobei $a, b, c > 0$ ist.

15. a) $\log(a+b)=\log a+\log b$

genau dann, wenn $b>1$ und $a=\frac{b}{b-1}$.

b) $\log(a-b)=\log a-\log b$

genau dann, wenn $b>1$ und $a=\frac{b^2}{b-1}$.

16. Der Widerspruch in der Gleichung (5) hängt nicht davon ab, ob der Große FERMATsche Satz richtig ist oder nicht. Zunächst haben wir beim Übergang von den Gleichungen (3), (4) zur Gleichung (5) die in den Gleichungen (3), (4) auftretenden Variablen ungerechtfertigterweise gleichgesetzt. Vor allem aber besagt unser Unlösbarkeitsresultat für Gleichung (5) und $n>2$ nur, daß kein pythagoreisches Zahlentripel Gleichung (1) für ein $n>2$ erfüllt.

Dem Großen FERMATschen Satz ist entsprechend seiner Popularität und der Anzahl der Versuche, ihn zu beweisen, viel Literatur gewidmet worden. Bis 1978 war der Satz für alle $n \leqq 125\,000$ bewiesen. Es war auch bekannt, daß man in Beispielen, um den Satz zu widerlegen, mit Zahlen hätte operieren müssen, die größer sind als $10^{1800000}$, also wenigstens 1,8 Millionen Dezimalstellen haben.

Über die Geschichte des Großen FERMATschen Satzes und die erzielten Resultate kann man z. B. bei BACHMANN (1919) oder EDWARDS (1977) nachlesen. Wer solche Literatur studiert hat, kann verstehen, in welcher Richtung die Suche fortgesetzt wurde und was jeder neue Schritt bedeutete.

17. Hier wurde die Kontraposition einer Implikation falsch gebildet. Als Kontraposition einer Implikation »wenn A, so B« bezeichnet man die Implikation »wenn nicht B, so nicht A«. Wir begannen mit der Implikation

wenn [a) und b)] gilt, so gilt (2)

und haben dann statt der Kontraposition davon die Implikation

wenn nicht [a) und b)] gilt, so gilt nicht (2)

gebildet, die besagt

wenn a) oder b) nicht gilt, so gilt (2) nicht

und aus der für $n > 2$ und beliebige x, y, z Ungleichung (1) folgt. Daraus folgt aber überhaupt nicht der Beweis des Großen FERMATschen Satzes.

18. Nehmen wir an, daß die Maschine 100 kg Brennstoff verbraucht. Nach Einführung der ersten Verbesserung sparen wir 40%, also 40 kg Brennstoff ein und benötigen jetzt nur noch 100 kg − 40 kg = 60 kg. Nach Einführung der zweiten, von der ersten unabhängigen, Verbesserung sparen wir 35% von 60 kg, also $60\text{ kg} \cdot \frac{35\%}{100\%} = 21$ kg Brennstoff. Die Maschine benötigt nur noch 60 kg − 21 kg = 39 kg Brennstoff. Nach der dritten Verbesserung sparen wir 25% von 39 kg, also $39\text{ kg} \cdot \frac{25\%}{100\%} = 9{,}75$ kg Brennstoff. Die Maschine benötigt nun noch 39 kg − 9,75 kg = 29,25 kg Brennstoff. Die Gesamteinsparung beträgt also nur 100 kg − 29,25 kg = 70,75 kg oder 70,75%.

19. Der Wassergehalt in den Beeren sank auf 98%, der Anteil der Trockenmasse stieg damit auf 100% − 98% = 2%. Diese 2% Trokkenmasse sind nach wie vor 1 kg. (Am Anfang war der Anteil der Trockenmasse 100% − 99% = 1%, also 1 kg.) Deshalb ist die Gesamtmasse der Beeren jetzt $1\text{ kg} \cdot \frac{100\%}{2\%} = 50$ kg. Um den Wassergehalt der Beeren um ein Prozent zu senken, war es notwendig, 50 kg Wasser, also die Hälfte der ursprünglichen Gesamtmasse, aus den Beeren zu verdunsten.

Dieses Resultat wirkt paradox. Als die Zeitschrift »Nauka i Shisn« (1965, Nr. 2) die Lösung dieser Aufgabe abdruckte, schrieb ein Leser, ein pensionierter Buchhalter, einen zornigen Brief an die Redaktion, dessen Inhalt in einem Satz wie folgt wiedergegeben werden kann: »So etwas kann nicht sein!« Die Redaktion mußte ein zweites Mal (1965, Nr. 12) auf die Aufgabe eingehen und einem

Menschen, der das ganze Leben mit Rechnereien zu tun hatte, beweisen, daß die Aufgabe richtig gelöst worden war.

20. Für die Nägel in den Hufeisen müssen

$$\left(\frac{1}{4}+\frac{1}{2}+1+2+2^2+2^3+\ldots+2^{24-3}\right)\text{ Kopeken}$$

$$=\frac{2\cdot 2^{21}-\frac{1}{4}}{2-1}\text{ Kopeken}=\left(2^{22}-\frac{1}{4}\right)\text{ Kopeken}$$

$= 4\,194\,303\frac{3}{4}$ Kopeken, also etwa 42 000 Rubel bezahlt werden. Da kann man natürlich getrost das Pferd kostenlos dazugeben.

Aufgaben mit wachsenden oder fallenden geometrischen Reihen sind außerordentlich populär. Sehr bekannt ist die folgende indische Legende: Der Erfinder des Schachspiels erbat beim Schah Shihram als Belohnung Getreidekörner auf den Feldern des Schachbretts: ein Korn auf das erste Feld, zwei Körner auf das zweite und auf jedes weitere Feld doppelt soviel wie auf das vorhergehende. Der Schah war über eine so bescheidene Belohnung erbost. Tatsächlich hätte er aber 18446744073709551615 Getreidekörner geben müssen. Wenn die Höhe eines Speichers 4 m und seine Breite 10 m beträgt, so müßte er 300000000 km lang sein, um diese Menge Korn zu fassen.

21. Insgesamt 147573952314798506112 Goldstücke. Soviel Geld gibt es auf allen Banken der Welt nicht.

22. Die Dicke des gefalteten Blattes Papier ist um 2^{40}mal größer als die ursprüngliche Dicke. Sie beträgt $0{,}1\cdot 2^{40}$ mm $= 109951162777{,}6$ mm, also etwa 110000 km. Das ist etwa ein Drittel der Entfernung Erde–Mond.

23. Ursprünglich verkaufte die Bäuerin ihre Äpfel für $\frac{1}{2}$ Kopeke pro Stück, jetzt verkaufte sie ihre und die der anderen Bäuerin für $\frac{2}{5}$ Kopeken pro Stück. Deshalb verlor sie für ihre Äpfel $\left(\frac{1}{2}-\frac{2}{5}\right)\cdot 30 = 3$ Kopeken gegenüber dem letzten Mal. Die Äpfel der anderen Bäuerin wurden jetzt teurer verkauft, und der Gewinn beträgt $\left(\frac{2}{5} - \frac{1}{3}\right) \cdot 30 = 2$ Kopeken. Insgesamt ergibt sich also 3 Kopeken $-$ 2 Kopeken $=$ 1 Kopeke Verlust.

24. Der Laufbursche war unehrlich und konnte auch nicht rechnen. Nachdem der Wirt 5 Franc zurückgegeben hatte, blieben ihm 25 Franc. Jeder Tourist erhielt 1 Franc zurück, zusammen bezahlten sie also 27 Franc. Das sind 2 Franc mehr, als der Wirt erhielt. Gerade diese 2 Franc steckte sich der Laufbursche ein.

25. Der römische Jurist Salvius löste die Aufgabe so: Das Erbe muß in 7 gleiche Teile geteilt werden. $\frac{4}{7}$ erhält der Sohn, $\frac{2}{7}$ die Gattin und $\frac{1}{7}$ die Tochter. Dabei ist der Wunsch des Vaters erfüllt: Der Sohn erhält doppelt so viel wie die Mutter und diese doppelt so viel wie die Tochter.

26.

Kunde	Bestand	verkauft	übrig
1.	127	64	63
2.	63	32	31
3.	31	16	15
4.	15	8	7
5.	7	4	3
6.	3	2	1

27. Hier wurde der Fehler »Verwechslung der Behauptung« (lateinisch: ignoratio elenchi) begangen. Es wird so getan, als würde die gestellte Aufgabe gelöst, in Wirklichkeit wird aber eine andere gelöst. Das Testament wurde nachlässig verfaßt, denn die Summe der Teile $\left(\frac{1}{2} + \frac{1}{3} + \frac{1}{9} = \frac{17}{18}\right)$ umfaßt nicht das gesamte Eigentum $\left(\frac{18}{18}\right)$. Nach der Teilung hätte $\frac{1}{18}$ der Kamele übrig bleiben müssen. Dank des Wanderers wurde nun eine Herde von 18 Kamelen geteilt, und den im Testament nicht erfaßten Rest $\left(18 \cdot \frac{1}{18} = 1\right)$ nahm sich der Wanderer wieder. Das Testament wurde nur annähernd erfüllt, denn faktisch erhielt der älteste Sohn $9 - \frac{17}{2} = \frac{1}{2}$, der zweite $6 - \frac{17}{3} = \frac{1}{3}$ und der jüngste $2 - \frac{17}{9} = \frac{1}{9}$ Kamele zu viel.

Damit ist unsere erste Reise in die Welt der erstaunlichen Werke des menschlichen Verstandes, der Sophismen und Paradoxa beendet. Es ist Zeit, erste Schlüsse zu ziehen und vorauszuschauen.

Jeder angeführte Sophismus war mit einem Widerspruch, der in einem mehr oder weniger versteckten Fehler bestand, verbunden. Im weiteren erwarten uns Widersprüche von ganz anderer Art – Paradoxa. Paradoxa sind Knotenpunkte, Marksteine der Entwicklung jeder Wissenschaft, die die widersprüchlichen Erscheinungen der Natur widerspiegeln. Das Entstehen von Paradoxa ist ein Hinweis auf die Notwendigkeit, die bestehenden Grenzen eines Begriffs oder einer Theorie zu überarbeiten.

Die Erkenntnis ist die ewige Annäherung unseres Wissens an die absolute Wahrheit. Wissenschaftliche Thesen, die sich fest eingebürgert haben, werden Paradigmen (vom griechischen paradigma – Muster, Beispiel) genannt. Sie bezeichnen stabile Phasen im Erkenntnisprozeß, die natürlich nur von begrenzter Dauer sein können. Das gerade meinte der deutsche Philosoph GEORG WILHELM FRIEDRICH HEGEL, als er schrieb: »Der Widerspruch ist ein Kriterium der Wahrheit, das Fehlen von Widersprüchen ist ein Zeichen für einen falschen Gedanken.«

Neues Wissen paßt nicht immer in die Grenzen anerkannter Paradigmen. Deshalb wird es zuerst als Paradoxon aufgenommen. Später wird klar, daß sich hinter dem Paradoxon nur tieferes Wissen über unsere Umwelt verbirgt – und mit der Zeit wird es selbst ein neues Paradigma.

3. Algebra und Anfänge der Analysis

Es gibt kein größeres Hindernis des Fortgangs in den Wissenschaften als das Verlangen, den Erfolg davon zu früh spüren zu wollen.
G. CH. LICHTENBERG

Alte Bekannte

Ein Inhalt wird dazu in algebraische Formeln eingeschlossen, damit man, indem man die Formel anwendet, nicht hundertmal ein und dasselbe wiederholen muß.

A. I. HERZEN

1. $2 \cdot 2 = 5$

Erste Möglichkeit:

▲ Es sei $a = b + c$, dann ist $5a = 5b + 5c$ und $4b + 4c = 4a$. Wir addieren die beiden Gleichungen und erhalten

$$4b + 4c + 5a = 5b + 5c + 4a.$$

Jetzt subtrahieren wir von beiden Seiten dieser Gleichung $9a$:

$$4b + 4c - 4a = 5b + 5c - 5a.$$

Nach dem Ausklammern erhalten wir

$$4(b + c - a) = 5(b + c - a),$$

also $4 = 5$. ■

Zweite Möglichkeit:

▲ Es sei $a = 4$, $b = 5$ und $c = \frac{a+b}{2}$.

Daraus folgt $a + b = 2c$, also $a = 2c - b$ und $2c - a = b$. Wir multiplizieren die beiden letzten Gleichungen miteinander und erhalten

$$a(2c - a) = b(2c - b).$$

Wir beseitigen die Klammern und multiplizieren mit -1:

$$a^2 - 2ac = b^2 - 2bc.$$

Wir addieren c^2 auf beiden Seiten:

$$a^2 - 2ac + c^2 = b^2 - 2bc + c^2.$$

Schließlich erhalten wir $(a - c)^2 = (b - c)^2$ und nach dem Ziehen der Wurzel $a - c = b - c$, also $a = b$, d. h. $4 = 5$. ■

Dritte Möglichkeit:

▲ Es sei b eine beliebige Zahl und $a = b + 1$. Diese Gleichung multiplizieren wir mit $(a - b)$ und erhalten

$$a^2 - ab = ab + a - b^2 - b$$

bzw.

$$a^2 + b^2 = 2ab + a - b.$$

In dieser Gleichung setzen wir $a = 4$ und $b = 4$ und erhalten

$$16 + 16 = 32 + 4 - 4,$$

also eine richtige Identität. Deshalb ist auch die ursprüngliche

Gleichung $a=b+1$ richtig, und wegen $a=b=4$ gilt somit $4=4+1$, also $4=5$. ■

2. $5=7$

▲ Es sei $b=1$ und $a=1{,}5$. Dann ist $10a=15b$ und $14a=21b$. Wir subtrahieren die beiden letzten Gleichungen voneinander und erhalten

$$14a - 10a = 21b - 15b$$

bzw.

$$15b - 10a = 21b - 14a,$$

also

$$5(3b - 2a) = 7(3b - 2a)$$

und damit $5=7$. ■

3. Jede Zahl ist gleich ihrer Hälfte.

Erste Möglichkeit:

▲ Es ist bekannt, daß

$$a^2 - b^2 = (a - b)(a + b)$$

für beliebige Zahlen a und b gilt. Wir setzen $a = b$ und erhalten

$$a^2 - a^2 = (a - a)(a + a)$$

Auf der linken Seite der Gleichung klammern wir a aus:

$$a(a - a) = (a - a)(a + a).$$

Damit gilt $a = a + a$, also $a = 2a$ oder $a = 0{,}5a$. ■

Zweite Möglichkeit:

▲ Es sei $a = b$, also $a^2 = ab$. Dann ist

$$a^2 - b^2 = ab - b^2$$

und

$$(a + b)(a - b) = b(a - b).$$

Also ist $a + b = b$ und, da $a = b$ gilt, $2b = b$ oder $b = \frac{1}{2}b$. ■

4. Für jede Zahl n gilt: $n = n + 1$

Erste Möglichkeit:

▲ Wir beginnen mit der unbestreitbaren Gleichung

$$(n + 1)^2 = n^2 + 2n + 1$$

und führen folgende offensichtliche Umformungen durch:

$$(n + 1)^2 - (2n + 1) = n^2,$$

$$(n + 1)^2 - (2n + 1) - n(2n + 1)$$
$$= n^2 - n(2n + 1),$$

$$(n+1)^2-(2n+1)(n+1)$$
$$= n^2-n(2n+1),$$

$$(n+1)^2-(2n+1)(n+1)+\frac{1}{4}(2n+1)^2$$
$$= n^2-n(2n+1)+\frac{1}{4}(2n+1)^2,$$

$$\left[(n+1)-\frac{1}{2}(2n+1)\right]^2 = \left[n-\frac{1}{2}(2n+1)\right]^2,$$

$$(n+1)-\frac{1}{2}(2n+1) = n-\frac{1}{2}(2n+1),$$

also $n+1=n$. ■

Zweite Möglichkeit:

▲ Wir beginnen mit der Identität $3-1=6-4$ und erhalten die folgenden Umformungen:

$$3-1=6-4, \quad 1-3=4-6, \quad 1-3+\frac{9}{4}=4-6+\frac{9}{4},$$

$$\left(1-\frac{3}{2}\right)^2=\left(2-\frac{3}{2}\right)^2, \quad 1-\frac{3}{2}=2-\frac{3}{2}.$$

Damit haben wir gezeigt, daß $1=2$ ist, also $2=3$, $3=4$, ..., $n=n+1$. ■

Unter Benutzung der Transitivität des Gleichheitszeichens (wenn $a=b$ und $b=c$, dann $a=c$) können wir zu dem Schluß gelangen, daß zwei beliebige natürliche Zahlen gleich sind.
Die Algebra ist tatsächlich eine großzügige Wissenschaft!

5. Zwei beliebige Zahlen sind einander gleich.

Erste Möglichkeit:

▲ Es seien a und b zwei beliebige Zahlen derart, daß $a \neq b$ und $a > b$. Wir bezeichnen die Differenz der Zahlen a und b mit c:

$$a-b=c \quad \text{oder} \quad a=b+c.$$

Wir multiplizieren die letzte Gleichung mit $(a-b)$:

$$a^2-ab=ab+ac-b^2-bc.$$

Daraus folgt

$$a^2-ab-ac=ab-b^2-bc$$

und nach Ausklammern

$$a(a-b-c)=b(a-b-c).$$

Wir dividieren beide Seiten der Gleichung durch den gemeinsamen Faktor und erhalten $a=b$. ■

Zweite Möglichkeit:

▲ Es seien wieder a und b zwei solche Zahlen, daß $a > b$ gilt. Mit d bezeichnen wir das arithmetische Mittel der beiden Zahlen:

$$d = \frac{a+b}{2} \qquad \text{oder} \qquad a + b = 2d.$$

Aus der letzten Gleichung erhalten wir die beiden Gleichungen

$$b = 2d - a \qquad \text{und} \qquad 2d - b = a.$$

Diese multiplizieren wir miteinander

$$2db - b^2 = 2ad - a^2.$$

Jetzt subtrahieren wir auf beiden Seiten d^2 und erhalten

$$-d^2 + 2db - b^2 = -d^2 + 2ad - a^2,$$

also $-(d-b)^2 = -(d-a)^2$ und daher $d - b = d - a$.

Die letzte Gleichung bedeutet, daß wir die gleiche Differenz erhalten, wenn wir von d die Zahl a bzw. die Zahl b subtrahieren. Sind in zwei Differenzen, die gleich sind, auch die Minuenden gleich, folgt daraus, daß auch die Subtrahenden gleich sein müssen. Somit gilt also $a = b$. ■

6. Die Summe zweier beliebiger Zahlen ist gleich Null.

Erste Möglichkeit:

▲ Es seien a und b beliebige Zahlen und $c = a + b$. Wir führen folgende offensichtlichen Umformungen durch:

$$c(a+b) = (a+b)^2,$$

$$ac + bc = a^2 + 2ab + b^2,$$

$$0 = a^2 + 2ab + b^2 - ac - bc,$$

$$0 = (a^2 + ab - ac) + (b^2 + ab - bc),$$

$$0 = a(a + b - c) + b(a + b - c),$$

$$0 = a + b. \ ■$$

Zweite Möglichkeit:

▲ Diesmal setzen wir $d = a + b$. Außerdem nehmen wir an, daß $x = d$. Dann gilt

$$4dx = 4d^2,$$

$$0 = 4d^2 - 4dx,$$

$$x^2 = 4d^2 - 4dx + x^2,$$

$$x^2 = (x - 2d)^2,$$

$$x = x - 2d.$$

Wenn wir jetzt in die letzte Gleichung unsere erste Annahme $x = d$ einsetzen, erhalten wir $d - 2d = d$, also $-d = d$ oder $d + d = 0$. Aus $2d = 0$ folgt aber $d = 0$, d.h. $a + b = 0$. ■

Neue Möglichkeiten – neue Resultate

In der Beobachtung einer anfangs isoliert stehenden Erscheinung liegt oft der Kern einer großen Entdekkung.

A. VON HUMBOLDT

7. $4 > 12$

▲ Zu beiden Seiten der offensichtlichen Ungleichung $7 > 5$ addieren wir -8 und erhalten $7-8 > 5-8$ oder $-1 > -3$. Jetzt multiplizieren wir auf beiden Seiten der erhaltenen Ungleichung mit -4 und erhalten $(-1)\cdot(-4) > (-3)\cdot(-4)$ bzw. $4 > 12$. ■

8. Wenn $a > b$, dann ist $a > 2b$.

▲ Es sei also $a > b$. Wir multiplizieren beide Seiten dieser Ungleichung mit b und erhalten $ab > b^2$. Weiter folgen die Umformungen:

$$ab - a^2 > b^2 - a^2,$$

$$a(b-a) > (b+a)(b-a),$$

$$a > b + a.$$

Zur letzten Ungleichung addieren wir die Ausgangsungleichung und erhalten $2a > 2b + a$, also $a > 2b$. ■

9. Null ist größer als jede beliebige Zahl.

▲ Es sei a eine beliebige positive Zahl. Dann ist $a-1 < a$. Wir multiplizieren diese Ungleichung auf beiden Seiten mit $-a$: $-a^2 + a < -a^2$. Wenn wir zu der letzten Ungleichung a^2 addieren, erhalten wir $a < 0$. ■

10. Das Quadrat einer beliebigen Zahl ist gleich eins.

▲ Es sei $$x = y = \frac{m^2}{4} \qquad (m \in \mathbb{N}) \tag{1}$$

Daraus folgt $$\sqrt{x} = \sqrt{y}. \tag{2}$$

Wir subtrahieren von der Gleichung (1) die Gleichung (2) und erhalten folgende Kette von Gleichungen:

$$x - \sqrt{x} = y - \sqrt{y}$$

$$x - y = \sqrt{x} - \sqrt{y}$$

$$(\sqrt{x} + \sqrt{y})(\sqrt{x} - \sqrt{y}) = \sqrt{x} - \sqrt{y}$$

$$\sqrt{x} + \sqrt{y} = 1$$

$$2\sqrt{x} = 1$$

In die letzte Gleichung setzen wir Gleichung (1) ein: wir finden

$$2\sqrt{\frac{m^2}{4}} = 1, \qquad \text{also } m^2 = 1. \blacksquare$$

11. Jede positive Zahl ist gleich der negativen Zahl, die den gleichen Betrag hat.

▲ Es sei $a > 0$, dann gilt einerseits

$$\sqrt{-a} \cdot \sqrt{-a} = \sqrt{(-a)(-a)} = \sqrt{a^2} = a$$

und andererseits

$$\sqrt{-a} \cdot \sqrt{-a} = (\sqrt{-a})^2 = -a$$

und damit $a = -a$. ■

Ein Beispiel:

$$\sqrt{-2} \cdot \sqrt{-2} = \sqrt{(-2)(-2)} = \sqrt{2^2} = \sqrt{4} = 2$$

$$\sqrt{-2} \cdot \sqrt{-2} = (\sqrt{-2})^2 = -2$$

und damit $-2 = 2$.

Bemerkung: Jetzt kann man folgende interessante Schlußfolgerungen ziehen: Wenn $a = -a$, dann ist $a + a = 0$ oder $2a = 0$, und wegen $2 \neq 0$ folgt $a = 0$. Dieses Resultat widerspricht nicht der Schlußfolgerung von Aufgabe 3.

12. Wenn $p < q$ und n eine beliebige gerade Zahl ist, dann ist $np > q$.

▲ Es sei $p > 0$ und $p < q$. Wir multiplizieren die letzte Ungleichung mit p und erhalten $p^2 < pq$. Daraus folgt

$$p^2 - q^2 < pq - q^2 \quad \text{oder} \quad (p+q)(p-q) < q(p-q).$$

Die letzte Ungleichung dividieren wir durch $(p-q)$ und erhalten $p + q < q$. Zu dieser Ungleichung addieren wir die ursprüngliche Ungleichung $(p < q)$ und erhalten $2p + q < 2q$ oder $2p < q$. Genau so, wie wir aus der Ungleichung $p < q$ die Ungleichung $2p < q$ gewonnen haben, können wir aus $2p < q$ die Ungleichung $4p < q$ gewinnen und aus dieser $8p < q$ usw. Damit haben wir für jede gerade Zahl $n \in \mathbb{N}$ gezeigt, daß aus $np < q$ $p < q$ folgt. ■

13. Noch einmal ist $1 = 2$.

▲ Wir setzen in die rechte Seite der offensichtlichen Identität

$$1 = \frac{2}{3-1}$$

für 1 den Term $\frac{2}{3-1}$ ein und erhalten

$$1=\cfrac{2}{3-\cfrac{2}{3-1}}.$$

Diese Substitution führen wir noch einmal aus und erhalten

$$1=\cfrac{2}{3-\cfrac{2}{3-\cfrac{2}{3-1}}}.$$

Diese Substitution wiederholen wir unendlich oft und erhalten

$$1=\cfrac{2}{3-\cfrac{2}{3-\cfrac{2}{3-\ldots}}}. \qquad (1)$$

Andererseits gilt aber $2=\frac{2}{3-2}$. In diese Gleichung setzen wir im Nenner für 2 den Term $\frac{2}{3-2}$ ein und erhalten

$$2=\cfrac{2}{3-\cfrac{2}{3-2}}$$

Wir führen die Substitution ein weiteres Mal aus und erhalten

$$2=\cfrac{2}{3-\cfrac{2}{3-\cfrac{2}{3-2}}}$$

Auch diese Substitution führen wir unendlich oft durch:

$$2=\cfrac{2}{3-\cfrac{2}{3-\cfrac{2}{3-\ldots}}} \qquad (2)$$

Die rechten Seiten der Gleichungen (1) und (2) sind gleich, also sind auch ihre linken Seiten gleich, und das bedeutet $1=2$. ■

14. $3>7$

▲ Wir nehmen einen beliebigen Logarithmus von beiden Seiten der zweifellos richtigen Ungleichung $\left(\frac{1}{3}\right)^3 > \left(\frac{1}{3}\right)^7$:

$$3\log\left(\frac{1}{3}\right) > 7\log\left(\frac{1}{3}\right)$$

Jetzt dividieren wir beide Seiten der Ungleichung durch $\log\left(\frac{1}{3}\right)$ und gelangen zu der sicher falschen Ungleichung $3 > 7$. ■

15. $\frac{1}{4} > \frac{1}{2}$

Erste Möglichkeit:

▲ Wir beginnen mit der Ungleichung

$$2 \log a > \log a.$$

Daraus folgt

$$\log a^2 > \log a.$$

Jetzt setzen wir für a in diese Ungleichung $\frac{1}{2}$ ein und erhalten

$$\log \frac{1}{4} > \log \frac{1}{2},$$

aber das bedeutet, daß $\frac{1}{4} > \frac{1}{2}$, denn wie bekannt ist, entspricht dem größeren Logarithmus (bei einer Basis größer als 1) auch die größere Zahl. ■

Zweite Möglichkeit:

▲ Wir führen folgende Kette von Umformungen durch:

$$\sin \frac{\pi}{6} = \sin \frac{\pi}{6}$$

$$\log \sin \frac{\pi}{6} = \log \sin \frac{\pi}{6}$$

$$2 \log \sin \frac{\pi}{6} > \log \sin \frac{\pi}{6}$$

$$\log \sin^2 \frac{\pi}{6} > \log \sin \frac{\pi}{6}$$

$$\sin^2 \frac{\pi}{6} > \sin \frac{\pi}{6}$$

$$\left(\frac{1}{2}\right)^2 > \frac{1}{2}$$

$$\frac{1}{4} > \frac{1}{2}$$ ■

16. Die Quadratwurzel aus einer beliebigen natürlichen Zahl ist irrational.

▲ Wir führen den »Beweis« indirekt. Es sei $n \in \mathbb{N}$ und $\sqrt{n} = \frac{p}{q}$, wobei p und q ganze Zahlen seien und $\frac{p}{q}$ ein unkürzbarer Bruch.

Dann ist $\frac{p^2}{q^2} = n$. Auf der linken Seite dieser Gleichung steht ein unkürzbarer Bruch und auf der rechten Seite eine ganze Zahl. Das ist aber nicht möglich. Wir sind also zu einem Widerspruch gelangt, und das bedeutet, daß unsere gemachte Annahme falsch war. Man kann also $\sqrt{n}$ nicht durch eine rationale Zahl $\frac{p}{q}$ darstellen. Also ist $\sqrt{n}$ irrational. ■

17. $0 = 4 = -4$

▲ Wir berechnen auf verschiedene Weisen die Summe der unendlichen Reihe

$$S = 4 - 4 + 4 - 4 + 4 - 4 + \ldots$$

Als erstes fassen wir jeweils zwei Glieder zusammen:

$$S = (4-4) + (4-4) + \ldots = 0 + 0 + \ldots = 0$$

Als zweites fassen wir jeweils zwei Glieder beginnend beim zweiten Glied zusammen:

$$S = 4 - (4-4) - (4-4) - \ldots = 4 - 0 - 0 - \ldots = 4$$

Jetzt vertauschen wir benachbarte Glieder und fassen jeweils zwei Glieder beginnend beim zweiten Glied zusammen:

$$S = -4 + (4-4) + (4-4) + \ldots = -4 + 0 + 0 + \ldots = -4$$

Also gilt $S = 0$, $S = 4$ und $S = -4$ und damit $0 = 4 = -4$. ■

18. $2 = 1$ und $1{,}38 = 0{,}69$.

▲ Man kann beweisen, daß die Reihe

$$1 - \frac{1}{2} + \frac{1}{3} - \frac{1}{4} + \frac{1}{5} - \frac{1}{6} + - \ldots$$

konvergiert, und für die Summe l dieser Reihe gilt $l = \ln 2$. Es ist etwa $\ln 2 \approx 0{,}69$. Jetzt führen wir folgende Umformungen durch:

$$2l = 2 - \frac{2}{2} + \frac{2}{3} - \frac{2}{4} + \frac{2}{5} - \frac{2}{6} + \frac{2}{7} - \frac{2}{8} + \frac{2}{9} - \frac{2}{10} + \ldots$$

$$2l = 2 - 1 + \frac{2}{3} - \frac{1}{2} + \frac{2}{5} - \frac{1}{3} + \frac{2}{7} - \frac{1}{4} + \frac{2}{9} - \frac{1}{5} + \ldots$$

$$2l = (2-1) - \frac{1}{2} + \left(\frac{2}{3} - \frac{1}{3}\right) - \frac{1}{4} + \left(\frac{2}{5} - \frac{1}{5}\right) - \ldots$$

$$2l = 1 - \frac{1}{2} + \frac{1}{3} - \frac{1}{4} + \frac{1}{5} - \ldots = l$$

Hieraus kann man zwei Schlußfolgerungen ziehen:

1) $2l = l$ und wegen $l \neq 0$: $2 = 1$.

2) $2l = l$, $l \approx 0{,}69$, also $0{,}69 \approx 1{,}38$. ■

19. Für alle natürlichen Zahlen n gilt:

$$\ldots + n^3 + n^2 + n + 1 + \frac{1}{n} + \frac{1}{n^2} + \frac{1}{n^3} + \ldots = 0$$

▲ Durch Division kann man sich davon überzeugen, daß

$$\frac{n}{1-n} = n + n^2 + n^3 + \ldots$$

und

$$\frac{n}{n-1} = 1 + \frac{1}{n} + \frac{1}{n^2} + \frac{1}{n^3} + \ldots$$

Nach Addition dieser beiden Gleichungen erhalten wir

$$0 = \ldots + n^3 + n^2 + n + 1 + \frac{1}{n} + \frac{1}{n^2} + \frac{1}{n^3} + \ldots \blacksquare$$

20. $\infty = -1$.

▲ Es sei

$$x = 1 + 2 + 4 + 8 + 16 + \ldots$$

Daraus folgt

$$2x = 2 + 4 + 8 + 16 + 32 + \ldots$$

Also gilt $2x + 1 = x$ oder $x = -1$. Das heißt

$$1 + 2 + 4 + 8 + 16 + \ldots = -1$$

Und damit $\infty = -1$. ■

21. $\infty < -1$ (Das Paradoxon von J. WALLIS)

▲ Es ist offensichtlich, daß $\frac{1}{n+1} < \frac{1}{n}$. Darum folgt

$$\ldots \frac{1}{3} < \frac{1}{2} < \frac{1}{1} < \frac{1}{0} < \frac{1}{-1} < \frac{1}{-2} < \frac{1}{-3} \ldots$$

Das bedeutet, daß $\frac{1}{0} < \frac{1}{-1}$ oder $\infty < -1$. ■

Die Methode der vollständigen Induktion

Die Art des Wissens, die nur von Beobachtungen gestützt wird und noch nicht bewiesen ist, muß sorgfältig von der Wahrheit unterschieden werden; sie wird, wie wir gewöhnlich sagen, durch Induktion gewonnen. Doch haben wir Fälle gesehen, in denen bloße Induktion zu Irrtum geführt hat. Darum sollten wir große Sorgfalt darauf verwenden, nicht solche Zahleneigenschaften, die wir durch Beobachtung entdeckt haben, und die allein durch die Induktion gestützt werden, als wahr zu akzeptieren.

L. EULER

In unseren Beweisen werden wir das Verfahren der vollständigen Induktion benutzen. Dieses Verfahren basiert auf einer der Haupteigenschaften der geordneten Menge

$\mathbb{N} = \{0, 1, 2, \ldots, n, n+1, \ldots\}$ der natürlichen Zahlen.

Es sei M eine beliebige Teilmenge von $\mathbb{N}$. Das Prinzip der vollständigen Induktion kann man wie folgt formulieren: Wenn 1) die Null zur Menge M gehört und 2) für jede natürliche Zahl n aus ihrer Zugehörigkeit zu M folgt, daß auch $n+1$ in M liegt, so ist die Menge M mit der gesamten Menge der natürlichen Zahlen $\mathbb{N}$ identisch. Symbolisch kann man das Prinzip der vollständigen Induktion so schreiben:

Wenn 1) $0 \in M$,

2) $n \in M \rightarrow n+1 \in M$ für beliebiges $n \in \mathbb{N}$,

so ist $M = \mathbb{N}$.

22. Wenn wir in das Polynom

$$f(x) = x^2 + x + 41$$

für x natürliche Zahlen einsetzen, erhalten wir stets eine Primzahl.

▲ $f(0) = 41$, $f(1) = 43$, $f(2) = 47$, $f(3) = 53$, $f(4) = 61$, $f(5) = 71$, $f(6) = 83$, $f(7) = 97$ usw.

Das sind alles Primzahlen. Daraus schließen wir, daß wir für $f(x)$ immer dann eine Primzahl erhalten, wenn wir für x eine beliebige natürliche Zahl einsetzen. Wir haben also eine Formel gefunden, die uns stets Primzahlen liefert. ■

23. Jede natürliche Zahl ist gleich ihrem Nachfolger.

▲ Wir nehmen an, daß $k = k + 1$. Wenn wir auf jeder Seite dieser Gleichung eine 1 addieren, so erhalten wir $k + 1 = k + 2$. Wir haben also daraus, daß die Behauptung für $n = k$ richtig ist, geschlossen, daß sie für $n = k + 1$ richtig ist. Damit haben wir bewiesen, daß jede natürliche Zahl gleich ihrem Nachfolger ist. ■

24. Alle natürlichen Zahlen sind untereinander gleich.

▲ Wir definieren die Menge M so: Eine natürliche Zahl m liegt in M, wenn $m + 1$ beliebige natürliche Zahlen gleich sind, und liegt nicht in M, wenn das nicht der Fall ist.

1) Es ist offensichtlich, daß $0 \in M$, denn jede natürliche Zahl ist sich selbst gleich.

2) Für jede natürliche Zahl $n > 0$ und $n \in M$ folgt $n + 1 \in M$.

Beweis: Angenommen, beliebige $n + 1 > 1$ natürliche Zahlen sind untereinander gleich. Wir betrachten nun beliebige $n + 2 > 2$ natürliche Zahlen $k_1, \ldots, k_{n+2}$. Nach Voraussetzung ist

$$k_1 = k_2 = \ldots = k_{n+1}$$

und

$$k_2 = k_3 = \ldots = k_{n+2},$$

also auch

$$k_1 = k_2 = \ldots = k_{n+1} = k_{n+2}.$$

Damit ist $n + 1 \in M$, insgesamt also $M = \mathbb{N}$.

Somit ist bewiesen, daß beliebig viele natürliche Zahlen untereinander gleich sind. ■

25. Für alle natürlichen Zahlen n gilt $2^n > 2n + 1$.

▲ Es sei $n = k$ so eine natürliche Zahl, daß

$$2^k > 2k + 1 \qquad (1)$$

ist. Wir beweisen nun, daß die Ungleichung auch für $n = k + 1$ gilt. Für jedes natürliche k größer 0 gilt $2^k \geqq 2$. Wir addieren zu dieser Ungleichung die Ungleichung (1) und erhalten

$$2^k + 2^k > 2k + 1 + 2$$

oder

$$2^{(k+1)} > 2(k + 1) + 1. \blacksquare$$

26. Wir »beweisen« durch vollständige Induktion, daß alle Katzen die gleiche Augenfarbe haben.

▲ Für $n = 1$ ist die Behauptung offensichtlich. Wir nehmen jetzt an, daß je n Katzen die gleiche Augenfarbe haben, und beweisen, daß das auch für je $n + 1$ Katzen gilt.

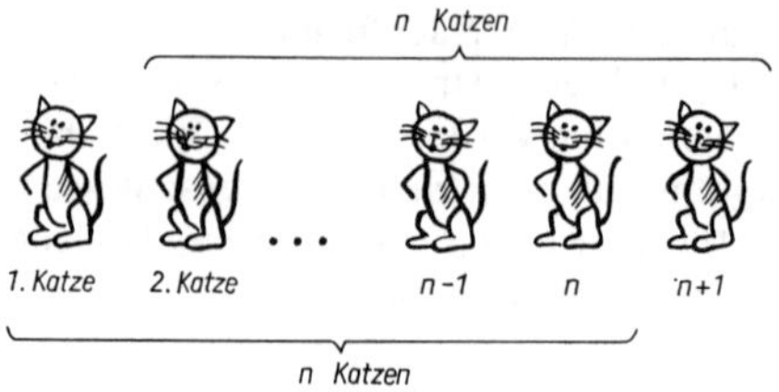

Bild 1

Wir nehmen $n+1$ willkürlich ausgewählte Katzen und numerieren sie (Bild 1). Nach der Induktionsvoraussetzung haben die Katzen mit den Nummern 1 bis n die gleiche Augenfarbe und auch die n Katzen mit den Nummern 2 bis $n+1$. Zu beiden Mengen gehört z. B. die Katze Nr. 2, also haben alle $n+1$ Katzen die gleiche Augenfarbe. ■

Dieses Resultat wird vielleicht auf Widerspruch stoßen, aber kann man etwa an den unwiderlegbaren Schlußfolgerungen der mathematischen Logik zweifeln?

Abenteuer mit Gleichungen und Ungleichungen

Du wolltest doch Algebra, da hast du den Salat.

J. VERNE

In einer Schule lösten Schüler Aufgaben und gerieten in ungewöhnliche Situationen. Mit solchen Aufgaben wollen wir uns jetzt beschäftigen. Einmal machten die Schüler auf den ersten Blick alles richtig, erhielten aber ganz offensichtlich falsche Ergebnisse. Ein andermal begingen sie beim Lösen der Aufgaben schwere Fehler und erhielten trotzdem richtige Ergebnisse. Die Schüler dieser Schule fanden schließlich ihre Fehler heraus. Das Suchen dieser Fehler wird auch für unsere Leser nützlich sein.

27. Folgendes Resultat erhielt ein Schüler beim Lösen einer Gleichung:

$$5x-25+20=4x$$
$$5x-25=4x-20$$
$$5(x-5)=4(x-5)$$
$$5=4$$

Wie war das möglich?

28. Ein anderer löste die Gleichung $x-1=2$ auf folgende umständliche Weise:

$$\begin{aligned}(x-1)(x-5) &= 2(x-5)\\ x^2-6x+5 &= 2x-10\\ x^2-7x+12 &= x-3\\ (x-4)(x-3) &= x-3\\ x-4 &= 1\\ x &= 5\end{aligned}$$

Aber $x=5$ ist nicht Lösung der Ausgangsgleichung. Wir haben also eine zusätzliche Lösung erhalten.

Danach machte sich der Schüler ein zweites Mal an die Lösung der Aufgabe. Gleich am Anfang unterlief ihm ein Fehler, denn er addierte nur zur linken Seite der Gleichung 10 und erhielt $x+9=2$. Weiter führte er folgende Umformungen aus:

$$\begin{aligned}(x+9)(x-3) &= 2(x-3)\\ x^2+6x-27 &= 2x-6\\ x^2+4x-21 &= 0\\ (x+7)(x-3) &= 0\\ x-3 &= 0\\ x &= 3\end{aligned}$$

Der Schüler erhielt nun die richtige Lösung, warum?

29. Um die Gleichung

$$\frac{1}{x+1}+\frac{x}{x+2}+\frac{1}{x+3}=1 \qquad (1)$$

zu lösen, führte ein Schüler folgende Umformungen durch:

$$\frac{x^3+6x^2+11x+8}{(x+1)(x+2)(x+3)}=1$$

$$\frac{x^3+6x^2+11x+8}{x^3+6x^2+11x+6}=1$$

$$x^3+6x^2+11x+8=x^3+6x^2+11x+6$$

Das ergibt $8=6$ oder $2=0$. Was ist der Grund?

30. Beim Lösen der Gleichung

$$\frac{x+5}{x-7}-5=\frac{4x-40}{13-x}$$

ging ein Schüler so vor:

$$\frac{x+5-5x+35}{x-7}=\frac{4x-40}{13-x}$$

$$\frac{40-4x}{x-7}=\frac{4x-40}{13-x}$$

$$\frac{4x-40}{7-x} = \frac{4x-40}{13-x}$$
$$7-x = 13-x$$
$$7 = 13$$

Aus der Erfahrung der letzten Aufgabe schloß der Schüler, daß diese auch keine Lösung besitzt. Was sagt der Leser dazu?

31. Noch eine Überraschung beim Lösen einer Gleichung:

$$\sqrt{x^2+x+1} - \sqrt{x^2-x+1} = 1$$
$$2x^2+2-2\sqrt{(x^2+x+1)(x^2-x+1)} = 1$$
$$2x^2+1-2\sqrt{(x^2+x+1)(x^2-x+1)} = 0$$
$$2x^2+1 = 2\sqrt{(x^2+x+1)(x^2-x+1)}$$
$$4x^4+4x^2+1 = 4(x^4+x^2+1)$$
$$4x^4+4x^2+1 = 4x^4+4x^2+4$$
$$1 = 4$$

32. Die Gleichung

$$x^{x^{x^{\cdot^{\cdot^{\cdot}}}}} = 2 \qquad (1)$$

kann auch geschrieben werden: $x^2 = 2$; also ist $x = \sqrt{2}$. Das bedeutet

$$\sqrt{2}^{\sqrt{2}^{\sqrt{2}^{\cdot^{\cdot^{\cdot}}}}} = 2 \qquad (2)$$

Jetzt lösen wir die Gleichung

$$y^{y^{y^{\cdot^{\cdot^{\cdot}}}}} = 4 \qquad (3)$$

die auch $y^4 = 4$ geschrieben werden kann. Also ist $y = \sqrt{2}$ und damit

$$\sqrt{2}^{\sqrt{2}^{\sqrt{2}^{\cdot^{\cdot^{\cdot}}}}} = 4 \qquad (4)$$

Aus den Gleichungen (2) und (4) folgt aber $2 = 4$.

33. Ein Schüler löste folgendes Gleichungssystem:

$$x^4 - 1321x - 23 = 0$$
$$x^4 - 1310x - 144 = 0$$

Von der ersten Gleichung subtrahierte er die zweite und erhielt

$$-11x + 121 = 0$$

was $x = 11$ zur Folge hatte. Beim Einsetzen stellte der Schüler aber fest, daß $x = 11$ keiner der beiden Gleichungen genügt. Warum?

34. Zwei Schülergruppen lösten folgende Aufgabe: »Finde alle die Parameter a, für die die Gleichung

$$\sqrt{x-5} = a - x$$

keine Lösung besitzt.«

In der ersten Gruppe wurde so argumentiert (Bild 2): $\sqrt{x-5}$ ist die Hälfte einer Parabel. $a - x$ ist eine Geradenschar. Die Geraden der Schar schneiden die Parabel dann und nur dann, wenn $a \geqq 5$. Das heißt, Lösung der Aufgabe ist das Intervall $]-\infty, 5[$.

In der zweiten Schülergruppe wurde die Aufgabe so gelöst:

Aus der gegebenen Gleichung ist ersichtlich, daß sie nur dann eine Lösung haben kann, wenn $x - 5 \geqq 0$ oder $x \geqq 5$ und wenn $a - x \geqq 0$ oder $a \geqq x$. Das bedeutet aber, daß die Gleichung nur dann eine Lösung besitzt, wenn $a \geqq 5$. Aber der Satz »Wenn A, so B« ist dem kontraponierten Satz »Wenn nicht B, so nicht A« äquivalent. Deshalb hat die gegebene Gleichung für $a < 5$ keine Lösung.

Allen gefiel der Lösungsweg der Schüler der zweiten Gruppe, und er wurde zum Lösen der Gleichung

$$\sqrt{x-5} + \sqrt{x-4} = a - x$$

benutzt. Auch hier erhielt man, daß die Gleichung für $a < 5$ keine Lösung besitzt, aber $a = 5$ ist auch nicht möglich.

Wo wurde der Parameterwert $a = 5$ verloren? Warum war das Ergebnis bei der Lösung der ersten Gleichung richtig?

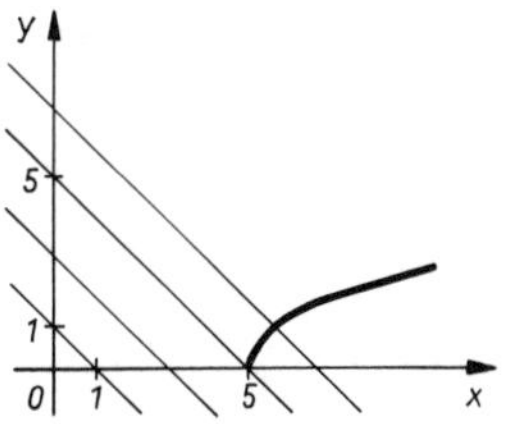

Bild 2

35. Es sollte der Wert des Parameters a gefunden werden, für den die Gleichung

$$x^2 - |x| + a = 0$$

genau eine Lösung besitzt.

Der Schüler A löste die Aufgabe so: Es ist bekannt, daß $x^2 = |x|^2$. Deshalb kann man die Gleichung in der Form

$$|x|^2 - |x| + a = 0$$

schreiben. Das ist eine quadratische Gleichung für $|x|$, die genau dann nur eine Lösung besitzt, wenn die Diskriminante verschwindet, also für $a = \frac{1}{4}$.

Der Schüler B entgegnete, daß die Gleichung auch die Lösung $-x_0$ hat, wenn sie die Lösung x_0 hat. Das ist aber nur für $x_0 = 0$ möglich, also habe $a = 0$ zu sein. Wessen Antwort ist richtig?

36. Zum Beweis der Identität

$$\sqrt[3]{7+5\sqrt{2}} + \sqrt[3]{7-5\sqrt{2}} = 2 \qquad (1)$$

führte ein Schüler folgende Umformungen durch: Er bildete die dritte Potenz von beiden Seiten der Gleichung:

$$14 + 3\sqrt[3]{(7+5\sqrt{2})^2} \cdot \sqrt[3]{7-5\sqrt{2}} + 3\sqrt[3]{7+5\sqrt{2}} \cdot \sqrt[3]{(7-5\sqrt{2})^2} = 8$$

$$3\sqrt[3]{(7+5\sqrt{2})(7-5\sqrt{2})} \cdot \left(\sqrt[3]{7+5\sqrt{2}} + \sqrt[3]{7-5\sqrt{2}}\right) = -6 \qquad (2)$$

Jetzt setzte er den Wert aus der Gleichung (1) für den Ausdruck in Klammern ein und erhielt

$$3\sqrt[3]{(7+5\sqrt{2})(7-5\sqrt{2})} \cdot 2 = -6$$

$$\sqrt[3]{49-50} = -1 \qquad (3)$$

$$-1 = -1.$$

»Damit ist die Identität bewiesen«, sagte der Schüler.

Den Lehrer befriedigte dieser Beweis nicht. Warum?

37. Ein Schüler lieferte folgenden Beweis der Identität

$$\cos\frac{\pi}{5} + \cos\frac{3\pi}{5} = \frac{1}{2}.$$

Die Umformungen

$$2\cos\frac{2\pi}{5}\cos\frac{\pi}{5} = \frac{1}{2}$$

$$2\cos\frac{2\pi}{5}\cos\frac{\pi}{5}\sin\frac{\pi}{5} = \frac{1}{2}\sin\frac{\pi}{5}$$

$$\cos\frac{2\pi}{5}\sin\frac{2\pi}{5} = \frac{1}{2}\sin\frac{\pi}{5}$$

$$\sin\frac{4\pi}{5} = \sin\frac{\pi}{5}$$

$$\sin\frac{\pi}{5} = \sin\frac{\pi}{5}$$

bringen $1 = 1$, was zu beweisen war. Hat der Schüler die Identität tatsächlich bewiesen?

38. In welchem Punkt x nimmt die Funktion

$$y = f(x) = (2 + \sin x)\,(6 - \sin x)$$

ihren größten Wert an?

Lösung: Bekannt ist folgender Satz: Wenn eine gegebene positive Zahl als Summe zweier Zahlen so dargestellt werden soll, daß das Produkt dieser beiden Zahlen größtmöglich wird, so müssen die beiden Zahlen gleich sein. Also nimmt die Funktion $f(x)$ ihren größten Wert an, wenn

$$2 + \sin x = 6 - \sin x,$$

also für solche x, für die $\sin x = 2$ gilt. Das ist aber nicht möglich. Deshalb hat die Funktion (auf der Menge der reellen Zahlen) keinen größten Wert.

Wenn man diese Aufgabe auf gewöhnliche Weise (Ableitung gleich Null setzen) löst, erhält man, daß $f(x)$ für diejenigen x Extremwerte besitzt, für die $\cos x = 0$ ist; dabei ist $y_{\min} = 7$ und $y_{\max} = 15$. Wo ist der Fehler in der ersten Lösung?

39. Beim Suchen der Stammfunktion für die Funktion

$$f(x) = \sin x \cdot \cos x$$

fanden Schüler der zehnten Klasse zwei Ergebnisse:

$$F_1(x) = \frac{1}{2}\sin^2 x \qquad \text{und} \qquad F_2(x) = -\frac{1}{2}\cos^2 x.$$

Das Gleichsetzen dieser beiden Funktionen ergibt

$$\frac{1}{2}\sin^2 x = -\frac{1}{2}\cos^2 x$$

$$\sin^2 x + \cos^2 x = 0$$

also $1 = 0$. Die Schüler erkannten sofort, daß sie einen Fehler begangen hatten, und schrieben deshalb ihre Ergebnisse anders:

$$F_1(x) = \frac{1}{2}\sin^2 x + C \qquad F_2(x) = -\frac{1}{2}\cos^2 x + C$$

Aber auch hier folgt aus der Gleichung

$$\frac{1}{2}\sin^2 x + C = -\frac{1}{2}\cos^2 x + C$$

das sinnlose Ergebnis $1 = 0$. Jetzt schrieben die Schüler ihre Ergebnisse noch einmal nach allen Regeln der Integration:

$$F_1(x) = \frac{1}{2}\sin^2 x + C_1 \qquad F_2(x) = -\frac{1}{2}\cos^2 x + C_2,$$

wobei C_1 und C_2 beliebige Konstanten sind. Diese Konstanten können aber auch gleich sein, z. B. $C_1 = C_2 = 1983$, und wieder erhält man beim Gleichsetzen

$$\frac{1}{2}\sin^2 x + 1983 = -\frac{1}{2}\cos^2 x = 1983$$

das Resultat $1 = 0$.

Ihr habt sicher schon verstanden, was man beim Arbeiten mit Stammfunktionen darf und was nicht?

40. *Die Entdeckung des Jahrhunderts?*

In der letzten Unterrichtsstunde zum fakultativen Thema »Numerisches Lösen von Gleichungen« probierten die Schüler eine neue Näherungsmethode zum Lösen von Gleichungen aus.

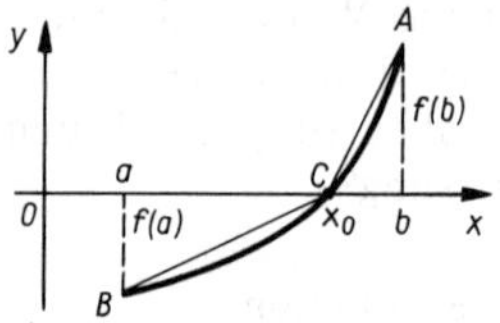

Bild 3

Die Gleichung $f(x) = 0$ habe auf dem Intervall $a \leqq x \leqq b$ eine einzige Lösung x_0. Die Funktion $f(x)$ sei stetig und nehme an den Enden des Intervalls Werte mit verschiedenem Vorzeichen an (Bild 3). Wir legen die Sehnen AC und BC in den Graph der Funktion $f(x)$. Die Gerade, die durch die Punkte $A(b, f(b))$ und $C(x_0, 0)$ geht, hat die Gleichung

$$\frac{f(b) - y}{f(b) - 0} = \frac{b - x}{b - x_0}$$

oder

$$y = f(b) - \frac{b - x}{b - x_0} f(b).$$

Analog schreiben wir die Gleichung der Geraden, die durch die Punkte $B(a, f(a))$ und $C(x_0, 0)$ geht

$$\frac{f(a) - y}{f(a) - 0} = \frac{a - x}{a - x_0}$$

oder

$$y = f(a) - \frac{a - x}{a - x_0} f(a).$$

Um den Schnittpunkt dieser beiden Geraden zu ermitteln, lösen wir das Gleichungssystem

$$y = f(b) - \frac{b - x}{b - x_0} f(b),$$

$$y = f(a) - \frac{a - x}{a - x_0} f(a).$$

Wir führen folgende einfache Umformungen durch:

$$f(b) - \frac{b - x}{b - x_0} f(b) = f(a) - \frac{a - x}{a - x_0} f(a),$$

$$f(b)\left(1 - \frac{b - x}{b - x_0}\right) = f(a)\left(1 - \frac{a - x}{a - x_0}\right),$$

$$f(b)\,\frac{x - x_0}{b - x_0} = f(a)\,\frac{x - x_0}{a - x_0}, \qquad (1)$$

$$\frac{f(b)}{f(a)} = \frac{b - x_0}{a - x_0}, \qquad (2)$$

$$x_0 = \frac{bf(a) - af(b)}{f(a) - f(b)}. \qquad (3)$$

Damit haben wir eine Formel zum Ermitteln der Lösung der Gleichung $f(x) = 0$ erhalten. Aber geniale Mathematiker, der Norweger N. H. ABEL und der Franzose E. GALOIS, haben für algebraische Gleichungen vom Grade $\geqq 5$ bewiesen, daß es dafür keine allgemeine Formel zum Auflösen in Radikalen (also Wurzelausdrükken) geben kann. Was ist denn dann die hergeleitete Formel, die Entdeckung des Jahrhunderts oder das Resultat eines irgendwo begangenen Fehlers?

41. Schüler lösten folgende Aufgabe:

Im Jahre 2050 züchtete ein Biologe eine neue Bakterienart. Die ursprüngliche Länge dieser Bakterie betrug 0,01 mm, aber sie verdoppelte ihre Länge alle zwanzig Minuten. Stolz über seinen Zuchterfolg sandte der Biologe seinen Kollegen, die auf einer 21 Lichtjahre entfernten Raumstation arbeiteten, einen Funkspruch. Wie lang war die Bakterie, als der Funkspruch die Station erreichte?

Die Schüler waren über das Ergebnis sehr verblüfft. Warum?

Antworten und Lösungen

Kein Mensch lernt denken, indem er die fertig geschriebenen Gedanken anderer liest, sondern dadurch, daß er selbst denkt.

M. Eminescu

1. $b+c-a=0$. In der ersten Variante ist eine unerlaubte Operation versteckt, die Division durch Null.

In der zweiten Variante wurde die Quadratwurzel falsch gezogen. Aus

$$(a-c)^2=(b-c)^2$$

folgt

$$|a-c|=|b-c|. \qquad (1)$$

In unserem Beispiel war

$$a-c=4-4\frac{1}{2}=-\frac{1}{2}$$

Deshalb folgte aus Gleichung (1)

$$c-a=b-c,$$

also $a+b=2c$, es war also kein Sophismus entstanden.

Die Gleichung in der dritten Variante ist nur bei $a=b+1$ erfüllt, deshalb kann man nicht $a=b=4$ setzen.

Von diesem Sophismus ($2\cdot 2=5$) und dem uns gut bekannten Fakt $2\cdot 2=4$ gelangen wir zum falschen Schluß $5=4$, dann $1=0$, $2=1$, $3=2$, usw. Auf der Grundlage dieser Schlüsse kann man eine ganze Theorie aufbauen. In ihr wird es auch viele richtige Aussagen geben. Wenn wir zum Beispiel $5=4$ und $3=2$ addieren, erhalten wir $8=6$ und können daraus das richtige Ergebnis ermitteln, daß die Summe zweier ungeraden Zahlen $(5+3)$ gerade ist (8). Aber diese einzelnen wahren Aussagen gehen im Ozean falscher Aussagen unter.

Am tragischsten für den, der sich in der Gefangenschaft der »Theorie« befindet, die auf $2\cdot 2=5$ aufgebaut ist, ist der Umstand, daß er nicht mehr ein falsches Resultat von einem wahren unterscheiden kann.

Etwas zu einer Absurdität (vom lateinischen absurdus – ungereimt, sinnlos) führen (reductio ad absurdum) bedeutet zu beweisen, daß in einer These eine Unsinnigkeit, ein logischer Widerspruch versteckt ist, und damit diese These zu widerlegen.

Eine Absurdität als logischer Widerspruch ist von Situationen zu unterscheiden, die im Entwicklungsprozeß der Wissenschaft entstehen und dem Gewohnten und für schlechthin zutreffend Gehaltenen widersprechen. F. ENGELS schrieb z. B. »... Die Quadratwurzel aus minus eins ist ... ein wirklicher Widersinn. Und dennoch ist $\sqrt{-1}$ ein in vielen Fällen notwendiges Resultat richtiger mathematischer Operationen; ja, noch mehr, wo wäre die Mathematik, niedere wie höhere, wenn ihr verboten würde, mit $\sqrt{-1}$ zu operieren?«

2. $3b-2a=0$. Es wird durch Null dividiert.

3. Division durch Null: $a-a=0$, $a-b=0$.

5. $a-b-c=0$.

In der zweiten Variante wurde die Quadratwurzel aus beiden Seiten der Gleichung gezogen. Das Ergebnis ist nicht

$$d-b=d-a,$$

sondern

$$|d-b| = |d-a|.$$

6. $a+b-c=0$.

Zweite Möglichkeit:

Aus $(x-2d)^2 = x^2$ folgt $|x-2d| = |x|$.

Nach dem Einsetzen von $x=d$ erhalten wir $|-d| = |d|$, und das ist natürlich richtig.

7. Bei der Multiplikation oder Division einer Ungleichung mit einer negativen Zahl muß das Relationszeichen durch das entgegengesetzte ersetzt werden.

8. $b-a<0$, siehe Nr. 7.

9. Siehe Nr. 7.

10. $\sqrt{x} - \sqrt{y} = 0$.

11. Wenn $a>0$, dann ist $-a<0$. Bei den Umformungen wurden die Regeln

$$(\sqrt[n]{a})^n = a \qquad (a \geqq 0)$$

$$\sqrt[n]{ab} = \sqrt[n]{a} \cdot \sqrt[n]{b} \qquad (a, b \geqq 0)$$

unerlaubterweise auf negative Zahlen verallgemeinert.

12. $p-q<0$ (siehe Nr. 7); außerdem werden für n nur Potenzen von 2 betrachtet.

13. Es wurde der Fehler »Verwechslung der Behauptung« begangen (siehe Nr. 27 aus dem Abschnitt »Arithmetik«).

Der Algorithmus des Entwickelns einer beliebigen Anzahl in einen Kettenbruch besteht aus zwei Schritten:
1) Von der gegebenen Zahl wird der ganze Teil abgespalten, das heißt, sie wird als Summe einer ganzen Zahl und einer Zahl, die kleiner ist als eins, geschrieben.
2) Der zweite Summand wird als Quotient aus Eins und seinem reziproken Wert, der größer als eins ist, geschrieben.

Anschließend werden beide Schritte auf den reziproken Wert angewendet usw.

Beispiel:

$$\frac{61}{27}=2+\frac{7}{27}=2+\frac{1}{\frac{27}{7}}=2+\frac{1}{3+\frac{6}{7}}=2+\frac{1}{3+\frac{1}{\frac{7}{6}}}$$

$$=2+\frac{1}{3+\frac{1}{1+\frac{1}{6}}}$$

Es gelten folgende Sätze:
1) Jede rationale Zahl läßt sich in einen endlichen Kettenbruch entwickeln, jede irrationale Zahl in einen unendlichen.
2) Quadratwurzeln aus rationalen Zahlen und nur diese lassen sich in einen periodischen, unendlichen Kettenbruch entwickeln.
3) Die Entwicklung in einen Kettenbruch ist eindeutig. Ausführlicher siehe Khintchine (1956).

14. $\log\left(\frac{1}{3}\right)<0$

15. $2\cdot\log a>\log a$ genau dann, wenn $a>1$; wegen $\log\sin\frac{\pi}{6}<0$ ist jedoch

$$2\cdot\log\sin\frac{\pi}{6}<\log\sin\frac{\pi}{6}.$$

16. Die Annahme beim indirekten Beweis, daß $\sqrt{n}$ für ein $n \in \mathbb{N}$ darstellbar ist als $\sqrt{n} = \frac{p}{q}$, wobei $p, q \in \mathbb{N}$ und $\frac{p}{q}$ ein unkürzbarer Bruch ist, ist falsch gebildet, weil im Beweis zusätzlich $q \neq 1$ unterstellt ist. Darauf bezieht sich aber das entscheidende Argument unseres Beweises.

17. Man sagt, daß die Reihe

$$u_1 + u_2 + u_3 + u_4 + \dots$$

konvergiert und die Summe S hat, wenn die Folge ihrer Teilsummen $\{S_n\}$, also die Folge $S_1 = u_1$, $S_2 = u_1 + u_2$, $S_3 = u_1 + u_2 + u_3, \dots$ den endlichen Grenzwert S hat:

$$\lim_{n \to \infty} S_n = S.$$

Man schreibt dann

$$S = u_1 + u_2 + u_3 + u_4 + \dots$$

Wenn die Folge der Teilsummen divergiert, so divergiert auch die Reihe und hat keine Summe.

Es ist leicht zu zeigen, daß die Folge der Teilsummen in dieser Aufgabe divergiert ($S_1 = 4$, $S_2 = 0$, $S_3 = 4$, $S_4 = 0, \dots$). Mit divergenten Reihen dürfen aber nur bedingt Operationen (wie Umordnen und Zusammenfassen) ausgeführt werden. Deshalb gelangten wir hier zu den paradoxen Ergebnissen.

Im 17. Jahrhundert, als der Begriff der Konvergenz von Reihen noch nicht genau definiert war, operierten die Mathematiker mit divergenten Reihen oft ebenso wie mit konvergenten und gerieten in paradoxe Situationen. Viel Ärger bereitete den Mathematikern zum Beispiel die divergente Reihe

$$-1 + 1 - 1 + 1 - 1 + - \dots,$$

für die verschiedene Gelehrte, unter ihnen auch G. W. Leibniz, versuchten, die (nichtexistierende) Summe zu finden.

N. H. Abel schrieb über divergente Reihen: »Divergente Reihen sind eine Ausgeburt der Hölle, und es ist eine Schande, daß sich mancher erlaubt, auf ihnen Beweise aufzubauen. Wenn man sie benutzt, kann man zu allem möglichen gelangen. Sie bringen so viele Schwierigkeiten und Paradoxa. Kann man sich etwas Ekelhafteres vorstellen, als wenn jemand sagt:

$$0 = 1 - 2^n + 3^n - 4^n + - \dots,$$

wobei n eine positive ganze Zahl ist? Ist das etwa nicht lächerlich?« Wie wir sehen, liefen sogar Mathematiker in die logischen Fallen der divergenten Reihen.

18. Man unterscheidet absolut und bedingt konvergente Reihen. Wenn die Reihe

$$|u_1| + |u_2| + |u_3| + \dots \qquad (1)$$

konvergiert, so heißt die Reihe

$$u_1 + u_2 + u_3 + \dots \qquad (2)$$

absolut konvergent. Wenn die Reihe (1) divergiert, so divergiert die Reihe (2) oder sie konvergiert und heißt dann bedingt konvergent. Es zeigt sich, daß man nur mit absolut konvergenten Reihen wie mit endlichen Summen rechnen kann, z. B. die Glieder vertauschen oder das Assoziativgesetz anwenden. Was die bedingt konvergenten Reihen betrifft, so kann man, wie der hervorragende deutsche Mathematiker BERNHARD RIEMANN bewies, durch Vertauschung ihrer Glieder jede beliebige endliche oder unendliche Summe erhalten.

Die untersuchte Reihe für ln 2 (LEIBNIZsche Reihe) ist bedingt konvergent, da die Reihe der Absolutbeträge ihrer Glieder die harmonische Reihe

$$1 + \frac{1}{2} + \frac{1}{3} + \frac{1}{4} + \frac{1}{5} + \frac{1}{6} + \dots$$

ist, deren Teilsummenfolge $\{H_n\}$ divergiert, obwohl die Teilsummen H_n nur sehr langsam wachsen. Es gilt

$$\lim_{n \to \infty} H_n = \infty .$$

Einen schönen Beweis der Divergenz der harmonischen Reihe fand schon der französische Mathematiker NICOLAUS VON ORESME. Es sei bemerkt, daß z. B. $H_{1000} = 7{,}485$ und $H_{1000000} = 14{,}393$ ist.

19. Die erste der betrachteten Reihen konvergiert nicht für natürliche n. Für $n = 1$ hat der Ausdruck $\frac{n}{1-n}$ auch keinen Sinn, da $1 - 1 = 0$.

20. siehe Nr. 17

21. Die Ungleichung $\frac{1}{n+1} < \frac{1}{n}$ ist nur für positive ganze n richtig. WALLIS verallgemeinerte sie unerlaubt auf alle ganzen Zahlen. Das führte zum paradoxen Ergebnis.

22. Der formulierte Satz wurde nicht bewiesen, da wir nur den Induktionsanfang zeigten. $f(0) = 41$ ist tatsächlich Primzahl, aber der

Induktionsschritt: »Aus der Annahme, der Satz ist für $n=k$ richtig, folgt, daß er auch für $n=k+1$ richtig ist« wurde nicht bewiesen.

Dem Polynom $f(x)=x^2+x+41$ schenkte L. EULER Aufmerksamkeit. Dieses Polynom liefert für $x=0, 1, \ldots, 40$ Primzahlen, aber $f(41)=41\cdot 43$ ist keine Primzahl.

23. Der Fehler besteht darin, daß der Induktionsanfang nicht bewiesen wurde. (Es gibt keine einzige natürliche Zahl, die gleich ihrem Nachfolger wäre.) Deshalb kann man das Prinzip der vollständigen Induktion auch nicht anwenden.

24. Es wurde der Induktionsanfang (Schritt 1) für $n=0$ bewiesen. Der Induktionsschritt (Schritt 2) wurde ebenfalls bewiesen – aber nicht für alle natürlichen Zahlen, sondern nur für $n>0$. Wenn $n=0$ ist, folgt aus der Tatsache, daß $n \in M$ (daß jede Zahl sich selbst gleich ist), nicht die Tatsache, daß $n+1 \in M$ (daß jeweils zwei beliebige Zahlen einander gleich sind). Wenn der Induktionsanfang für die natürlichen Zahlen $0, 1, \ldots, m$ bewiesen wurde, muß im Induktionsschritt für alle $n \geqq m$ von $n=k$ auf $n=k+1$ geschlossen werden.

25. Die Behauptung ist falsch. Der Induktionsschritt wurde zwar bewiesen, aber der Induktionsanfang nicht (für $n=0$ und $n=1$ ist die Behauptung falsch).

26. Hier trat der gleiche Fehler auf wie in Nr. 24. Der Schluß von n auf $n+1$ ist nur für $n>1$ bewiesen. Für $n=1$ läßt sich nicht so schlußfolgern wie im angeführten Beweis, denn die n Katzen mit den Nummern 1 bis n und die n Katzen mit den Nummern 2 bis $n+1$ bestehen jeweils nur aus einer Katze (der mit der Nummer 1 bzw. der mit der Nummer 2). In diesem Fall gibt es keine Katze, die sowohl in der einen als auch in der anderen Menge liegt, man kann also nicht schließen, daß Katze 1 und Katze 2 die gleiche Augenfarbe haben.

27. Die Lösung ist $x=5$, also ist $x-5=0$.

28. Die Lösung $x=3$ wurde beim Dividieren durch $x-3=0$ verloren. Die zusätzliche Lösung $x=5$ entstand durch das Multiplizieren der Gleichung mit $x-5$.

In der zweiten Variante hat der Schüler den Fehler (Addition der 10 auf nur einer Seite der Gleichung) durch die Multiplikation mit

$x-3$ (der Lösung der Gleichung) wieder »ausgebügelt«. Durch die Addition der 10 hätte $x=-7$ Lösung sein müssen, aber der Schüler dividierte durch $x+7$, also durch Null.

29. Alle Umformungen wurden richtig durchgeführt. Wir wußten allerdings noch nicht, ob die Gleichung (1) überhaupt eine Lösung besitzt. Wir haben die Umformungen unter der Annahme durchgeführt, daß die Gleichung (1) eine Lösung besitzt. Der Widerspruch ($8=6$), den wir erhalten haben, zeugt davon, daß unsere Annahme über die Existenz einer Lösung falsch war.

30. Jetzt wollen wir die Gleichung lösen:

$$\frac{x+5}{x-7}-\frac{4x-40}{13-x}=5$$

Nach den notwendigen Umformungen erhalten wir $24x=240$, also $x=10$. Die Probe zeigt, daß $x=10$ tatsächlich Lösung der Gleichung ist.

Der Schüler zog einen falschen Schluß über die Gleichheit der Brüche. Richtig ist es so: Wenn von zwei gleichen Brüchen die Zähler untereinander gleich und ungleich Null sind, dann sind auch die Nenner gleich. In der Aufgabe müssen also die Zähler Null sein, also $4x-40=0$.

32. Das falsche Ergebnis ($2=4$) wurde aus den Gleichungen (2) und (4) erhalten auf der Grundlage der Transitivität und Reflexivität des Gleichheitszeichens: Wenn $a=b$ und $a=c$, dann ist $b=c$. Daran gibt es nichts zu zweifeln, wenn die Gleichungen richtig sind. Offenbar ist wenigstens eine der Gleichungen (2) oder (4) falsch. Gleichung (2) erhielten wir nach dem Einsetzen von $x=\sqrt{2}$ in die Gleichung (1). Die Gleichung $x^2=2$ war Folge der Gleichung (1), deshalb muß geprüft werden, ob 2 tatsächlich Lösung der Gleichung (1) ist. Der Ausdruck

$$\sqrt{2}^{\sqrt{2}^{\sqrt{2}^{\cdot^{\cdot^{\cdot}}}}}$$

kann als Grenzwert der Folge

$$\sqrt{2},\ \sqrt{2}^{\sqrt{2}},\ \sqrt{2}^{\sqrt{2}^{\sqrt{2}}},\ \ldots$$

verstanden werden, die gegen 2 konvergiert. Wenn man die Gleichung (2) in diesem Sinne versteht, ist sie erfüllt, und die Gleichung (4) ist falsch. Der Fehler steckt im Lösungsansatz $y^4 = 4$ für Gleichung (3).

33. Die Gleichung

$$-11x + 121 = 0 \qquad (1)$$

ist nur eine Folge des Gleichungssystems und ihm nicht äquivalent. Jede Lösung des Systems ist auch Lösung der Gleichung (1), aber nicht umgekehrt. Deshalb kann man aus der Gleichung (1) nur den Schluß ziehen: Wenn das System eine Lösung besitzt, dann kann es nur $x = 11$ sein. Die Probe zeigt, daß $x = 11$ nicht Lösung des Systems ist. Also hat das System keine Lösung.

36. Die Identität ist nicht bewiesen. Im Beweis wurde ein logischer Fehler (ein falscher Zirkelschluß) begangen: Beim Übergang von der Gleichung (2) zur Gleichung (3) wurde die Gleichung (1) benutzt, deren Richtigkeit erst zu beweisen war. Um die Identität (1) zu beweisen, kann man folgendermaßen argumentieren:

$$\sqrt[3]{7+5\sqrt{2}} + \sqrt[3]{7-5\sqrt{2}} = a \qquad (4)$$

$$14 + 3\sqrt[3]{(7+5\sqrt{2})^2} \cdot \sqrt[3]{7-5\sqrt{2}} + 3\sqrt[3]{7+5\sqrt{2}} \cdot \sqrt[3]{(7-5\sqrt{2})^2} = a^3$$

$$3\sqrt[3]{(7+5\sqrt{2})(7-5\sqrt{2})} \cdot \left(\sqrt[3]{7+5\sqrt{2}} + \sqrt[3]{7-5\sqrt{2}}\right) = a^3 - 14$$

Gleichung (4) ist nicht die zu beweisende Identität, und deshalb begehen wir keinen logischen Fehler, wenn wir sie jetzt benutzen:

$$3 \cdot \sqrt[3]{49-50} \cdot a = a^3 - 14$$

$$a^3 + 3a - 14 = 0$$

$$(a-2)(a^2 + 2a + 7) = 0 \qquad (5)$$

Das bedeutet, daß in Gleichung (4) die linke Seite nur eine Lösung der kubischen Gleichung (5) sein kann. Die einzige Lösung dieser Gleichung ist aber $a = 2$, womit die Identität bewiesen ist.

38. In der Aufgabe geht es nicht um Zahlen, sondern um Funktionen. Deshalb muß der Satz, der in der Lösung angeführt wurde, jetzt so verstanden werden: Wenn eine überall definierte Funktion f in einem Punkt x_0 den Wert $\frac{c}{2}$ annimmt, so nimmt die Funktion

$$g(x) = f(x)\,(c - f(x)) = \frac{c^2}{4} - \left(f(x) - \frac{c}{2}\right)^2$$

im Punkt x_0 ihren höchsten Wert an.

Aber die Funktion $f(x) = 2 + \sin x$ nimmt in keinem Punkt den Wert $\frac{8}{2} = 4$ an. Deshalb kann man die Aufgabe unter Benutzung dieses Satzes nicht lösen.

Die Aufgabe kann auch ohne Berechnung der Ableitung gelöst werden: Da $-1 \leqq \sin x \leqq 1$ gilt und die Funktion

$$y(t) = (2 + t)(6 - t)$$

im Intervall $[-1,1]$ monoton wächst, nimmt die Funktion ihren höchsten Wert für diejenigen x an, für die $\sin x = 1$ ist, das heißt, für $x = \frac{\pi}{2} + 2k\pi$ (k ganz).

39. Zwei beliebige Stammfunktionen einer gegebenen Funktion unterscheiden sich nur durch eine Konstante. Also muß für die Stammfunktionen

$$F_1(x) = \frac{1}{2}\sin^2 x \qquad \text{und} \qquad F_2(x) = -\frac{1}{2}\cos^2 x$$

gelten: $F_2(x) = F_1(x) + C$. Die Konstante C läßt sich aus der Gleichung

$$-\frac{1}{2}\cos^2 x = \frac{1}{2}\sin^2 x + C$$

ermitteln. Durch Einsetzen von $x = 0$ erhält man $C = -\frac{1}{2}$. Also gilt $F_2(x) = F_1(x) - \frac{1}{2}$.

40. Der Übergang von der Gleichung (1) zur Gleichung (2) ist nicht statthaft. Dabei wird durch $x - x_0$ dividiert, was nur bei $x \neq x_0$ erlaubt ist. Aber (1) ist eine Bestimmungsgleichung für x. Nur wenn (1) für ein $x \neq x_0$ gilt, dann ergibt sich (2) und damit die »Lösungsformel« (3). Nach Konstruktion der Gleichung (1) kann aber nur dann ein $x \neq x_0$ Lösung von (1) sein, wenn A, B, C kollineare Punkte sind. Damit ergibt sich lediglich: Sind die Punkte A, B, C kollinear, dann liefert (3) die x-Koordinate der Nullstelle C. Dies ist aber keine allgemeine Lösungsformel.

4. Geometrie

Es gibt doch niemanden, der von geometrischen oder optischen Wundern nicht ergriffen würde und bei ihrer Untersuchung Feuer finge.

F. PROKOPOWITSCH

Erste Sophismen

Im großen Garten der Geometrie kann sich jeder nach seinem Geschmack einen Strauß pflücken.

D. Hilbert

1. Durch zwei beliebige Punkte kann man zwei verschiedene Geraden legen (Bild 4).

▲ Über den Seiten $\overline{AB}$ und $\overline{BC}$ des Dreiecks $\triangle ABC$ werden die Halbkreise errichtet. Sie schneiden sich im Punkt D. Wir verbinden D mit den Eckpunkten des Dreiecks $\triangle ABC$. Nach dem Satz des Thales gilt für die entstandenen Winkel: $\sphericalangle ADB = \sphericalangle BDC = 90°$. Die Punkte A, D und C liegen auf einer Geraden, und das bedeutet, daß wir durch die Punkte A und C zwei Geraden gelegt haben. ■

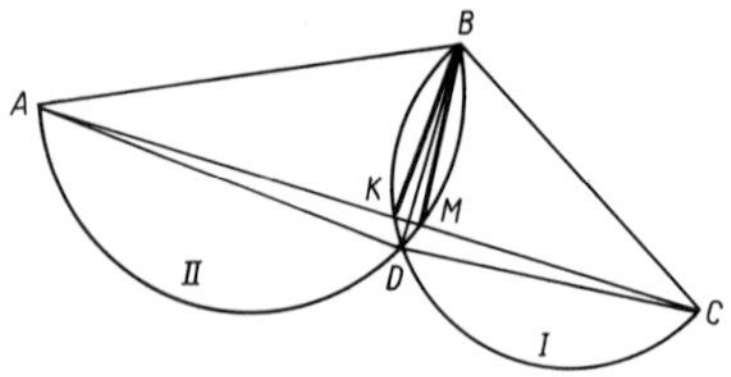

Bild 4

2. Jeder Kreis besitzt zwei Mittelpunkte (Bild 5).

▲ Gegeben seien zwei Strecken $\overline{AD}$ und $\overline{BD}$ mit gemeinsamem Endpunkt D. Wir konstruieren $\overline{CB} \perp \overline{BD}$, $\overline{CA} \perp \overline{AD}$ und den Kreis, der durch die Punkte A, B und C geht. Er schneidet $\overline{AD}$ in M und $\overline{BD}$ in K. Dann ist $\sphericalangle KBC = \sphericalangle MAC = 90°$. Daraus folgt, daß $\overline{KC}$ und $\overline{MC}$ Durchmesser ein und desselben Kreises sind. Deshalb sind die Mittelpunkte der Strecken $\overline{KC}$ und $\overline{MC}$, die Punkte O_1 und O_2, zwei verschiedene Mittelpunkte ein und desselben Kreises. ■

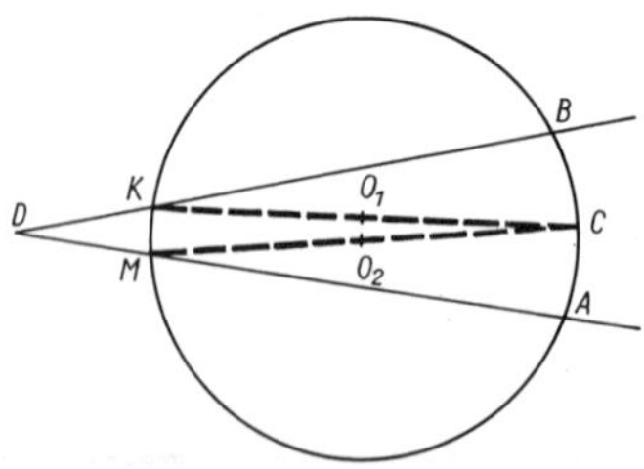

Bild 5

3. Die Abschnitte zweier paralleler Geraden, die beim Schneiden der Schenkel eines Winkels gebildet werden, sind gleich lang (Bild 6).

▲ Es sei $\sphericalangle\ CED$ ein beliebiger Winkel und $\overline{CD} \parallel \overline{AB}$. Dann ist

$$|AE| : |CE| = |BE| : |DE|$$

oder

$$|AE| \cdot |DE| = |BE| \cdot |CE| \qquad (1)$$

Wir multiplizieren die Gleichung (1) mit $|AB| - |CD|$ und führen folgende Umformungen durch:

$$|AE|\cdot|DE|\cdot|AB| - |AE|\cdot|DE|\cdot|CD|$$
$$= |BE|\cdot|CE|\cdot|AB| - |BE|\cdot|CE|\cdot|CD|$$
$$|AE|\cdot|DE|\cdot|AB| - |BE|\cdot|CE|\cdot|AB|$$
$$= |AE|\cdot|DE|\cdot|CD| - |BE|\cdot|CE|\cdot|CD|$$
$$|AB|\,(|AE|\cdot|DE| - |BE|\cdot|CE|)$$
$$= |CD|\,(|AE|\cdot|DE| - |BE|\cdot|CE|)$$
$$|AB| = |CD| \ \blacksquare$$

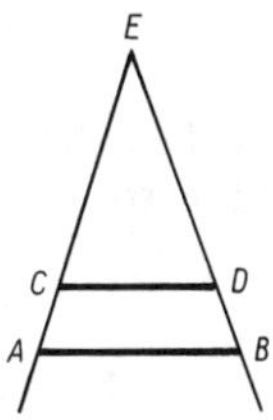

Bild 6

4. Der Teil einer Strecke ist so lang wie die ganze Strecke.

Erste Beweisvariante (Bild 7):

▲ Wir legen an eine willkürlich gewählte Strecke $\overline{AB}$ zwei Strecken $\overline{MN}$ und $\overline{PQ}$ senkrecht an. Jetzt legen wir eine Gerade so, daß sie $\overline{MN}$ in E, $\overline{AB}$ in C und $\overline{PQ}$ in D schneidet. Die Dreiecke $\triangle\ BDC$ und $\triangle\ AEC$ sind ähnlich, daher ist $|BD| : |AE| = |CB| : |AC|$ oder

$$|BD| : |AE| = (|AB| - |AC|) : |AC|. \qquad (1)$$

Jetzt legen wir die Strecke $\overline{FH}$ so, daß $\overline{FH} \parallel \overline{AB}$. Aus der Ähnlichkeit der Dreiecke $\triangle\ CBD$ und $\triangle\ FHD$ folgt $|BD| : |HD| = |BC| : |FH|$ oder

$$|BD| : |HD| = (|AB| - |CA|) : |FH| \qquad (2)$$

Die Gleichungen (1) und (2) lösen wir nach $|BD|$ auf und erhalten

$$|BD| = \frac{|AE|\,(|AB| - |AC|)}{|AC|}$$

$$= \frac{|HD|\,(|AB| - |AC|)}{|FH|}$$

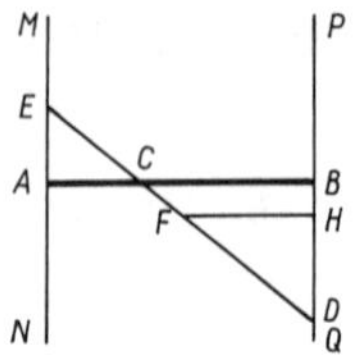

Bild 7

oder

$$|AE| \cdot |FH| \cdot |AB| - |AE| \cdot |FH| \cdot |AC|$$
$$= |AC| \cdot |HD| \cdot |AB| - |AC|^2 \cdot |HD|. \qquad (3)$$

Wir addieren auf beiden Seiten der Gleichung (3) den Ausdruck

$$|AE| \cdot |FH| \cdot |AC| - |DH| \cdot |AB| \cdot |AC|$$

und erhalten nach dem Ausklammern

$$|AB|(|AE| \cdot |FH| - |AC| \cdot |HD|)$$
$$= |AC|(|AE| \cdot |FH| - |AC| \cdot |HD|)$$

oder $|AB| = |AC|$. ■

Zweite Beweisvariante (Bild 8):

▲ Es sei α der größte Winkel im ungleichseitigen Dreieck $\triangle ABC$, dann ist β spitz. Wir legen auf $\overline{BC}$ die Punkte D und E so, daß $\sphericalangle BAD = \gamma$ und $\overline{AE} \perp \overline{BC}$. Dann ist

$$\triangle ABC \sim \triangle DBA, \qquad (1)$$

also gilt für die Flächeninhalte

$$A_{\triangle ABC} : A_{\triangle DBA} = |AC|^2 : |AB|^2 \qquad (2)$$

Da die beiden betrachteten Dreiecke die gleiche Höhe $\overline{AE}$ haben, so verhalten sich ihre Flächeninhalte wie die zur Höhe gehörenden Basen, also

$$|AC|^2 : |BC| = |AD|^2 : |BD|. \qquad (3)$$

Da der Winkel γ spitz ist, kann man für die Dreiecke $\triangle ABC$ und $\triangle DBA$ den folgenden Satz anwenden:

Das Quadrat über der Seite, die einem spitzen Winkel gegenüberliegt, ist gleich der Differenz aus der Summe der Quadrate über den beiden anderen Seiten und dem doppelten Produkt einer der Seiten und der Projektion der anderen Seite auf diese.

Dementsprechend gilt:

$$|AC|^2 = |AB|^2 + |BC|^2 - 2 \cdot |BC| \cdot |BE|$$
$$|AD|^2 = |AB|^2 + |BD|^2 - 2 \cdot |BD| \cdot |BE|.$$

Wenn wir diese Ausdrücke in Gleichung (3) einsetzen, erhalten wir:

$$(|AB|^2 + |BC|^2 - 2 \cdot |BD| \cdot |BE|) : |BC|$$
$$= (|AB|^2 + |BD|^2 - 2 \cdot |BD| \cdot |BE|) : |BD| \qquad (4)$$

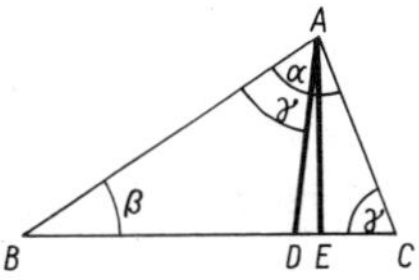

Bild 8

$$\frac{|AB|^2}{|BC|} + |BC| - 2 \cdot |BE|$$
$$= \frac{|AB|^2}{|BD|} + |BD| - 2 \cdot |BE|,$$
$$\frac{|AB|^2}{|BC|} - |BD| = \frac{|AB|^2}{|BD|} - |BC|,$$
$$\frac{|AB|^2 - |BC| \cdot |BD|}{|BC|} = \frac{|AB|^2 - |BC| \cdot |BD|}{|BD|}.$$

In der letzten Gleichung zwischen zwei Brüchen sind die Zähler gleich, also sind auch die Nenner gleich: $|BC| = |BD|$. ■

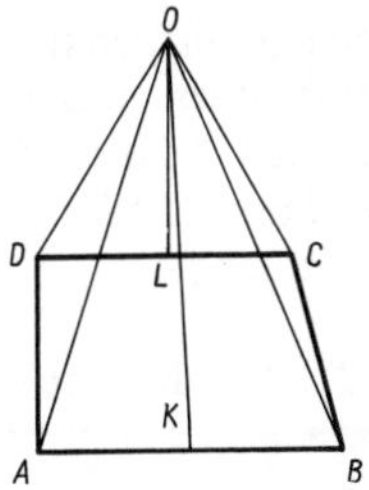

Bild 9

5. Ein rechter Winkel ist stumpf.

Planimetrische Beweisvariante (Bild 9):

▲ Im Viereck *ABCD* sei $\sphericalangle ADC = 90°$, $\sphericalangle DCB > 90°$ und
$$|BC| = |AD|. \qquad (1)$$

Wir errichten in den Mittelpunkten *L* und *K* der Seiten $\overline{DC}$ bzw. $\overline{AB}$ die Mittelsenkrechten. Deren Schnittpunkt *O* verbinden wir mit den Eckpunkten des Vierecks. Die rechtwinkligen Dreiecke $\triangle DLO$ und $\triangle CLO$ einerseits und $\triangle AKO$ und $\triangle BKO$ andererseits sind kongruent. Daher gilt

$$|AO| = |OB| \qquad (2)$$
$$|OC| = |OD|, \qquad (3)$$
$$\sphericalangle ODL = \sphericalangle OCL. \qquad (4)$$

Aus den Gleichungen (1), (2) und (3) folgt, daß die Dreiecke $\triangle AOD$ und $\triangle BCO$ kongruent sind, also ist

$$\sphericalangle ADO = \sphericalangle BCO. \tag{5}$$

Wir subtrahieren von der Gleichung (5) die Gleichung (4) und erhalten $\sphericalangle ADC = \sphericalangle BCD$, was bedeutet, daß ein rechter Winkel gleich einem stumpfen ist. ■

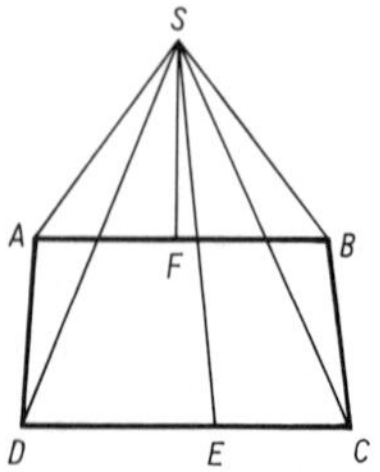

Bild 10

Stereometrische Beweisvariante (Bild 10):

▲ Es sei wieder ein Viereck $ABCD$ mit $\sphericalangle BAD = 90°$, $\sphericalangle ABC > 90°$ und

$$|AD| = |BC| \tag{1}$$

gegeben. Im Mittelpunkt F der Seite $\overline{AB}$ errichten wir die Senkrechte zur Ebene, in der das Viereck $ABCD$ liegt, im Mittelpunkt E der Seite $\overline{DC}$ errichten wir eine Senkrechte, die die erste im Punkt S schneidet. Jetzt verbinden wir den Punkt S mit den Punkten A, B, C und D. Aus dem Satz über drei senkrechte Geraden folgt, daß $\overline{AD} \perp \overline{SA}$, das heißt $\sphericalangle SAD = 90°$. Nach Konstruktion sind die Dreiecke $\triangle ASB$ und $\triangle DSC$ gleichschenklig, also gilt

$$|AS| = |SB|, |DS| = |SC|. \tag{2}$$

Zusammen mit der Voraussetzung (1) folgt aus (2), daß die Dreiecke $\triangle SAD$ und $\triangle SBC$ kongruent sind, also gilt

$$\sphericalangle SBC = \sphericalangle SAD = 90°.$$

Aus der Umkehrung (sie ist gültig!) des Satzes über drei senkrechte Geraden folgt nun, daß $\overline{BC} \perp \overline{AB}$, also $\sphericalangle ABC = \sphericalangle DAB$. ■

6. In einem rechtwinkligen Dreieck ist eine Kathete gleich der Hypotenuse (Bild 11).

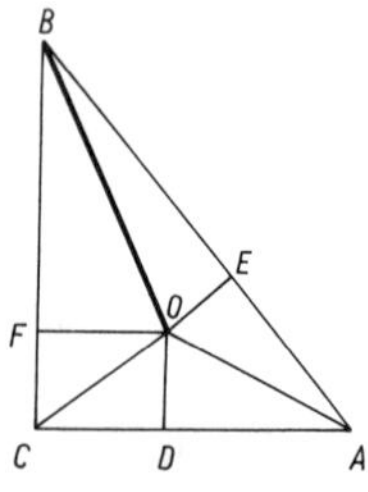

Bild 11

▲ Gegeben sei das rechtwinklige Dreieck $\triangle ABC$ mit $\sphericalangle ACB = 90°$. Wir errichten die Mittelsenkrechte auf die Seite $\overline{AC}$ und die Winkelhalbierende des Winkels $\sphericalangle ABC$. Ihr Schnittpunkt sei O. Wir verbinden O mit A und C und fällen das Lot vom Punkt O auf die Seite $\overline{AB}$ (Fußpunkt E) und die Seite $\overline{BC}$ (Fußpunkt F). Die Dreiecke $\triangle OEB$ und $\triangle FOB$ sind kongruent (gemeinsame Seite $\overline{BO}$, $\sphericalangle OFB = \sphericalangle OEB = 90°$, $\sphericalangle FBO = \sphericalangle EBO$), also gilt

$$|BE| = |BF|, \tag{1}$$

$$|OF| = |OE|. \tag{2}$$

Da $\overline{OD}$ Mittelsenkrechte ist, ist

$$|OC| = |OA|. \tag{3}$$

Nach Konstruktion der Lote folgt

$$\sphericalangle OFC = \sphericalangle OEA = 90°. \tag{4}$$

Aus den Gleichungen (2), (3) und (4) folgt, daß die Dreiecke $\triangle OFC$ und $\triangle OAE$ kongruent sind. Also ist

$$|EA| = |FC|. \tag{5}$$

Wir addieren die Gleichungen (1) und (5) und erhalten $|AB| = |BC|$. ■

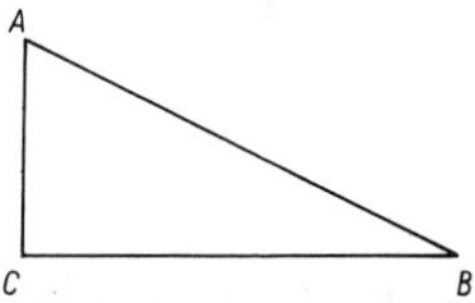

Bild 12

7. In einem rechtwinkligen Dreieck ist eine Kathete länger als die Hypotenuse (Bild 12).

▲ Im Dreieck $\triangle ABC$ sei $\sphericalangle BCA = 90°$. Es gilt

$$|AB|^2 - |BC|^2 = (|AB| + |BC|) \cdot (|AB| - |BC|)$$

und

$$|AB|^2 - |BC|^2 = -(|AB| + |BC|) \cdot (|BC| - |AB|).$$

Daraus erhalten wir

$$\frac{|AB| + |BC|}{-(|AB| + |BC|)} = \frac{|BC| - |AB|}{|AB| - |BC|}.$$

Offensichtlich ist eine positive Zahl größer als eine negative Zahl. Es ist deshalb $(|AB| + |BC|) > -(|AB| + |BC|)$. Dann gilt aber auch $(|BC| - |AB|) > (|AB| - |BC|)$, also $2 \cdot |BC| > 2 \cdot |AB|$ und daher $|BC| > |AB|$. ■

8. In jedem Dreieck sind alle Winkel gleich (Bild 13).

▲ Es sei $\triangle ABC$ ein beliebiges Dreieck mit den Innenwinkeln α, β, γ

und den Seitenlängen a, b, c. Auf den Verlängerungen der Seiten $\overline{AC}$ und $\overline{AB}$ tragen wir die Strecken $\overline{AE}$ und $\overline{AD}$ so ab, daß $|AE| = |AB|$ und $|AD| = |AC|$ gilt, und verbinden E mit B und D mit C. Im Dreieck $\triangle BEC$ gilt

$$\sphericalangle BEC = \frac{\alpha}{2}, \qquad \sphericalangle CBE = \beta + \frac{\alpha}{2}.$$

Nach dem Sinussatz gilt dann:

$$\frac{b+c}{\sin\left(\beta + \frac{\alpha}{2}\right)} = \frac{a}{\sin\frac{\alpha}{2}}. \tag{1}$$

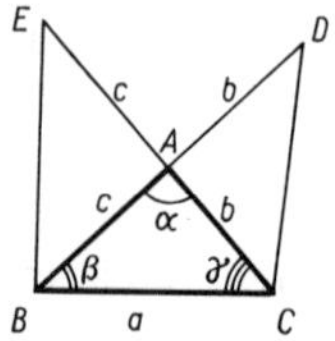

Bild 13

Im Dreieck $\triangle BDC$ gilt $\sphericalangle BDC = \frac{\alpha}{2}$, $\sphericalangle BCD = \gamma + \frac{\alpha}{2}$ und damit nach dem Sinussatz:

$$\frac{b+c}{\sin\left(\gamma + \frac{\alpha}{2}\right)} = \frac{a}{\sin\frac{\alpha}{2}}. \tag{2}$$

Die Gleichungen (1) und (2) haben gleiche rechte Seiten, deshalb gilt

$$\frac{b+c}{\sin\left(\beta + \frac{\alpha}{2}\right)} = \frac{b+c}{\sin\left(\gamma + \frac{\alpha}{2}\right)}$$

oder

$$\sin\left(\beta + \frac{\alpha}{2}\right) = \sin\left(\gamma + \frac{\alpha}{2}\right),$$

also $\beta = \gamma$.

Nach Verlängerung der Seiten $\overline{AB}$, $\overline{CB}$ und analogen Schlußfolgerungen erhalten wir $\alpha = \gamma$. ■

9. Alle Dreiecke sind gleichseitig (Bild 14).

▲ Es sei $\triangle ABC$ ein beliebiges Dreieck. Auf den Verlängerungen der Seiten $\overline{AB}$ und $\overline{BC}$ tragen wir die Strecken $\overline{BE}$ und $\overline{BF}$ mit den Längen $|BE| = |BC|$ und $|BF| = |BA|$ ab, verbinden E mit C und A mit F. Es gilt

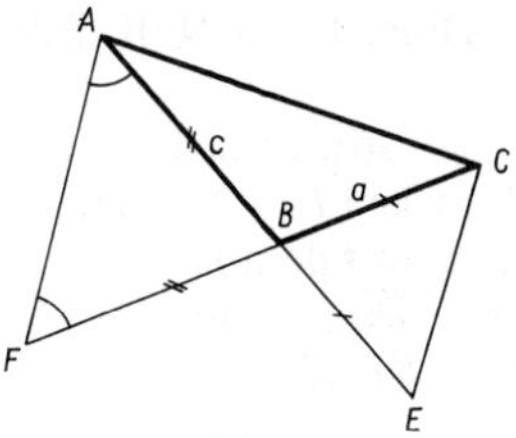

Bild 14

$$\sphericalangle CFA = \sphericalangle EAF = \frac{\sphericalangle ABC}{2},$$

$$\sphericalangle AEC = \sphericalangle ECF = \frac{\sphericalangle ABC}{2}.$$

Nach dem Sinussatz gilt im Dreieck $\triangle AFC$

$$\frac{\sin \sphericalangle FAC}{|FC|} = \frac{\sin \sphericalangle AFC}{|AC|},$$

$$\frac{\sin\left(\sphericalangle BAC + \frac{1}{2} \sphericalangle ABC\right)}{c+a} = \frac{\sin \frac{1}{2} \sphericalangle ABC}{b},$$

$$\sin\left(\sphericalangle BAC + \frac{1}{2} \sphericalangle ABC\right) = \frac{a+c}{b} \sin \frac{1}{2} \sphericalangle ABC. \qquad (1)$$

Im Dreieck $\triangle AEC$ folgt aus dem Sinussatz:

$$\frac{\sin \sphericalangle ECA}{|AE|} = \frac{\sin \sphericalangle AEC}{|AC|},$$

$$\frac{\sin\left(\sphericalangle ACB + \frac{1}{2} \sphericalangle ABC\right)}{c+a} = \frac{\sin \frac{1}{2} \sphericalangle ABC}{b},$$

$$\sin\left(\sphericalangle ACB + \frac{1}{2} \sphericalangle ABC\right) = \frac{a+c}{b} \sin \frac{1}{2} \sphericalangle ABC. \qquad (2)$$

Aus den Gleichungen (1) und (2) erhalten wir

$$\sin\left(\sphericalangle ACB + \frac{1}{2} \sphericalangle ABC\right) = \sin\left(\sphericalangle BAC + \frac{1}{2} \sphericalangle ABC\right),$$

also

$$\sphericalangle ACB + \frac{1}{2} \sphericalangle ABC = \sphericalangle BAC + \frac{1}{2} \sphericalangle ABC$$

oder $\sphericalangle ACB = \sphericalangle BAC$ und deshalb $|AB| = |BC|$.

Analog kann man beweisen, daß $|AB| = |AC|$. Also ist das Dreieck $\triangle ABC$ gleichseitig. ■

10. Der Flächeninhalt eines gleichseitigen Dreiecks ist Null (Bild 15).

▲ Das Dreieck $\triangle ABC$ sei gleichseitig. Wir konstruieren die Höhe $\overline{AD}$ und tragen auf ihrer Verlängerung die Strecke $|DF| = |CD|$ ab. Über die Strecke $\overline{AF}$ legen wir einen Halbkreis mit dem Durchmesser $|AF|$. Er schneidet die Verlängerung von $\overline{DC}$ im Punkt K. Es gilt $|KD|^2 = |AD| \cdot |DF|$. Das Quadrat $KDIH$, das Rechteck $ADCE$ und das Dreieck $\triangle ABC$ haben den gleichen Flächeninhalt. Wir verschieben das Dreieck $\triangle ACE$ um den Vektor $\overrightarrow{AL}$. C geht in den Punkt N, E in den Punkt H über. Das Quadrat $KDIH$ ist aus den Trapezen $CLID$ und $CKHL$ zusammengesetzt, wobei das letztere den gleichen Flächeninhalt hat wie das Trapez $BMID$. Deshalb hat das Quadrat $KHID$ den gleichen Flächeninhalt wie das Trapez $CBML$. Das bedeutet, daß das gleichseitige Dreieck $\triangle ALM$ den Flächeninhalt Null hat. ■

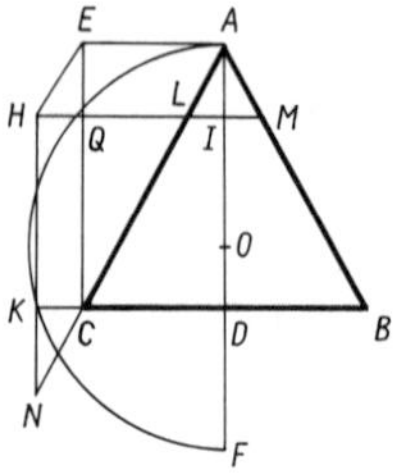

Bild 15

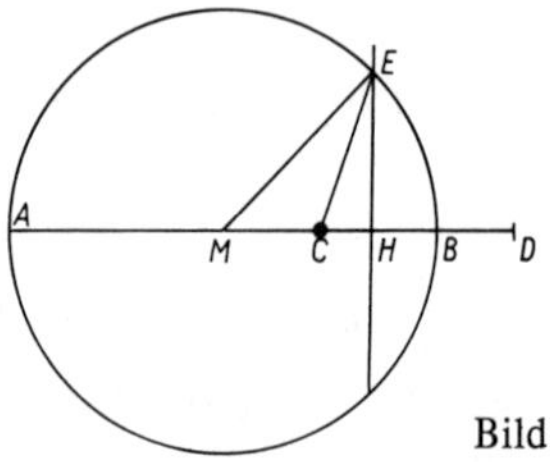

Bild 16

11. Jeder Punkt des Durchmessers eines Kreises liegt auf der Peripherie des Kreises (Bild 16).

▲ Gegeben sei der Punkt C auf dem Durchmesser $\overline{AB}$ eines Kreises. Wir wählen auf der Verlängerung von $\overline{AB}$ den Punkt D so, daß

$$|AC| : |CB| = |AD| : |DB| \tag{1}$$

gilt. Der Punkt D, der dieser Bedingung genügt, heißt der vierte harmonische Punkt zu den Punkten A, B und C. Wenn M der Mittelpunkt des Kreises ist, so folgt aus (1):

$$\frac{|MA| + |MC|}{|MA| - |MC|} = \frac{|MA| + |MD|}{|MD| - |MA|}$$

und

$$\frac{|MA|}{|MC|} = \frac{|MD|}{|MA|},$$

also

$$|MA|^2 = |MC| \cdot |MD|. \tag{2}$$

Wir legen den Punkt H so fest, daß $|CH| = |HD|$. Dann gilt

$$|MC| = |MH| - |CH| \text{ und } |MD| = |MH| + |CH|$$

d. h., $$|MH|^2 - |CH|^2 = |MC| \cdot |MD|. \quad (3)$$

Aus (2) und (3) folgt dann

$$|MH|^2 - |CH|^2 = |MA|^2. \quad (4)$$

Der Punkt E sei auf dem Kreis so festgelegt, daß $\overline{HE} \perp \overline{AD}$. Dann folgt aus dem Satz des PYTHAGORAS

$$|MH|^2 + |HE|^2 = |ME|^2, \quad (5)$$

$$|CH|^2 + |HE|^2 = |CE|^2. \quad (6)$$

Wir subtrahieren von der Gleichung (5) die Gleichung (6) und erhalten

$$|MH|^2 - |CH|^2 = |ME|^2 - |CE|^2 = |MA|^2 - |CE|^2. \quad (7)$$

Aus den Gleichungen (4) und (7) folgt aber

$$|MA|^2 - |CE|^2 = |MA|^2,$$

und das bedeutet, daß $|CE|^2 = 0$. Also liegt der Punkt C auf der Peripherie des Kreises. Dieser Schluß gilt für einen beliebigen Punkt C auf dem Durchmesser $\overline{AB}$. ■

12. Jeder Außenwinkel eines Dreiecks ist gleich seinem nichtanliegenden Innenwinkel (Bild 17).

▲ Im Viereck $ABCD$ sei $\sphericalangle DAB + \sphericalangle BCD = 180°$. Durch drei beliebige, nicht auf einer Geraden liegende Punkte läßt sich genau ein Kreis legen. Wir konstruieren den Kreis durch die Punkte A, B und D. Sein Schnittpunkt mit der Strecke $\overline{DC}$ sei E. Wir verbinden die Punkte B und E und erhalten das Sehnenviereck $ABED$. In diesem Sehnenviereck gilt

$$\sphericalangle BAD + \sphericalangle BED = \sphericalangle ABE + \sphericalangle EDA = 180°.$$

Nach Voraussetzung gilt $\sphericalangle DAB + \sphericalangle BCD = 180°$, also erhalten wir $\sphericalangle BED = \sphericalangle BCD$. ■

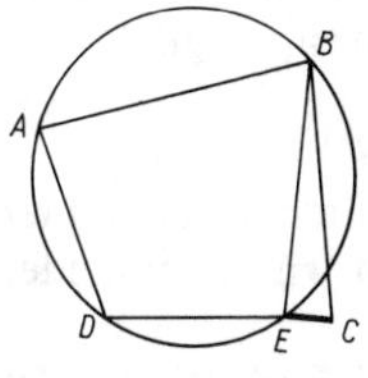

Bild 17

13. Alle Dreiecke sind gleichschenklig (Bilder 18a bis 18c).

▲ In einem beliebigen Dreieck $\triangle ABC$ sei $|AC| > |BC|$. Wir konstruieren die Winkelhalbierende $\overline{CC_1}$ des Winkels $\sphericalangle ACB$ und die Mittelsenkrechte $\overline{DD_1}$ auf der Seite $\overline{AB}$. E sei ihr Schnittpunkt. Die Geraden $\overline{CC_1}$ und $\overline{DD_1}$ sind weder parallel noch fallen sie zusam-

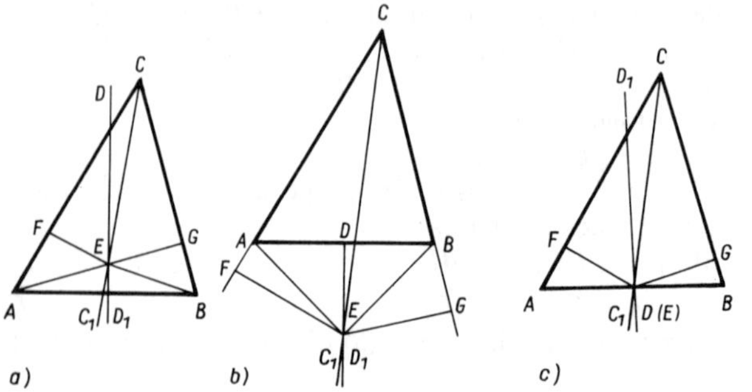

Bild 18

men, denn das ist nur in gleichschenkligen Dreiecken möglich, also nur wenn $|AC| = |BC|$, was unserer Voraussetzung widerspricht. Für den Punkt E gibt es im Verhältnis zum Dreieck $\triangle ABC$ drei mögliche Lagen: 1) Der Punkt E liegt im Inneren des Dreiecks (Bild 18a). 2) E liegt außerhalb des Dreiecks (Bild 18b). 3) E liegt auf der Seite $\overline{AB}$ (Bild 18c).

1. Fall (Bild 18a): Wir verbinden den Punkt E mit den Punkten A und B und fällen das Lot vom Punkt E auf die Seiten $\overline{AC}$ (Fußpunkt F) und $\overline{CB}$ (Fußpunkt G). Die Dreiecke $\triangle CEF$ und $\triangle CEG$ sind kongruent (beide rechtwinklig, mit gemeinsamer Hypotenuse und gleichem Winkel beim Punkt C). Deshalb gilt

$$|CF| = |CG| \tag{1}$$

und

$$|FE| = |EG|. \tag{2}$$

Nach Konstruktion der Mittelsenkrechten ist das Dreieck $\triangle ABE$ gleichschenklig und damit

$$|AE| = |EB|. \tag{3}$$

Wegen $\sphericalangle AFE = \sphericalangle EGB = 90°$ und der Gleichungen (2) und (3) sind die Dreiecke $\triangle AEF$ und $\triangle BEG$ kongruent, und deshalb gilt

$$|FA| = |GB|. \tag{4}$$

Addieren der Gleichungen (1) und (4) ergibt $|AC| = |BC|$

2. Fall (Bild 18b): Ganz analog zum 1. Fall erhalten wir auch hier die Gleichungen (1) und (4). Diese subtrahieren wir voneinander und erhalten ebenfalls $|AC| = |BC|$.

3. Fall (Bild 18c): Jetzt sind die Punkte D und E identisch. Mit den gleichen Schlüssen wie im 1. Fall erhalten wir die Gleichungen (1) und (4). Diese addieren wir und gelangen wieder zu dem Ergebnis $|AC| = |BC|$. Wir haben also gezeigt, daß in jedem Fall $|AC| = |BC|$ gilt, und das bedeutet, daß das beliebig vorgegebene Dreieck $\triangle ABC$ gleichschenklig ist. ■

14. Alle Dreiecke haben den gleichen Flächeninhalt.

▲ In einem Dreieck seien a, b, c die Seiten und h_a, h_b, h_c die entsprechenden Höhen. Der Flächeninhalt sei A. Für zwei weitere beliebig gewählte Dreiecke wollen wir die gleichen Bezeichnungen (aber zusätzlich mit einem oder mit zwei Strichen versehen) benutzen. Über die Verhältnisse der Flächeninhalte zueinander ist bekannt:

$$A : A' = a\,h_a : a'\;h_a' \qquad (1)$$

$$A : A'' = b\,h_b : a''\;h_a'' \qquad (2)$$

Die Gleichungen (1) und (2) lösen wir nach A auf:

$$A = A' \cdot \frac{a \cdot h_a}{a' \cdot h_a'}, \quad A = A'' \cdot \frac{b \cdot h_b}{a'' \cdot h_a''}$$

und erhalten nach Gleichsetzen:

$$A' \cdot a \cdot h_a \cdot a'' \cdot h_a'' = A'' \cdot a' \cdot h_a' \cdot b \cdot h_b. \qquad (3)$$

Wir multiplizieren beide Seiten der Gleichung (3) mit $A - A'$ und lösen die Klammern auf:

$$A \cdot A' \cdot a \cdot h_a \cdot a'' \cdot h_a'' - A'^2 \cdot a \cdot h_a \cdot a'' \cdot h_a''$$

$$= A \cdot A'' \cdot a' \cdot h_a' \cdot b \cdot h_b - A' \cdot A'' \cdot a' \cdot h_a' \cdot b \cdot h_b. \qquad (4)$$

Jetzt addieren wir auf beiden Seiten der Gleichung (4) den Ausdruck

$$A'^2 \cdot a \cdot h_a \cdot a'' \cdot h_a'' - A \cdot A'' \cdot a' \cdot h_a' \cdot b \cdot h_b$$

und erhalten nach dem Ausklammern gemeinsamer Faktoren

$$A(A' \cdot a \cdot h_a \cdot a'' \cdot h_a'' - A'' \cdot a' \cdot h'_a \cdot b \cdot h_b)$$

$$= A'(A' \cdot a \cdot h_a \cdot a'' \cdot h_a'' - A'' \cdot a' \cdot h'_a \cdot b \cdot h_b) \qquad (5)$$

oder

$$A = A'. \blacksquare \qquad (6)$$

15. Die Summe der Längen der beiden parallelen Seiten eines Trapezes ist gleich Null (Bild 19).

▲ Im Trapez $ABCD$ sei $\overline{AB} \parallel \overline{CD}$. Wir verlängern die Seite $\overline{AB}$ über A hinaus so, daß $|FA| = |DC|$, und die Seite $\overline{DC}$ über C hinaus so, daß $|CE| = |AB|$. Weiterhin führen wir folgende Bezeichnungen ein: $|AG| = z$, $|GH| = y$, $|HC| = x$, $|AB| = b$, $|CD| = a$.

Aus der Ähnlichkeit der Dreiecke $\triangle CDG$ und $\triangle ABG$ erhalten wir

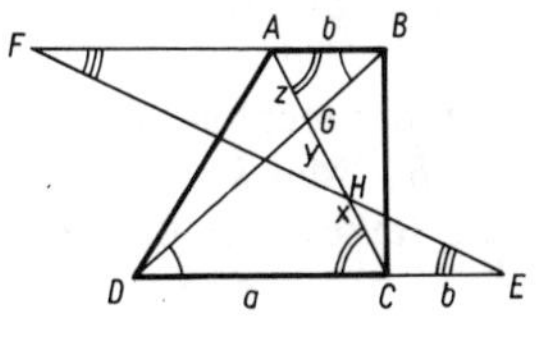

Bild 19

$$(x+y):z=a:b \qquad (1)$$

Aus der Ähnlichkeit der Dreiecke $\triangle AFH$ und $\triangle CEH$ erhalten wir

$$(y+z):x=a:b \qquad (2)$$

Aus den Gleichungen (1) und (2) folgt

$$(x+y):z=(y+z):x$$

oder

$$(x+y):z=(-y-z):(-x). \qquad (3)$$

Auf die letzte Gleichung wenden wir eine aus der Algebra gut bekannte Eigenschaft gleicher Brüche an:

$$\text{Wenn } \frac{a}{b}=\frac{c}{d}, \text{ dann ist auch } \frac{a}{b}=\frac{a+c}{b+d}.$$

Auf Gleichung (3) angewendet ergibt das:
$(x+y):z=(x+y-y-z):(z-x)=(x-z):(z-x)=-1.$
Damit folgt aus Gleichung (1) $a:b=-1$ oder $a=-b$ und schließlich $a+b=0$. ■

16. Ein umschreibender konvexer Polygonzug ist kürzer als der von ihm umschriebene konvexe Polygonzug (Bild 20).

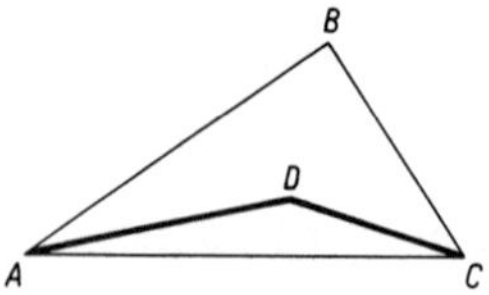

Bild 20

▲ Die Strecken $\overline{AB}$ und $\overline{BC}$ seien willkürlich gewählt. Der Punkt D werde so gewählt, daß sich die Strecke $\overline{AD}$ zur Strecke $\overline{AB}$ verhält wie die Strecke $\overline{DC}$ zur Strecke $\overline{BC}$, also

$$|AD| = k \cdot |AB|, \qquad (1)$$

$$|DC| = k \cdot |BC|, \qquad (2)$$

wobei k eine positive Zahl kleiner als 1 ist.
Aus den Gleichungen (1) und (2) erhalten wir

$$-|AD| = k \cdot (-|AB|), \quad -|DC| = k \cdot (-|BC|),$$

$$-|AD| + (-|DC|) = k \cdot [-|AB| + (-|BC|)],$$

$$[-|AD| + (-|DC|)]:[-|AB| + (-|BC|)] = k.$$

Wir benutzen für k die Beschreibung aus Gleichung (1):

$$[-|AD| + (-|DC|)]:[-|AB| + (-|BC|)] = |AD| : |AB|. \qquad (3)$$

In dieser Gleichung zweier Quotienten ist auf der rechten Seite der Dividend kleiner als der Divisor ($|AD| < |AB|$, weil $k<1$ vorausgesetzt war). Das gleiche muß auch auf die linke Seite der Gleichung zutreffen, also gilt

$$[-|AD| + (-|DC|)] < [-|AB| + (-|BC|)] \quad (4)$$

oder

$$|AD| + |DC| > |AB| + |BC|. \blacksquare$$

17. Jedes Rechteck, dem ein Quadrat umschrieben ist, ist ein Quadrat (Bild 21).

▲ Es sei $ABCD$ ein Quadrat, dem ein gegebenes Rechteck $MNPQ$ einbeschrieben sei. Wir legen zwei Strecken $\overline{PR}$ und $\overline{QS}$ so, daß $\overline{PR} \perp \overline{AB}$ und $\overline{QS} \perp \overline{AD}$. Es gilt $|PR| = |QS|$ und $|QN| = |PM|$ (Diagonalen im Rechteck). Also sind die beiden rechtwinkligen Dreiecke $\triangle PRM$ und $\triangle QSN$ kongruent. Dann gilt aber auch $\sphericalangle PMR = \sphericalangle QNS$ oder

$$\sphericalangle PMR = 180° - \sphericalangle QNB.$$

Das bedeutet, daß die Summe zweier gegenüberliegender Winkel im Viereck $MBNO$ 180° beträgt. Das gleiche muß dann aber auch für die beiden anderen gegenüberliegenden Winkel gelten, also

$$\sphericalangle MON + \sphericalangle MBN = 180°.$$

Nach Konstruktion ist aber $\sphericalangle MBN = 90°$, also ist auch der Winkel $\sphericalangle MON$ ein rechter. Das bedeutet, daß die Diagonalen $\overline{QN}$ und $\overline{PM}$ im Rechteck $PNMQ$ senkrecht zueinander stehen. Das ist aber nur möglich, wenn das Rechteck $PNMQ$ ein Quadrat ist. ■

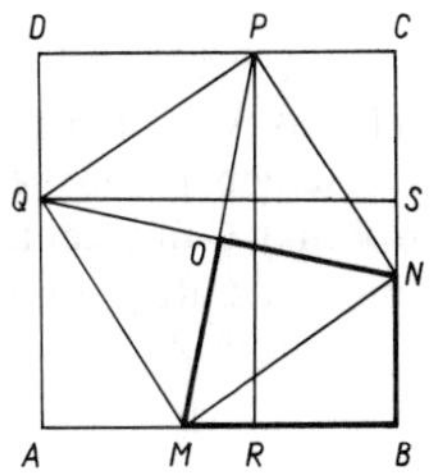

Bild 21

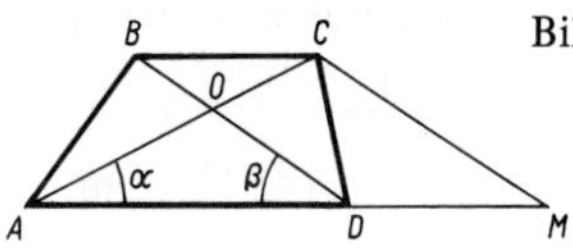

Bild 22

18. Der Flächeninhalt eines beliebigen Trapezes ist gleich Null (Bild 22).

▲ Es ist leicht zu überprüfen, daß

$$A_{\triangle ABD} - A_{\triangle ACD} = A_{\triangle ABC} - A_{\triangle BCD}. \quad (1)$$

Für diese Flächeninhalte gilt:

$$A_{\triangle ABD} = \frac{1}{2} \cdot |AD| \cdot |BD| \cdot \sin\beta,$$

$$A_{\triangle ACD} = \frac{1}{2} \cdot |AD| \cdot |AC| \cdot \sin\alpha,$$

also

$$\frac{A_{\triangle ABD}}{A_{\triangle ACD}} = \frac{|BD| \cdot \sin\beta}{|AC| \cdot \sin\alpha}, \tag{2}$$

und ebenso

$$A_{\triangle ABC} = \frac{1}{2} \cdot |BC| \cdot |AC| \cdot \sin\alpha,$$

$$A_{\triangle BCD} = \frac{1}{2} \cdot |BC| \cdot |BD| \cdot \sin\beta,$$

also

$$\frac{A_{\triangle ABC}}{A_{\triangle BCD}} = \frac{|AC| \cdot \sin\alpha}{|BD| \cdot \sin\beta}. \tag{3}$$

In Gleichung (1) klammern wir $A_{\triangle ACD}$ bzw. $A_{\triangle BCD}$ aus:

$$A_{\triangle ACD} \cdot \left(\frac{A_{\triangle ABD}}{A_{\triangle ACD}} - 1\right) = A_{\triangle BCD} \cdot \left(\frac{A_{\triangle ABC}}{A_{\triangle BCD}} - 1\right).$$

Wir erhalten unter Benutzung der Gleichungen (2) und (3)

$$A_{\triangle ACD} \cdot \left(\frac{|BD| \cdot \sin\beta}{|AC| \cdot \sin\alpha} - 1\right) = A_{\triangle BCD} \cdot \left(\frac{|AC| \cdot \sin\alpha}{|BD| \cdot \sin\beta} - 1\right)$$

$$A_{\triangle ACD} \cdot \frac{|BD| \cdot \sin\beta - |AC| \cdot \sin\alpha}{|AC| \cdot \sin\alpha}$$

$$= A_{\triangle BCD} \cdot \frac{|AC| \cdot \sin\alpha - |BD| \cdot \sin\beta}{|BD| \cdot \sin\beta} \tag{4}$$

In der Gleichung (4) sind die Zähler der beiden Brüche dem Betrage nach gleich, unterscheiden sich nur durch das Vorzeichen. Um über die Nenner eine Aussage zu treffen, verschieben wir die Strecke $\overline{BD}$ parallel so, daß der Punkt B in den Punkt C übergeht. Der Punkt D geht in den Punkt M über. Nach dem Sinussatz gilt im Dreieck $\triangle AMC$:

$$|AC| : |CM| = \sin \sphericalangle AMC : \sin\alpha,$$

also

$$|AC| \cdot \sin\alpha = |CM| \cdot \sin\beta = |BD| \cdot \sin\beta.$$

Damit sind die Nenner der beiden Brüche in der Gleichung (4) gleich, und das bedeutet, daß sich beide Brüche nur um das Vorzeichen unterscheiden. Also ist

$$A_{\triangle ACD} = -A_{\triangle BCD}$$

oder

$$A_{\triangle ACD} + A_{\triangle BCD} = 0.$$

Die Dreiecke $\triangle BCD$ und $\triangle ABC$ haben den gleichen Flächeninhalt (gleiche Grundseite, gleiche Höhe), und deshalb ist $A_{\triangle ACD} + A_{\triangle ABC} = 0$, also $A_{ABCD} = 0$. ■

19. In einem spitzwinkligen Dreieck ist der Punkt, für den die Summe der Abstände zu den Eckpunkten des Dreiecks minimal wird, einer der Eckpunkte des Dreiecks (Bilder 23a bis 23c).
▲ Es ist bekannt, daß der Punkt, für den die Summe der Abstände zu den Eckpunkten eines gegebenen Vierecks minimal wird, der Schnittpunkt der Diagonalen des Vierecks ist (Bild 23a). Jetzt werden wir eine der Seiten des Vierecks, zum Beispiel die Seite $\overline{BC}$, solange verkleinern, bis sie zu einem Punkt geworden ist (Bilder 23b und 23c). Dabei nähert sich der Schnittpunkt O der Diagonalen der Seite $\overline{BC}$ an, bis die Punkte B, C und O zusammenfallen. Damit ist der Punkt, für den die Summe der Abstände zu den Eckpunkten eines Dreiecks minimal wird, einer der Eckpunkte des Dreiecks. Gegen dieses Resultat spricht aber der bekannte Fakt, daß diese Eigenschaft nur der Punkt hat, der mit jeweils zwei Eckpunkten des Dreiecks einen Winkel von 120° bildet (dieser Punkt heißt FERMATscher Punkt). ■

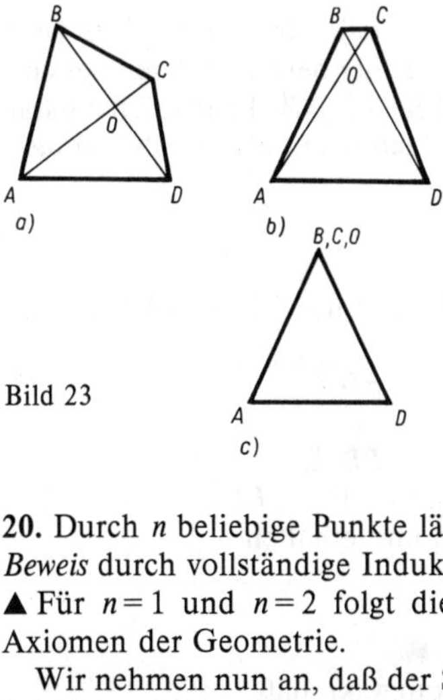

Bild 23

20. Durch n beliebige Punkte läßt sich eine Gerade legen.
Beweis durch vollständige Induktion (n ist eine natürliche Zahl.):
▲ Für $n=1$ und $n=2$ folgt die Behauptung aus den bekannten Axiomen der Geometrie.

Wir nehmen nun an, daß der Satz für $n=k$ ($k>2$) richtig ist und beweisen, daß er dann auch für $n=k+1$ gilt: Es seien also beliebige $k+1$ Punkte $M_1, M_2, \ldots, M_k, M_{k+1}$ gegeben. Nach der Induktionsvoraussetzung kann man durch die k Punkte $M_1, M_2, \ldots, M_k$ eine Gerade legen. Das sei die Gerade l. Aus der gleichen Voraussetzung folgt aber auch, daß man durch die k Punkte $M_2, \ldots, M_k, M_{k+1}$ eine Gerade (l') legen kann. Diese beiden Geraden haben mindestens zwei Punkte gemeinsam, nämlich M_2 und M_k. Durch zwei Punkte geht aber eine und nur eine Gerade. Also fallen l und l' zusammen, und auf der Geraden l, die durch die Punkte $M_1, \ldots, M_k$ geht, liegt auch der Punkt M_{k+1}. ■

21. Wenn zwei Ebenen symmetrisch zum Koordinatenursprung (0,0,0) liegen, dann liegt dieser Punkt auf ihnen.
▲ Die Ebenen α und β seien symmetrisch zum Koordinatenursprung. Wenn die Ebene α der Gleichung

$$ax + by + cz + d = 0 \tag{1}$$

genügt, dann genügt β der Gleichung

$$-ax - by - cz + d = 0. \tag{2}$$

Nach Addition der Gleichungen (1) und (2) erhalten wir $d = 0$. Das heißt, das Tripel (0,0,0) ist Lösung beider Gleichungen, was bedeutet, daß der Koordinatenursprung auf beiden Ebenen liegt. ■

Die folgenden zwei Sophismen schlug N. G. Tschernyschewski im Jahre 1846 seinem Bruder Alexander vor.

22. 1) Das Quadrat einer beliebigen Seite in einem beliebigen Dreieck ist gleich der Summe der Quadrate der beiden anderen Seiten.
▲ ABC sei ein beliebiges Dreieck (Bild 24). Wir konstruieren daran das rechtwinklige Dreieck $\triangle BCD$. Nach dem Satz des Pythagoras gilt

$$|AC|^2 = |AD|^2 + |CD|^2 \tag{1}$$

$$|CD|^2 = |BC|^2 - |BD|^2. \tag{2}$$

Wir setzen den Ausdruck für $|CD|^2$ aus der Gleichung (2) in die Gleichung (1) ein und erhalten

$$|AC|^2 = |AD|^2 + |BC|^2 - |BD|^2 \tag{3}$$

oder

$$|AC|^2 - |BC|^2 = |AD|^2 - |BD|^2. \tag{4}$$

Aber $\overline{AD} = \overline{AB} + \overline{BD}$, und deshalb ist $|AD|^2 - |BD|^2 = |AB|^2$. Das setzen wir in die Gleichung (4) ein und erhalten

$$|AC|^2 - |BC|^2 = |AB|^2$$

oder

$$|AC|^2 = |AB|^2 + |BC|^2. ■$$

Ganz analog »beweist« Tschernyschewski, daß

$$|BC|^2 = |AC|^2 + |AB|^2$$

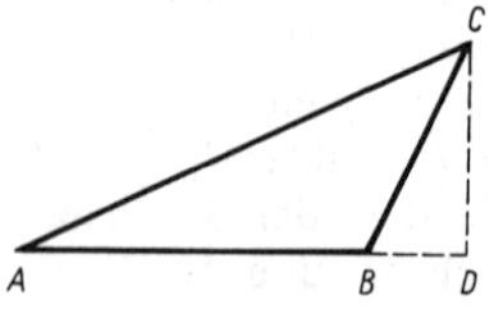

Bild 24

und beendet den Brief mit den Worten: »... irgendwo muß ein Fehler versteckt sein; finde ihn, und Du wirst Deinem Dich liebenden Bruder NIKOLAI TSCHERNYSCHEWSKI einen großen Dienst erweisen.«
2) In jedem stumpfwinkligen Dreieck ist die Länge der Seite, die dem stumpfen Winkel gegenüberliegt, größer als die Summe der beiden anderen Seiten.
▲ Im stumpfwinkligen Dreieck $\triangle ABC$ sei

$$\sphericalangle BAC > \sphericalangle ABC + \sphericalangle BCA.$$

Nach dem Sinussatz

$$\frac{a}{\sin \sphericalangle CAB} = \frac{b}{\sin \sphericalangle ABC} = \frac{c}{\sin \sphericalangle BCA} = 2R$$

(wobei R der Radius des Umkreises des Dreiecks $\triangle ABC$ ist) erhalten wir

$$\sin \sphericalangle CAB : \sin \sphericalangle ABC : \sin \sphericalangle BCA = a : b : c,$$

und deshalb folgt aus der Bedingung

$$\sphericalangle BAC > \sphericalangle ABC + \sphericalangle BCA$$

die Ungleichung

$$a > b + c. \blacksquare$$

Der wohlbekannte und doch nicht bestimmbare Flächeninhalt

Miß alles, was sich messen läßt, und mache alles meßbar, was sich nicht messen läßt.

G. GALILEI

Aufgaben über das Zerlegen von Figuren und das Zusammensetzen anderer aus den einzelnen Teilen nehmen traditionell einen bedeutenden Platz in der Unterhaltungsmathematik ein. Eine schöne Sammlung solcher Aufgaben ist z. B. im Buch von NORTHROP (1954) enthalten. Ihnen liegt die seit der Zeit der antiken Mathematik bekannte Aufgabe über flächengleiche und aus gleichen Stücken zusammengesetzte Figuren zugrunde. Im Falle ebener Polygone ist die Flächengleichheit zweier Figuren eine notwendige und hinreichende Bedingung dafür, daß sie sich aus den gleichen Teilstücken zusammensetzen lassen. Für Polyeder ist die Volumengleichheit keine hinreichende Bedingung dafür, daß sie sich aus den gleichen Stücken zusammensetzen lassen.

Es wurden viele interessante Aufgaben zur Zerlegung von Figuren gefunden, von den einfachsten, zum Beispiel ein gegebenes Rechteck durch Zerlegung in ein – natürlich flächengleiches –

Quadrat zu überführen, bis zu schwierigeren, z. B. ein krummlinig begrenztes Gebiet in ein Rechteck oder ein Quadrat zu überführen (Bild 25).

Viele geometrische Sophismen beruhen auf dem Prinzip der versteckten Umverteilung des Flächeninhaltes von Polygonen. Da als Maßeinheit des Flächeninhaltes die Fläche eines Einheitsquadrates (eines Quadrats, dessen Seitenlänge die Einheitslänge ist) benutzt wird, sind die Figuren auf den Bildern zu den vorgestellten Sophismen in Einheitsquadrate zerlegt worden.

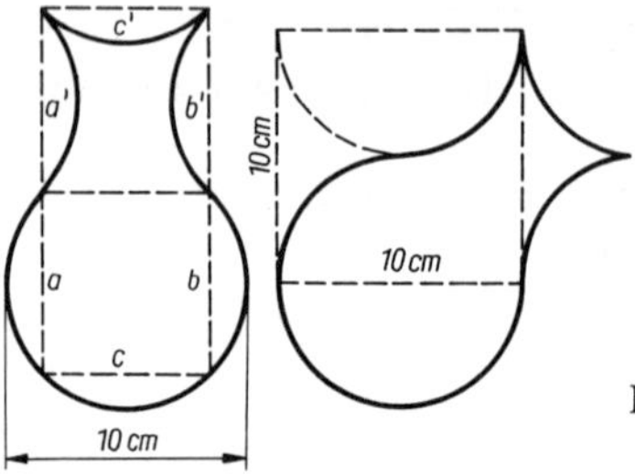

Bild 25

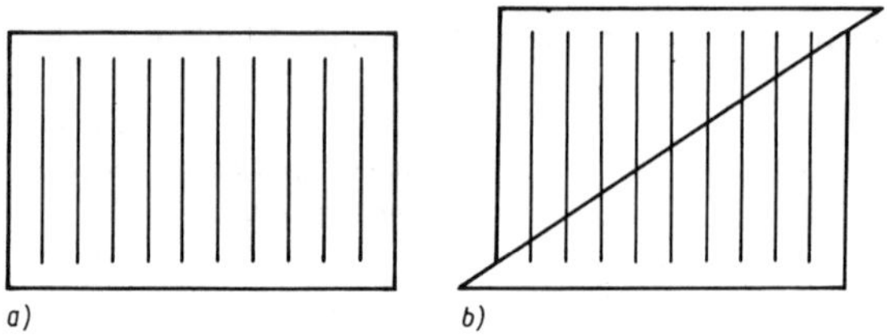

Bild 26

23. Zeichnet auf einem rechteckigen Blatt Papier zehn gleich lange senkrechte Linien und eine Diagonale (Bild 26) und zerschneidet das Blatt entlang der Diagonalen. Verschiebt den unteren Teil nach links unten um den Abstand zwischen zwei Linien. Es stellt sich heraus, daß es nur noch neun Linien sind. Ist das nicht paradox?! Ein noch unerwarteteres Ergebnis demonstrieren sechs Köpfe. Malt sie (Bild 27) ab, zerschneidet sie entlang der Strichlinie und verschiebt den unteren Teil gerade um einen Kopf nach links. Das ist wirklich zum Staunen: Von einem Kopf blieb nur noch der Hut übrig. So entstehen die ersten Paradoxa durch Zerschneiden und versteckte Umverteilung der Figuren. Die Folge ist, daß ein Teil einer Figur verschwindet oder neu entsteht. Eine Linie ist natürlich keine Fläche, aber ein Gesicht ist schon nicht mehr nur der unbedeutende Teil einer Fläche.

Bild 27

Erstaunlich ist, daß die verschwundenen Gebiete, nach dem Zurücklegen aller Teile an ihre alten Plätze, auf merkwürdige Weise wieder erscheinen. Wie geht das vor sich?

24. $64 = 63$

Erste Beweisvariante (Bilder 28a und 28b):

▲ Nehmt ein Quadrat vom Flächeninhalt 64 (zum Beispiel ein gewöhnliches Schachbrett) und zerlegt es in die drei Teile $\triangle ANB$, $\triangle AMP$ und das Fünfeck $MNCDP$ (Bild 28a). Durch Umlegen der Teile erhalten wir ein aus den gleichen Stücken zusammengesetztes Rechteck (Bild 28b). Wir erhielten also aus einem Quadrat mit dem Flächeninhalt 64 ein Rechteck mit dem Flächeninhalt $7 \cdot 9 = 63$. ■

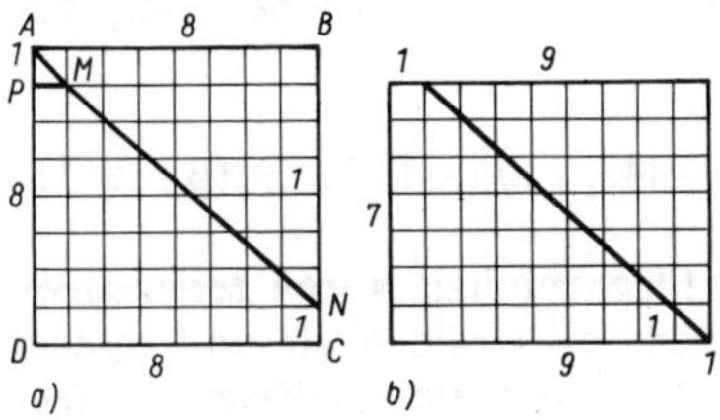

Bild 28

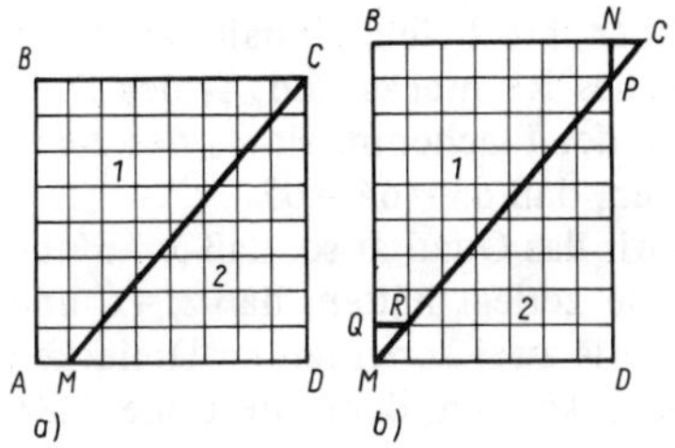

Bild 29

Zweite Beweisvariante (Bilder 29a und 29b):

▲ Das gleiche Quadrat zerlegen wir in zwei Teile (Bild 29a). Den einen Teil verschieben wir nach oben rechts. Wenn wir jetzt das

Dreieck $\triangle NCP$ abschneiden und auf den freien Platz in der linken unteren Ecke ($\triangle QRM$) legen, so erhalten wir ein Rechteck, dessen Flächeninhalt $7 \cdot 9$ Einheiten beträgt (Bild 29b). Damit ist $64 = 63$. ■

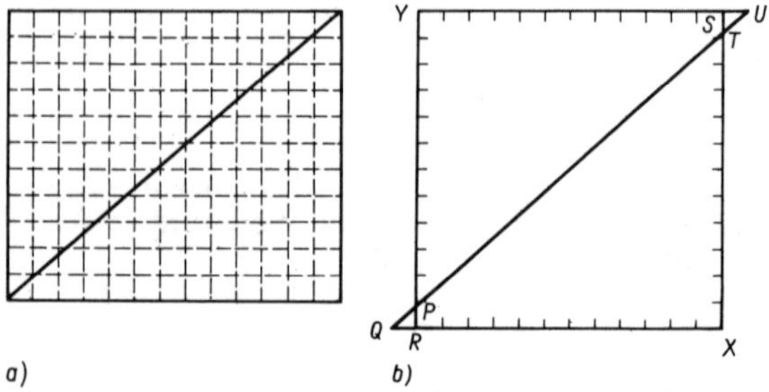

Bild 30

25. $143 = 145$ (Bilder 30a und 30b)

▲ Durch das Zerschneiden der Figur kann sich der Flächeninhalt nicht nur verkleinern, sondern auch vergrößern. Wir zerschneiden ein Rechteck der Größe $11 \cdot 13$ (Bild 30a) entlang der Diagonalen und verschieben die entstandenen rechtwinkligen Dreiecke entlang ihrer gemeinsamen Hypotenuse (Bild 30b). Der Flächeninhalt der entstandenen Figur beträgt $12 \cdot 12 + 0{,}5 + 0{,}5 = 145$. Da der Flächeninhalt des Rechtecks $11 \cdot 13 = 143$ betrug, ist bewiesen, daß $143 = 145$. ■

26. $63 = 64 = 65$, $168 = 169$, $441 = 442$, $1155 = 1156$, ... (Bilder 31a bis 31d)

▲ Das Quadrat $ABCD$ mit dem Flächeninhalt $A = 64$ zerlegen wir in vier Teile (Bild 31a). Aus diesen Teilen bilden wir ein Rechteck (Bild 31b), ein Dreieck (Bild 31c) und ein konkaves Achteck (Bild 31d). Das Quadrat und diese drei Figuren sind aus den gleichen Teilen zusammengesetzt, aber ihre Flächeninhalte sind verschieden. Die Flächeninhalte A_2 des Rechtecks und A_3 des Dreiecks sind gleich und betragen 65, der Flächeninhalt A_4 des Achtecks beträgt 63. Damit ist bewiesen, daß $63 = 64 = 65$.

In unserem Beispiel zerlegten wir das Quadrat so, daß $x = 5$ und $y = 3$ war. Wenn wir es so in Teile zerlegt hätten, daß $x = 6$ und $y = 2$ wäre, hätten wir aus den jeweils zwei kongruenten Dreiecken und Trapezen kein Rechteck bilden können, denn die Linie $\overline{B_1D_1}$ wäre ein Polygon und keine Strecke. Für $x = 4\frac{1}{2}$, $y = 3\frac{1}{2}$ oder in anderen Fällen erhalten wir ebenfalls kein Rechteck. Für $x = 5$ und $y = 3$ ermitteln wir ein Rechteck mit den Seiten

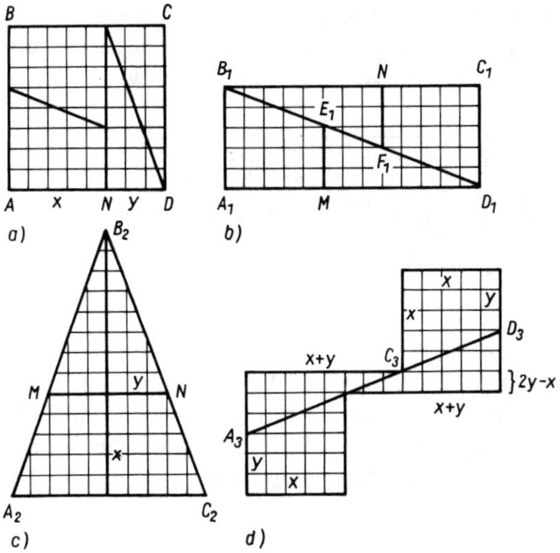

Bild 31

$$x + x + y = 2x + y = 2 \cdot 5 + 3 = 13$$
$$x = 5$$

und dem Flächeninhalt $A_1 = 13 \cdot 5 = 65$.

Wenn wir ein Quadrat mit dem Flächeninhalt 169 Quadrateinheiten so zerteilen, daß $x = 8$ und $y = 5$ ist, und aus den erhaltenen Dreiecken und Trapezen ein Rechteck mit den Seitenlängen

$$2x + y = 2 \cdot 8 + 5 = 21$$
$$x = 8$$

legen, können wir für den Flächeninhalt $A_1 = 168$ berechnen.

Zerlegen wir ein Quadrat mit dem Flächeninhalt $21 \cdot 21 = 441$ derart, daß $x = 13$ und $y = 8$ ist, so erhalten wir ein Rechteck mit dem Flächeninhalt

$$A_1 = (2x + y)\,x = (2 \cdot 13 + 8) \cdot 13 = 442\,.$$

Für ein Quadrat mit dem Flächeninhalt $A = 34 \cdot 34 = 1156$ ergibt sich für $x = 21$ und $y = 13$ ein Rechteck mit dem Flächeninhalt

$$A_1 = (2x + y)\,x = (2 \cdot 21 + 13) \cdot 21 = 1155.$$

Wie wir sehen, erhalten wir einmal $A_1 - A = 1$ und ein andermal $A - A_1 = 1$. Man kann leicht zeigen, daß uns solche Überraschungen auch erwarten, wenn wir aus den Teilen des Quadrats ein Dreieck bilden. ■

27. Wieder ist $65 = 64$ (Bilder 32a und 32b).

▲ Wir zerschneiden das Viereck *ABCD* entlang der Linien so in fünf Teile, daß wir aus ihnen ein Rechteck mit den gleichen Abmessungen ($5 \cdot 13$ Einheiten) bilden können. Das schraffierte Quadrat ist verschwunden. Das bedeutet, daß $65 = 64$ ist. ■

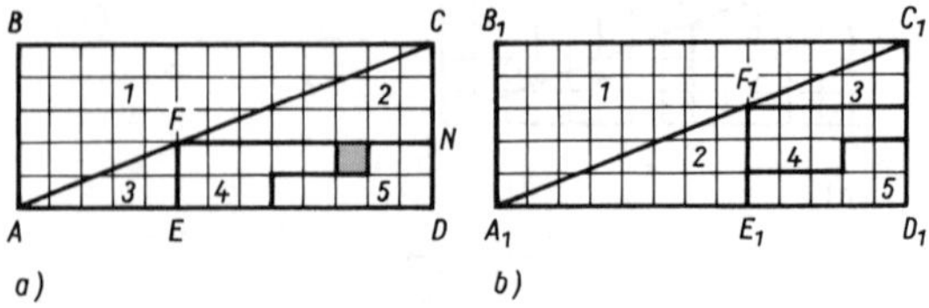

Bild 32

28. $141 = 145$ (Bilder 33a und 33b)

▲ Das Quadrat *ABCD* mit dem Flächeninhalt 145 zerlegen wir in 17 Teile (Bild 33a). Danach bilden wir durch Umlegen der Teile wieder ein Quadrat (Bild 33b) $A_1B_1C_1D_1$ mit der gleichen Seitenlänge. Eines der fünf kleinen Quadrate bleibt übrig. Wir haben also $145 = 141$ bewiesen. ■

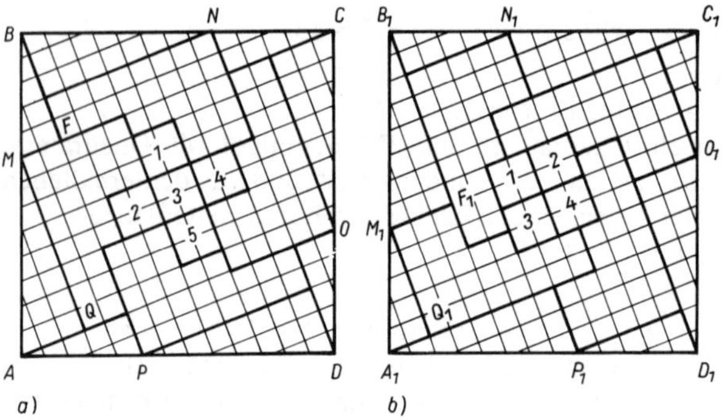

Bild 33

29. $104 = 105$, $168 = 170$, $1 = 2$ (Bilder 34a bis 36b)

▲ Wir zerlegen ein Rechteck mit einem Flächeninhalt $8 \cdot 13 = 104$ in vier Teile (Bild 34a) und bilden aus diesen ein Rechteck mit einem Flächeninhalt $5 \cdot 21 = 105$ (Bild 34b). ■

▲ Wir zerlegen ein Rechteck mit einem Flächeninhalt $8 \cdot 21 = 168$ in vier Teile (Bild 35) und bilden aus diesen ein Rechteck mit einem Flächeninhalt $5 \cdot 34 = 170$. ■

▲ Ein Rechteck ist in vier Teile zerlegt worden (Bild 36a). Wir vertauschen die Dreiecke *B* und *C* (Bild 36b) und berechnen den Flächeninhalt des neuen Rechtecks. Es besteht wie das ursprüngliche Rechteck aus den Dreiecken *A, B* und *C* und einem dunklen Teil.

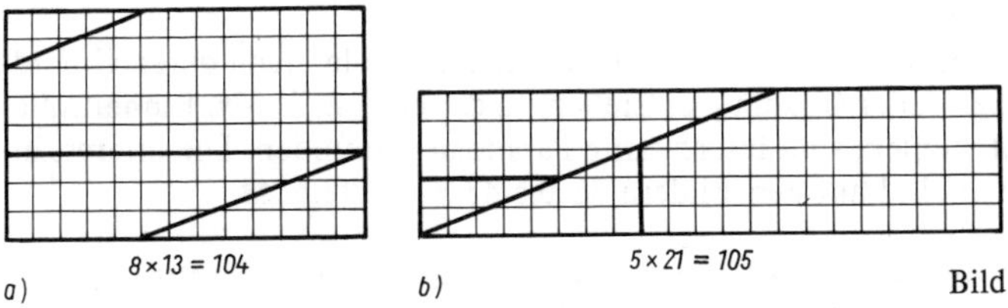

Bild 34

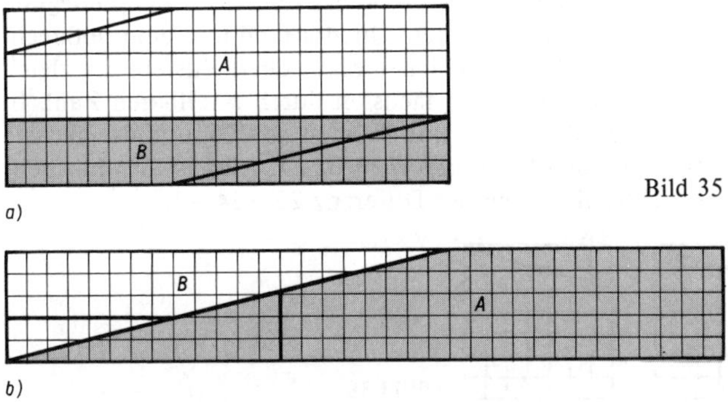

Bild 35

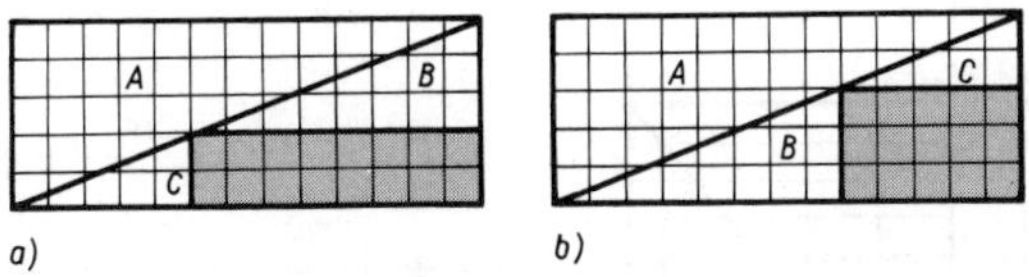

Bild 36

Aber jetzt beträgt sein Flächeninhalt 15 Einheiten im Gegensatz zu 16 Einheiten vorher. Also ist der Flächeninhalt um eine Einheit kleiner geworden. ■

30. 30 = 32 (Bilder 37a und 37b)

▲ Wir zerlegen das Rechteck *ABCD* mit einem Flächeninhalt von 30 (Bild 37a) in vier Teile und bilden aus diesen Teilen ein konkaves Sechseck, dessen Flächeninhalt gleich 32 ist (Bild 37b). ■

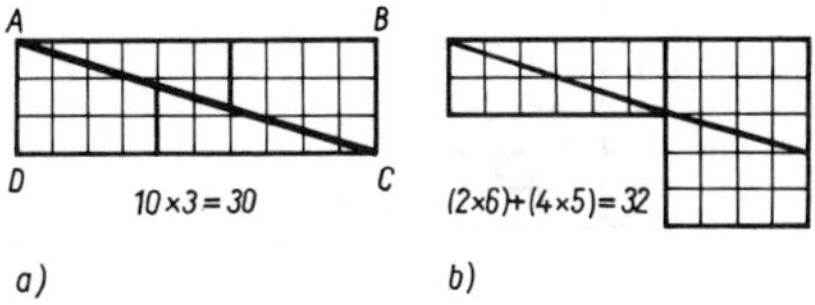

Bild 37

31. $1 = 2 = 3$

▲ Mit dem Zerlegen von Quadraten in Teile, nach deren Umordnung wieder Quadrate entstehen, in denen 1, 2, 3 usw. Einheitsquadrate fehlen, sind interessante Paradoxa verbunden. Die interessantesten sind auf den Bildern 38 bis 43 dargestellt. ■

Man kann eine Formel beweisen (Bilder 40a und 40b), die die Größe der Fehlstelle im Quadrat in Abhängigkeit von den Längen a und b der Katheten des größten Dreiecks in der Zerlegung und vom Abstand c zwischen dem Quadratrand und dem senkrechten Schnitt ausdrückt: Der Flächeninhalt der Fehlstelle ist gleich der Differenz aus ac und der nächsten durch b teilbaren Zahl. In unserem Beispiel (Bilder 40a und 40b) ist $ac = 25$, und die nächste durch b (also durch 12) teilbare Zahl ist 24. Also ist der Flächeninhalt der Fehlstelle gleich der Differenz $25 - 24 = 1$.

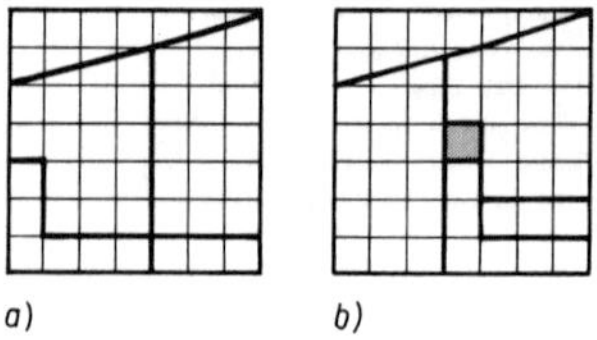

Bild 38

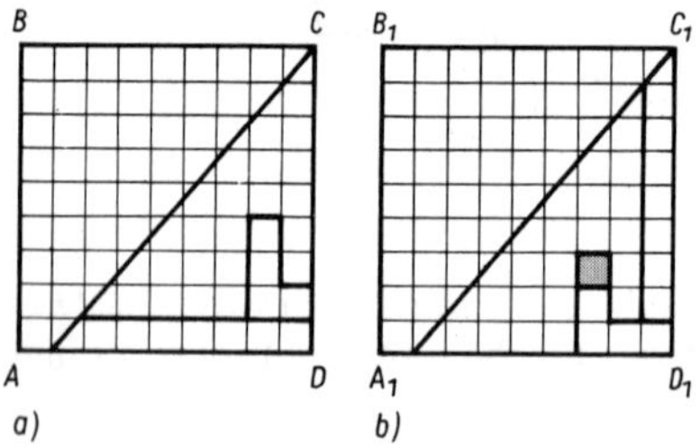

Bild 39

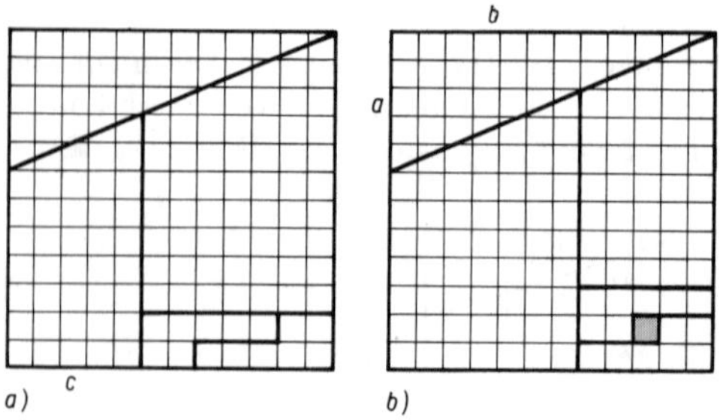

Bild 40

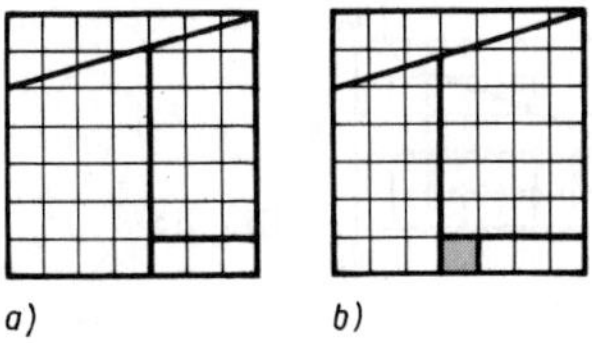

Bild 41

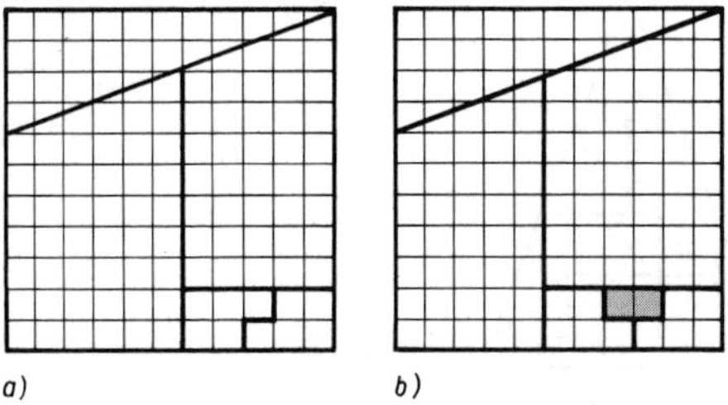

Bild 42

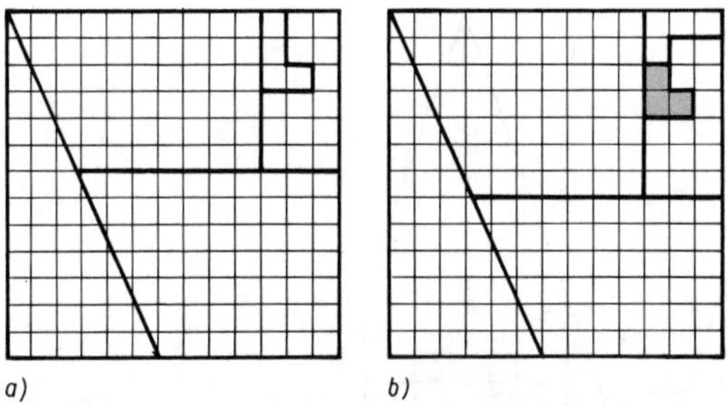

Bild 43

Obwohl der Bildungsmechanismus dieser Paradoxa den Lesern schon bekannt ist, ist die genaue Berechnung, also die Suche des verlorengegangenen Teils und der Fläche, die das scheinbare Verschwinden bedingte, jedesmal eine schöpferische und oft keine geringe Arbeit.

32. $0 = 2 = 4 = 6 = 8 = \ldots = 2n = \ldots$

▲ Bei einer Reihe Paradoxa dieser Art (zum Beispiel Bild 44a) spielt das große Dreieck $\triangle ABC$ überhaupt keine Rolle, man kann es weglassen und nur das in vier Teile zerlegte Dreieck $\triangle ACD$ betrachten. Nach der Umverteilung dieser Teile erhalten wir ein rechtwinkliges Dreieck $A_1C_1D_1$ mit einer Fehlstelle, welches auf den ersten Blick genauso groß ist (Bild 44b). Aus zwei solchen rechtwinkligen Dreiecken kann man verschiedene Zerlegungsvarianten gleichschenkliger Dreiecke konstruieren, bei denen meh-

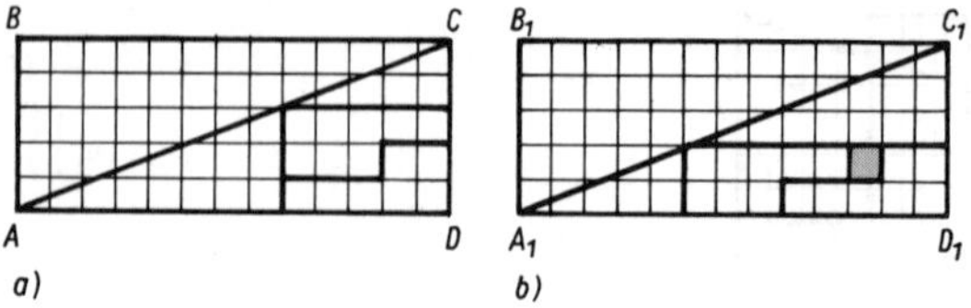

Bild 44

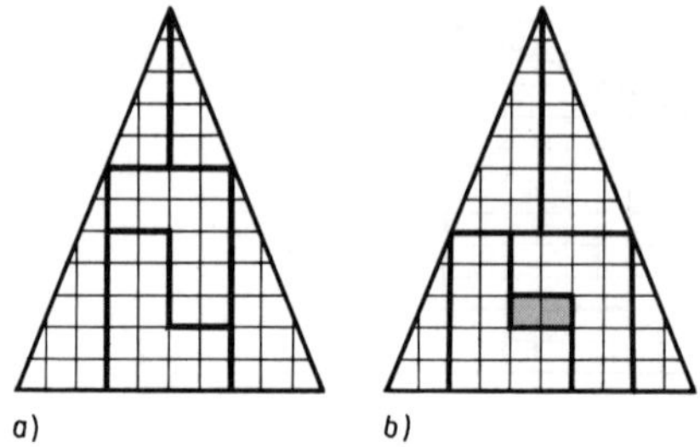

Bild 45

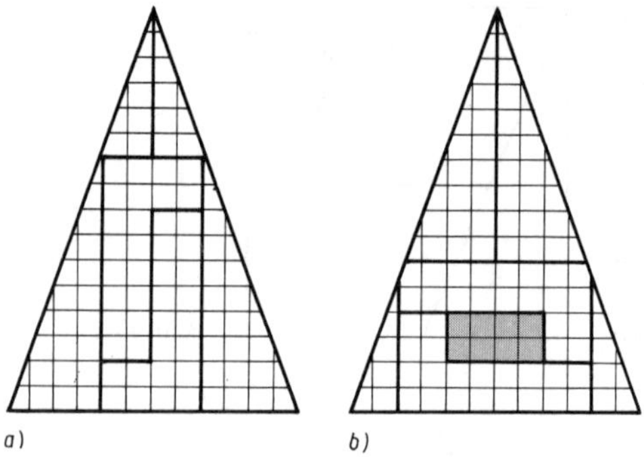

Bild 46

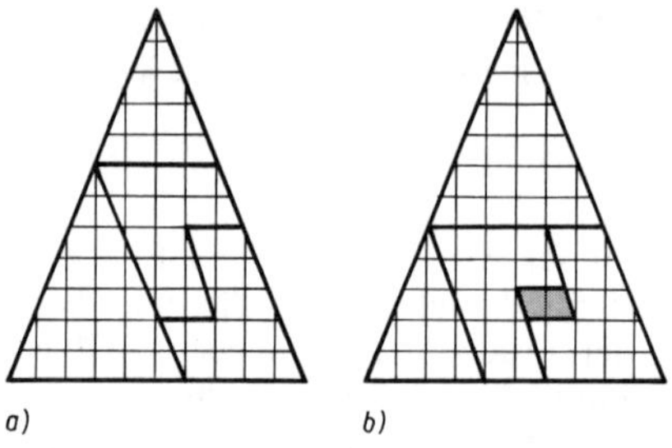

Bild 47

rere Einheitsquadrate verschwinden (Bilder 45a und 45b). In diesem Falle ist alles verständlich, aber im weiteren müssen die Gründe für das Verschwinden einer geraden Anzahl von Einheits-

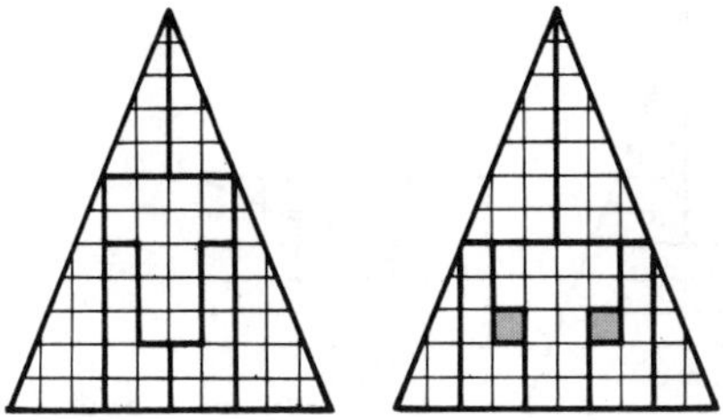

a) b)

Bild 48

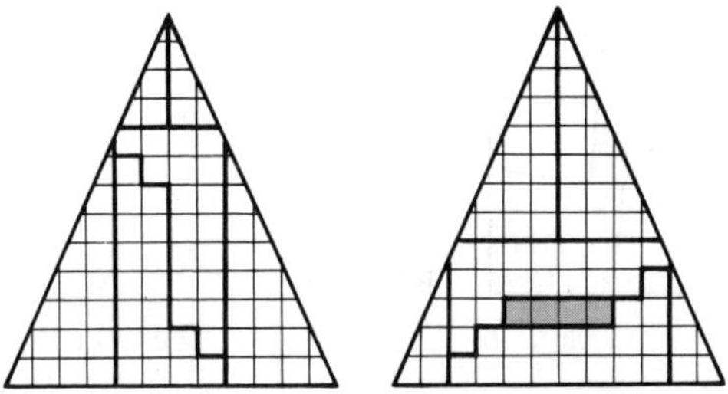

a) b)

Bild 49

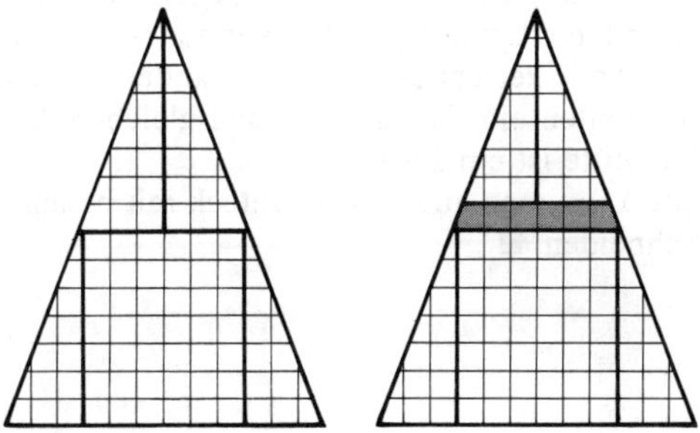

a) b)

Bild 50

quadraten gefunden werden (siehe Bild 46 (8 Einheitsquadrate), Bilder 47 und 48 (2), Bild 49 (4), Bild 50 (6)). ■

33. 0 = 1 = 2 (Bilder 51a bis 51c)

▲ Wir zerlegen ein Dreieck mit dem Flächeninhalt 60 in sechs Teile (Bild 51a). Wir legen die Teile um (Bild 51b) und erhalten wieder ein Dreieck, in dessen Mitte zwei Quadrate fehlen. Wir legen die Teile nochmals um (Bild 51c) und erhalten ein konkaves Sechseck mit dem Flächeninhalt 59. ■

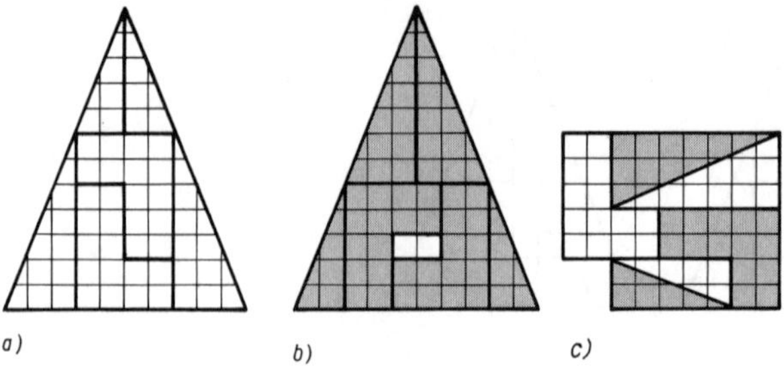

Bild 51

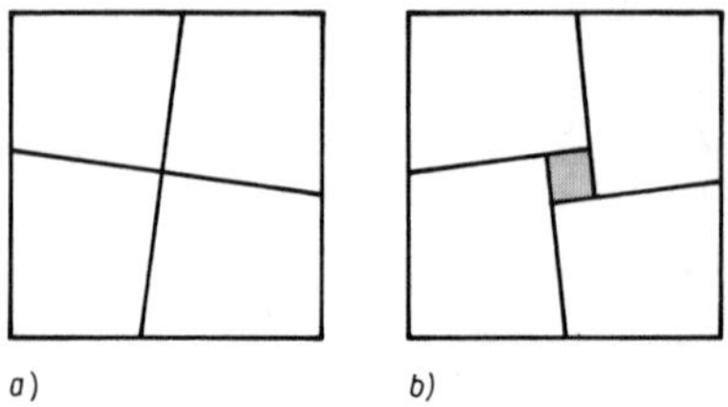

Bild 52

34. Der nicht erfaßbare Flächeninhalt (Bilder 52a und 52b)

▲ Wir betrachten noch einmal Quadrate. Dieses Mal zeigen sie Paradoxa auf prinzipiell anderer Grundlage. Wir können zum Beispiel ein Quadrat in vier Teile zerschneiden und sie anders wieder zusammensetzen. Wir erhalten ein Quadrat mit den gleichen Abmessungen, aber in der Mitte ist ein Loch.

Auf die gleiche Weise kann man auch ein Rechteck mit beliebigen Seitenlängen zerschneiden. ■

Überraschungen der Unendlichkeit

Das Unendliche hat wie keine andere Frage von jeher so tief das Gemüt des Menschen bewegt; das Unendliche hat wie kaum eine andere Idee auf den Verstand so anregend und fruchtbar gewirkt; das Unendliche ist aber auch wie kein anderer Begriff so der Aufklärung bedürftig.

D. HILBERT

Schon allein das Wort Unendlichkeit ergreift uns. Aber was für eine Realität bezeichnet es? Darüber wurden Hunderte von Büchern und Tausende von Artikeln geschrieben.

Der Weg zu den Geheimnissen der Unendlichkeit stellte sich als kompliziert heraus, und der Mathematik fiel dabei die führende Rolle zu. Das ist auch der Grund, warum man sie manchmal »Wissenschaft vom Unendlichen« nennt. Die Mathematik operiert in der Regel mit unendlichen Mengen, und gerade der Begriff der Wahrheit ist untrennbar mit der Abstraktion des Unendlichen verbunden. Die Unendlichkeit verlockte und erschreckte durch ihre Unermeßlichkeit. Die Angst vor ihr brachte den charakteristischen lateinischen Ausdruck horror infiniti (Angst vor dem Unendlichen) hervor.

Beim Entschlüsseln der Natur der Unendlichkeit stießen die Logiker und Mathematiker oft auf Hindernisse, Antinomien, Paradoxa und Widersprüche. Dabei führten diese, unter großen Anstrengungen überwundenen Paradoxa des Unendlichen unausbleiblich zu noch komplizierteren.

Im Hinblick auf die außerordentliche Rolle des Unendlichen in der Mathematik, unter anderem in der Theorie der Größenmessung, stellen wir einige Sophismen, in denen sein Wesen besonders zum Ausdruck kommt, in einer gesonderten Gruppe zusammen.

35. Alle Kreise haben den gleichen Umfang (Paradoxon des antiken griechischen Philosophen ARISTOTELES – »Das Rad des ARISTOTELES« (Bild 53)).

▲ Wir betrachten zwei verbundene konzentrische Kreise C und C_1 mit verschiedenen Radien. Das physikalische Modell dieser Figur können zwei Scheiben sein, die an einer horizontalen Achse untrennbar aneinander gekoppelt sind.

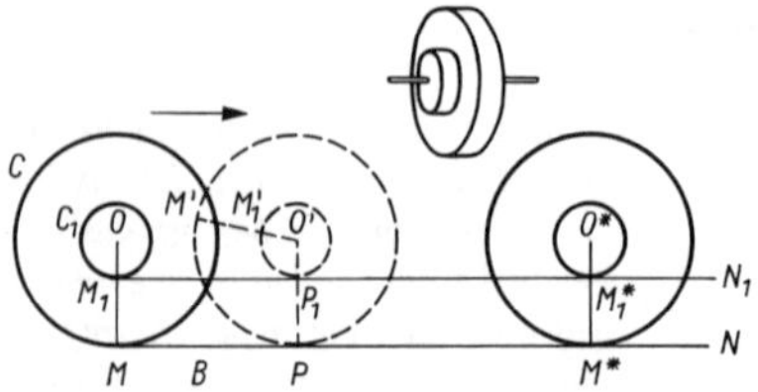

Bild 53

An die Kreise C und C_1 legen wir in den Punkten M und M_1, die sich auf dem Radius $\overline{OM}$ befinden, die Tangenten $\overline{MN}$ und $\overline{M_1N_1}$. Die Kreise sind fest verbunden und werden sich deshalb wie ein Ganzes bewegen (zum Beispiel in die Richtung, die mit einem Pfeil gekennzeichnet ist), der Kreis C auf der Geraden $\overline{MN}$, der Kreis C_1 auf der Geraden $\overline{M_1N_1}$. Gestrichelt ist eine Zwischenlage der Kreise dargestellt (die Punkte M' und M_1' sind die entsprechenden Lagen der Punkte M und M_1).

Das physikalische Modell eines solchen Prozesses kann die Bewegung des Rades eines Eisenbahnwagens sein, wenn unter dem Vorsprung des äußeren Randes des Rades eine Ebene parallel zu den Gleisen gelegt ist.

Nach einer ganzen Umdrehung des Kreises C nimmt der Punkt M die Lage M^* ein. Dabei vollführt der Kreis C_1 ebenfalls eine ganze Umdrehung, und der Punkt M_1 geht in den Punkt M_1^*, der auf dem zum Radius $\overline{OM}$ parallelen Radius $\overline{O^*M^*}$ liegt, über. Die Parallelität der beiden Radien ist dadurch gewährleistet, daß sie senkrecht auf der Geraden $\overline{MN}$ stehen. Hieraus folgt, daß $|MM^*| = |M_1M_1^*|$ ist, und das bedeutet, daß zwei beliebige Kreise nach einer Umdrehung die gleiche Strecke zurückgelegt haben. Also haben die beiden Kreise den gleichen Umfang. ■

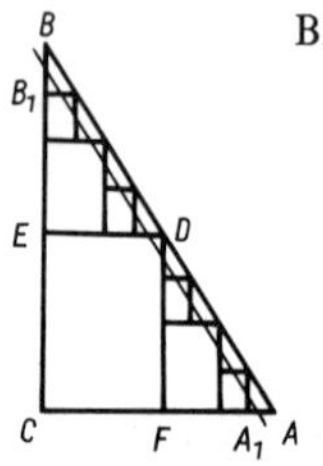

Bild 54

36. Die Länge der Hypotenuse ist gleich der Summe der Längen der Katheten (Bild 54).

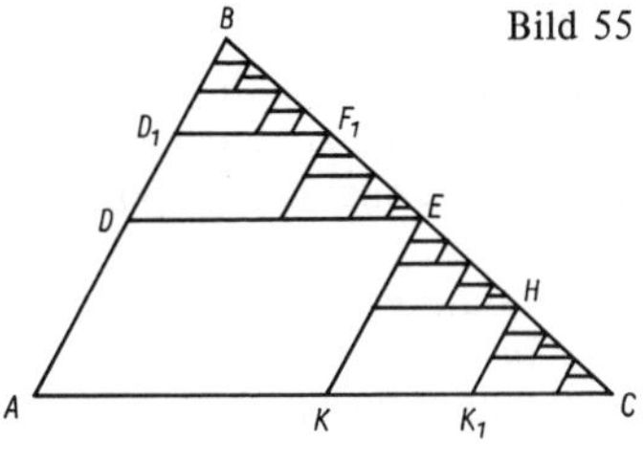

Bild 55

▲ Vom Halbierungspunkt D der Hypotenuse des rechtwinkligen Dreiecks $\triangle ABC$ fällen wir die Lote auf die Seiten $\overline{AC}$ und $\overline{BC}$. Wir erhalten den Polygonzug $BEDFA$, der aus vier Strecken besteht und dessen Gesamtlänge gleich der Summe der Längen der Katheten ist. Das gleiche wiederholen wir mit den Dreiecken $\triangle BDE$ und $\triangle AFD$, das heißt, wir fällen die Lote von den Halbierungspunkten der Hypotenusen $\overline{BD}$ und $\overline{DA}$ auf die Katheten $\overline{BE}$, $\overline{ED}$ und $\overline{DF}$, $\overline{FA}$. Wir erhalten einen Polygonzug, der aus acht Strecken besteht und die gleiche Gesamtlänge hat wie der Polygonzug $BEDFA$, also $|AC| + |BC|$. Den beschriebenen Prozeß kann man unendlich oft wiederholen. Im Resultat wird die Hypotenuse in 2, 4, 8, 16, ..., 2^n, ... gleiche Teile geteilt, und wir erhalten einen sägezahnartigen Polygonzug aus 2, 4, 8, 16, ..., 2^n, ... Strecken. Alle diese Polygonzüge besitzen dieselbe Länge, nämlich die Summe der Längen der Katheten des Dreiecks $\triangle ABC$. Mit der Erhöhung der Zahl der Strekken wird sich der Polygonzug immer mehr der Hypotenuse $\overline{AB}$ nähern. Wie nahe auch eine Gerade $\overline{A_1B_1}$ parallel zur Geraden $\overline{AB}$ gelegt wird, immer wird es in der Folge der Polygonzüge solch einen geben, der zusammen mit allen weiteren auf der ganzen Strecke von A bis B im Streifen zwischen den Geraden $\overline{AB}$ und $\overline{A_1B_1}$ liegt. Da der Grenzwert der Polygonzüge die Hypotenuse ist, so ist ihre Länge der Grenzwert der Folge der Längen der Polygonzüge, weil eine Folge nicht zwei verschiedene Grenzwerte haben kann. ■

Zu den angeführten Überlegungen fügen wir noch drei Bemerkungen hinzu:

1) Es ist unerheblich, welches Dreieck betrachtet wird, ein rechtwinkliges oder ein unregelmäßiges, das Resultat wird stets dasselbe sein (Bild 55). Damit gelangen wir zu dem allgemeineren Schluß: In jedem Dreieck ist die Länge einer Seite gleich der Summe der Längen der beiden anderen Seiten.

2) Es ist weiterhin unerheblich, daß wir die Seite in 2, 4, 8, 16, ... gleiche Teile geteilt haben. Man hätte sie auch in 2, 3, 4, 5, ... Teile teilen und sogar ungleiche Teilstücke zulassen können. Wichtig ist nur, daß die Länge des größten Teilstücks gegen Null geht.
3) Den Leser soll nicht beunruhigen, daß die Polygonzüge unserer Folge ein und dieselbe Länge hatten. In der Mathematik werden auch Folgen aus gleichen Gliedern betrachtet. Ihr Grenzwert ist gerade dieser gemeinsame Wert, was mit der Definition des Grenzwertes überhaupt nicht in Widerspruch gerät.

37. $\pi = 2$ (Bild 56)
▲ Über der Strecke $\overline{AB}$ konstruieren wir einen Halbkreis. Wir halbieren die Strecke $\overline{AB}$ und konstruieren über beiden Hälften je einen Halbkreis so, daß diese auf verschiedenen Seiten der Strecke $\overline{AB}$ liegen. Diese beiden Halbkreise bilden eine Wellenlinie, deren Länge mit dem Umfang des ursprünglichen Halbkreises übereinstimmt.

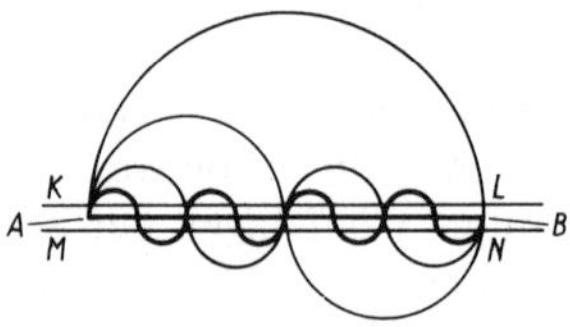

Bild 56

Jetzt teilen wir die Strecke $\overline{AB}$ in vier gleiche Teile und konstruieren eine Wellenlinie, die aus vier Halbkreisen besteht und deren Länge $\frac{1}{2}(\pi\,|AB|)$ ist. Diese Teilung führen wir unendlich oft durch, indem wir die Strecke $\overline{AB}$ in 8, 16, ... gleiche Teile teilen und über diesen Teilstrecken Halbkreise konstruieren (abwechselnd auf der einen und der anderen Seite der Strecke $\overline{AB}$). Wir erhalten eine Folge von Wellenlinien, die sich immer mehr der Strecke $\overline{AB}$ annähern und im Grenzfall deren Länge haben. In der Tat, wie klein auch der Streifen ist, der durch die beiden Geraden $\overline{KL}$ und $\overline{MN}$, die zur Geraden $\overline{AB}$ parallel sind, gebildet wird, in der Folge der Wellenlinien gibt es stets eine, die zusammen mit allen weiteren vollständig in diesem Streifen liegt. Die Längen aller Wellenlinien sind aber gleich (sie betragen $\frac{1}{2}(\pi\,|AB|)$) und müssen mit der Länge der Strecke $\overline{AB}$ übereinstimmen. Aus

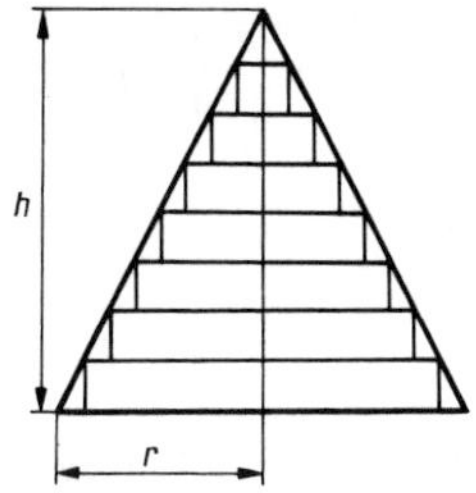

Bild 57

$\frac{\pi}{2} \cdot |AB| = |AB|$ erhalten wir $\pi = 2$. Damit ist bewiesen, daß π keine transzendente, sondern eine natürliche Zahl ist. ■

38. Die Mantelfläche A eines geraden Kreiskegels mit dem Radius r und der Höhe h läßt sich mit der Formel $A = \pi\, r(r + h)$ berechnen (Bild 57).

▲ Wir schneiden den Kegel mit Ebenen, die parallel zu seiner Grundfläche liegen und voneinander den Abstand $\frac{h}{n}$ haben (n sei eine natürliche Zahl). Jede dieser $n-1$ Schnittflächen sei die Deckfläche eines Zylinders mit der Höhe $\frac{h}{n}$. Wir erhalten $n-1$ übereinanderliegende Zylinder, die in den Kegel einbeschrieben sind und eine Stufenfigur bilden. (Im Bild 57 ist eine Seitenansicht dargestellt.) Die Mantelfläche dieser Stufenfigur ist gleich der Summe der Seitenflächen aller Zylinder und der Flächeninhalte der Kreisringe, die von den Deckflächen der Zylinder übrigbleiben. (Die Grundfläche des untersten Zylinders zählen wir nicht mit, aber die Deckfläche des obersten Zylinders vollständig.)

Aus der Ähnlichkeit der Dreiecke erhalten wir, daß der Radius des untersten Zylinders $r\left(1 - \frac{1}{n}\right)$, der Radius des zweiten von unten $r\left(1 - \frac{2}{n}\right)$, des dritten von unten $r\left(1 - \frac{3}{n}\right)$ usw., der des obersten Zylinders schließlich $r\left(1 - \frac{n-1}{n}\right)$ beträgt.

Die Summe der Seitenflächen aller Zylinder ist:

$$2\pi r\left(1 - \frac{1}{n}\right)\frac{h}{n} + 2\pi r\left(1 - \frac{2}{n}\right)\frac{h}{n} + 2\pi r\left(1 - \frac{3}{n}\right)\frac{h}{n} + \ldots$$
$$+ 2\pi r\left(1 - \frac{n-1}{n}\right)\frac{h}{n}$$

$$= 2\pi r \frac{h}{n}\left[\left(1-\frac{1}{n}\right)+\left(1-\frac{2}{n}\right)+\left(1-\frac{3}{n}\right)+\ldots+\left(1-\frac{n-1}{n}\right)\right]$$

$$= 2\pi r \frac{h}{n}\left[(n-1)-\frac{1}{n}\,\frac{n(n-1)}{2}\right]$$

$$= \pi r h\left(1-\frac{1}{n}\right).$$

Die Summe der Flächeninhalte aller Kreisringe ist dem Flächeninhalt der Grundfläche des untersten Zylinders gleich, d. h. $\pi\left[r\left(1-\frac{1}{n}\right)\right]^2$. Deshalb erhalten wir für die Seitenfläche A_n der Stufenfigur

$$A_n = \pi r h\left(1-\frac{1}{n}\right)+\pi\left[r\left(1-\frac{1}{n}\right)\right]^2$$

$$= \pi r\left[h\left(1-\frac{1}{n}\right)+r\left(1-\frac{1}{n}\right)^2\right].$$

Wenn die Zahl n über alle Grenzen wächst, wird die Stufenfigur im Grenzfall in den Kegel übergehen. Deshalb gilt für die Seitenfläche des Kegels

$$A = \lim_{n\to\infty} A_n = \lim_{n\to\infty} \pi r\left[h\left(1-\frac{1}{n}\right)+r\left(1-\frac{1}{n}\right)^2\right]$$

$$= \pi r(h+r). \blacksquare$$

39. Ein Zylinder hat keine Mantelfläche (Bilder 58 bis 60).

▲ Wir betrachten einen geraden Kreiszylinder mit dem Radius R und der Höhe H und suchen den Inhalt seiner Mantelfläche als Grenzwert der Inhalte der Mantelflächen von einbeschriebenen Polyedern mit immer kleiner werdenden Kanten. Dafür teilen wir die Höhe des Zylinders in n gleiche Teile und legen durch die erhaltenen Teilungspunkte Ebenen, die zur Grundfläche des Zylinders parallel sind. Die Schnitte dieser Ebenen mit dem Zylinder – $n-1$ Kreise – teilen den Zylinder in n gleiche Zylinderscheiben (Bild 58). In einen Kreis schreiben wir ein reguläres m-Eck ein und legen durch seine Eckpunkte Geraden senkrecht zur Grundfläche. Sie schneiden die anderen Kreisperipherien und bilden dort ebenfalls reguläre m-Ecke. Die Eckpunkte dieser m-Ecke betrachten wir als Eckpunkte eines in den Zylinder einbeschriebenen Polyeders. Die Abschnitte der Senkrechten und die Seiten der m-Ecke sind die Kanten des Polyeders und bilden mn gleiche Rechtecke, deren Eckpunkte auf der Zylindermantelfläche liegen. Wir teilen jedes Rechteck durch eine Diagonale in zwei Dreiecke und erhalten ein

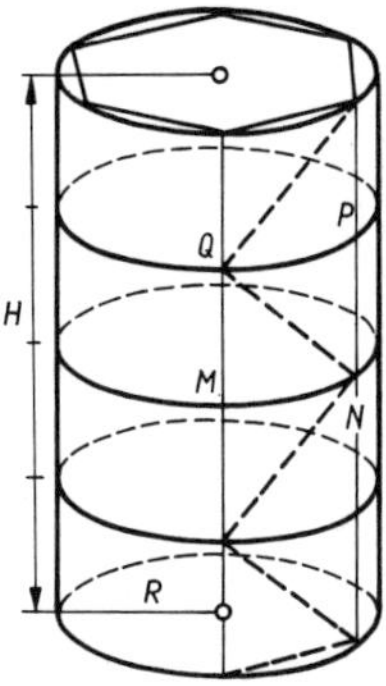

Bild 58

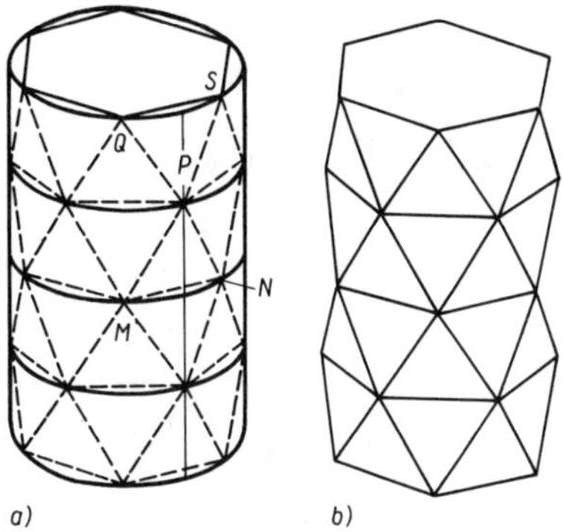

Bild 59

in den Zylinder einbeschriebenes Polyeder, dessen Mantelfläche von 2 nm gleichen Dreiecken gebildet wird. Wenn n und m über alle Grenzen wachsen, werden die Längen der Dreieckseiten und auch der Abstand jedes Punktes der Polyedermantelfläche zur Zylindermantelfläche gegen Null konvergieren. Die Form des Polyeders wird von den Größen n und m bestimmt. Durch unterschiedliche Wahl dieser Größen erhalten wir eine unendliche Vielfalt von Möglichkeiten, eine Folge von Polyedern zu bilden. (Einen der Werte m und n wollen wir als Funktion des anderen betrachten, zum Beispiel $m = n$, $m = 3n$, $m = n^2$ usw.)

Jetzt ändern wir die Art, wie das Polyeder einbeschrieben wurde. Wir schreiben in jeden Kreis ein reguläres m-Eck so ein, daß zwei benachbarte m-Ecke gerade um die Hälfte einer Seitenlänge versetzt sind (Bild 59). Auf diese Weise erhalten wir ein konkaves Polyeder, dessen Mantelfläche aus 2 nm gleichen gleichschenkligen Dreiecken besteht (2 m in jeder der n Schichten). Dieses Polyeder ist in den Zylinder einbeschrieben und ähnelt einem Lampion. Da die Mantelfläche des Polyeders aus kongruenten Dreiecken besteht, untersuchen wir eines der Dreiecke, z. B. $\triangle MNP$ (Bild 60), detaillierter. $\overline{MN}$ ist die Seite des regulären m-Ecks, das dem Kreis mit dem Mittelpunkt O einbeschrieben wurde. Die Punkte K und L sind die Mittelpunkte des Kreisbogens $\widehat{MN}$ bzw. der Sehne $\overline{MN}$. Der Punkt P ist ein Eckpunkt des benachbarten m-Ecks. Nach Voraussetzung liegt P über K, deshalb gilt $|MP| = |PN|$, und $\triangle MNP$ ist damit gleichschenklig. Im Dreieck $\triangle PKL$ gilt

$$\sphericalangle PKL = 90°$$

$$|PK| = H : n$$

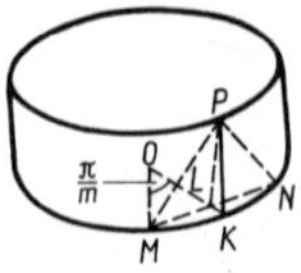

Bild 60

$$|KL| = R - |OL| = R - R\cos\frac{\pi}{m} = 2R\sin^2\frac{\pi}{2m}$$

und daher

$$|PL| = \sqrt{\left(\frac{H}{n}\right)^2 + 4R^2\sin^4\frac{\pi}{2m}}\,.$$

Wegen $\frac{1}{2}|MN| = R\sin\frac{\pi}{m}$ folgt für den Flächeninhalt des Dreiecks $\triangle MNP$:

$$A_{\triangle MNP} = R\sin\frac{\pi}{m}\sqrt{\frac{H^2}{n^2} + 4R^2\sin^4\frac{\pi}{2m}}\,.$$

A_{mn} sei der Inhalt der gesuchten Mantelfläche des Polyeders für den Fall, daß die Kreise in m und die Höhe in n gleiche Teile geteilt wurden:

$$\begin{aligned} A_{mn} &= 2mnA_{\triangle MNP} \\ &= 2mnR\sin\frac{\pi}{m}\sqrt{\frac{H^2}{n^2} + 4R^2\sin^4\frac{\pi}{2m}} \\ &= 2mR\sin\frac{\pi}{m}\sqrt{H^2 + 4n^2R^2\sin^4\frac{\pi}{2m}}\,. \end{aligned}$$

Wie schon erwähnt wurde, kann man aus der Zahlenmenge A_{mn} (Der Inhalt einer Fläche ist eine Zahl!) auf vielfältige Weise in Abhängigkeit vom Verhältnis der Zahlen m und n Folgen auswählen. Wir wollen jetzt zwei dieser Varianten betrachten.

1) $n = m^2$, das heißt, wenn wir die Kreise der Reihe nach in 3, 4, 5, ... Teile teilen, so werden wir die Höhe in 9, 16, 25, ... Teile teilen. In diesem Fall hängt der Inhalt der Mantelfläche des Polyeders nur noch von m ab, und wir werden ihn deshalb mit A_m bezeichnen. Unter Berücksichtigung von $n = m^2$ erhalten wir:

$$A_m = 2mR\sin\frac{\pi}{m}\sqrt{H^2 + 4m^4R^2\sin^4\frac{\pi}{2m}}\,.$$

Die Mantelfläche des Zylinders ist der Grenzwert der Folge der Mantelflächen der Polyeder, das heißt: $A_{\text{Zyl.}} = \lim\limits_{m\to\infty} A_m$.

Wir berechnen diesen Grenzwert:

$$\lim_{m\to\infty} A_m = \lim_{m\to\infty} 2mR \sin\frac{\pi}{m}\sqrt{H^2 + 4m^4R^2\sin^4\frac{\pi}{2m}}$$

$$= \lim_{m\to\infty} 2\pi R\,\frac{\sin\frac{\pi}{m}}{\frac{\pi}{m}}\sqrt{H^2 + \frac{1}{4}\pi^4R^2\left(\frac{\sin\frac{\pi}{2m}}{\frac{\pi}{2m}}\right)^4}$$

$$= 2\pi R\sqrt{H^2 + \frac{1}{4}\pi^4R^2}\,.$$

Der berechnete Grenzwert (die Mantelfläche des Zylinders) ist größer als der allgemein bekannte Wert $2\pi RH$ für diese Fläche. Ärgerlich ist auch, daß wir für den Grenzwert $\lim\limits_{m,n\to\infty} A_{mn}$ verschiedene Werte (darunter auch beliebig große) in Abhängigkeit vom Verhältnis der Zahlen n und m erhalten. Wenn wir zum Beispiel $n = km^2$ (k sei eine natürliche Zahl) wählen, so erhalten wir:

$$\lim_{m\to\infty} A_m = 2\pi R\sqrt{H^2 + \frac{k^2}{4}\pi^4R^2}$$

2) Es sei $n = m^3$, das heißt, die Anzahl der Teile, in die wir die Höhe geteilt haben, wird im Vergleich zur vorherigen Variante noch schneller wachsen. Wir erhalten:

$$A_m = 2\pi R\sqrt{H^2 + \frac{1}{4}m^2\pi^4R^2} \to \infty \quad \text{für } m \to \infty\,.$$

Es stellt sich heraus, daß es die Möglichkeit gibt, in Zylinder Polyeder so einzubeschreiben, daß die Folge der Inhalte ihrer Mantelflächen gegen beliebige Werte konvergiert – unter anderem auch unbegrenzt wachsen kann, also überhaupt keinen Grenzwert besitzt. Hier drängt sich eine Analogie zum Ausdruck $\frac{0}{0}$ auf, dem in der Mathematik gerade deshalb kein Sinn zugewiesen wird, weil er beliebige Werte annehmen kann. Deshalb müssen wir auch den Begriff des Inhaltes der Mantelfläche eines Zylinders verwerfen und zum einzig richtigen Schluß in dieser Situation kommen: Die Mantelfläche eines Zylinders hat keinen Inhalt. ■

40. Die Oberfläche einer Kugel mit dem Radius R ist π^2R^2 (Bild 61).

▲ Wir teilen die Peripherie des Grundkreises einer Halbkugel in eine große Zahl n gleicher Kreisbögen. Wir verbinden diese Tei-

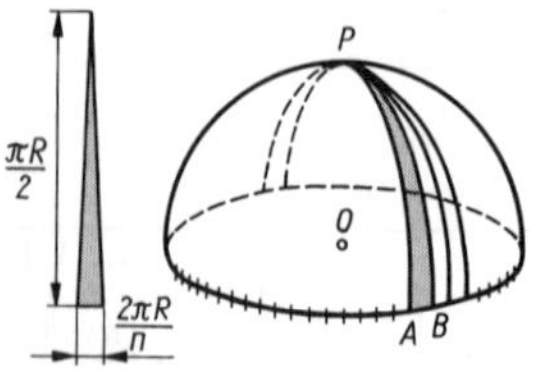

Bild 61

lungspunkte durch Großkreise mit dem Punkt P (dem Pol der Halbkugel). Damit haben wir die Oberfläche der Halbkugel in n schmale sphärische Dreiecke zerlegt. Jedes dieser Dreiecke ist von zwei Bögen der Länge des vierten Teiles eines Großkreises und einem Bogen der Länge des n-ten Teils eines Großkreises begrenzt. Diese Dreiecke sind alle untereinander kongruent. Jetzt lassen wir n über alle Grenzen wachsen, dann werden alle sphärischen Dreiecke (wie zum Beispiel $\triangle APB$) beliebig schmal, und jedes dieser Dreiecke läßt sich unter Beibehaltung seiner Abmessungen auf der Ebene abrollen. Im Ergebnis erhalten wir gleichschenklige Dreiecke mit der Grundseite der Länge $\frac{2\pi R}{n}$ (der n-te Teil eines Großkreises) und der Höhe der Länge $\frac{\pi R}{2}$ (der vierte Teil eines Großkreisumfanges). Der Flächeninhalt eines solchen Dreiecks beträgt

$$\frac{1}{2}\,\frac{2\pi R}{n}\,\frac{\pi R}{2} = \frac{1}{2n}\,\pi^2 R^2.$$

Der Flächeninhalt aller n Dreiecke, also der Halbkugel, beträgt damit $\frac{1}{2}\pi^2 R^2$. Damit ist bewiesen, daß die Oberfläche der Kugel $\pi^2 R^2$ beträgt. ■

Im Banne des Parallelenaxioms

Allen ist bekannt, daß die Theorie der Parallelen bis jetzt unvollendet war. Vergebliche Bemühungen in den zweitausend Jahren seit der Zeit des Euklid brachten mich dazu, Verdacht zu schöpfen, daß in den Begriffen nicht die Wahrheit steckt, die man beweisen wollte ...
N. I. LOBATSCHEWSKI

Mitreißende, lehrhafte und dramatische Seiten der Geschichte der Mathematik sind mit den Versuchen der Gelehrten verschiedener Epochen und Völker verbunden, das Parallelenaxiom zu beweisen. Diese Suche nach der schier unauffindbaren Wahrheit begann im 4. Jh. v. u. Z. und endete erst im 19. Jh. Am Anfang und am Ende standen zwei geniale Gelehrte, der antike Grieche EUKLID und der Russe N. I. LOBATSCHEWSKI. Das Werk des ersten stellte die Aufgabe, das des zweiten löste sie.

EUKLID führte in den berühmten »Elementen« nach den Definitionen der grundlegenden geometrischen Begriffe, die im ersten Buch von Anfang an benutzt werden, fünf Postulate und vier Axiome an. (Es gibt Textvarianten der »Elemente«, die elf Axiome oder fünf Postulate und sieben Axiome enthalten.) Die Wahrheit dieser Aussagen nahm EUKLID ohne Beweis an; auf ihnen aufbauend bewies er alle weiteren Aussagen, insgesamt 464 Sätze. Man nimmt an, daß die Postulate spezifisch geometrische Eigenschaften von Figuren formulieren, die Axiome dagegen gemeinsame Eigenschaften von geometrischen Figuren und solchen Zahlen, die als Werte geometrischer Größen auftreten. Mit der Zeit gelangten die Gelehrten zu der falschen Meinung, daß bis auf das fünfte Postulat, das heute Parallelenaxiom genannt wird, die Postulate und Axiome von EUKLID als offensichtliche Wahrheit keine Beweise erfordern. EUKLID formulierte das Parallelenaxiom so: »Wenn eine gerade Linie beim Schnitt mit zwei geraden Linien bewirkt, daß die innen auf derselben Seite entstehenden Winkel zusammen kleiner als zwei rechte sind, dann treffen sich die zwei geraden Linien bei Verlängerung ins Unendliche auf der Seite, auf der die Winkel liegen, die zusammen kleiner als zwei rechte sind.«

Die Formulierung des Parallelenaxioms ist bedeutend schwieriger als die der anderen Axiome und Postulate, außerdem wird in ihm eine intuitiv nicht offensichtliche Wahrheit behauptet. Fast alle Mathematiker waren sicher, daß das Parallelenaxiom ein Satz ist, den EUKLID einfach nicht beweisen konnte. Deshalb war es notwendig, diesen Makel der »Elemente« zu beseitigen, den Fleck von dem bedeutenden Denkmal des mathematischen Geistes wegzuwischen. So begann vielleicht bereits zu Lebzeiten EUKLIDS der heroische Sturm auf das Rätsel der Parallelen. Mehr als 22 Jahrhunderte lang hielt das Parallelenaxiom die Gedanken und den Willen genialer Gelehrter und tausender namenloser Ruhmsucher gefangen. Auf diesem Weg gab es alles: Vorfreude eines schnellen Sieges, Verzweiflung und Entmutigung der Niederlage. Davon zeugt der von uns bereits zitierte Brief des ungarischen Mathematikers FARKAS BÓLYAI an seinen Sohn JÁNOS, der sich für die Theorie der Parallelen zu interessieren begann. Und als NIKOLAI I. LOBATSCHEWSKI und JÁNOS BOLYAI tatsächlich einen Sieg errangen, wurde er nicht als solcher erkannt. Sie bewiesen, daß EUKLID auch beim Parallelenaxiom geniale Weitsicht besaß. Das Parallelenaxiom hängt logisch nicht von den anderen Axiomen und Postulaten ab und kann deshalb nicht auf ihrer Grundlage bewiesen werden. Dieses nicht offensichtliche Axiom muß man also ohne Beweis voraussetzen; und die, die glaubten, das Parallelenaxiom bewiesen zu haben, begingen logische Fehler. Das waren vor allem Zirkelschlüsse im Beweis, die sich so äußerten, daß während des Beweises Aussagen benutzt wurden, die dem Parallelenaxiom äquivalent sind. (Es ist klar, wenn irgendwo versteckt oder offen eine Behauptung benutzt wird, die zu A äquivalent ist, so kann man daraus unter strenger Einhaltung aller logischen Gesetze A herleiten, weil stets $A \rightarrow A$ gilt.) Solche Untersuchungen der Mathematiker waren für die Mathematik trotzdem nützlich, da dabei Ausagen gewonnen wurden, die dem Parallelenaxiom äquivalent sind. Unter ihnen waren folgende wichtige Äquivalente:

> Die Summe der Innenwinkel im Dreieck beträgt 180°.
> In allen Dreiecken ist die Summe der Innenwinkel ein und dieselbe.
> Durch einen Punkt innerhalb eines Winkels, der kleiner als ein gestreckter ist, kann man stets eine Gerade ziehen, die beide Schenkel des Winkels schneidet.
> Zu jedem Dreieck gibt es ähnliche Dreiecke beliebiger Größe.
> Die Seitenlänge eines in einen Kreis einbeschriebenen regulären Sechsecks ist gleich der Länge des Radius dieses Kreises.

Die Summe der Quadrate der Kathetenlängen ist gleich dem Quadrat der Hypotenusenlänge (Satz des PYTHAGORAS).

Es ist verständlich, daß verschiedenartige logische Fehler begangen wurden. Deshalb füllen nicht wenige von ihnen Sammlungen von Sophismen und Paradoxa. Sie nehmen auch in unserem Buch einen gebührenden Platz ein.

Es kam vor, daß die Gelehrten versuchten, das Parallelenaxiom indirekt zu beweisen, d. h., sie nahmen an, daß sich durch einen Punkt C, der nicht auf der Geraden $\overline{AB}$ liegt, mehr als eine Gerade ziehen läßt, die die Gerade $\overline{AB}$ nicht schneidet, oder daß die Innenwinkelsumme im Dreieck kleiner als 180° ist. Im Beweisprozeß entdeckten sie erste Sätze der nichteuklidischen Geometrie und nahmen fälschlicherweise an, daß diese den gemachten Voraussetzungen widersprechen, daß heißt, sie hielten das Parallelenaxiom für bewiesen. (Ausführlicher siehe die Bücher KRBEK (1952), REICHARDT (1976), SMOGORSCHEWSKI (1978) und MESCHKOWSKI (1985).)

41. Ein Beweis des Parallelenaxioms (Bild 62)

▲ Gegeben seien eine Gerade $\overline{AB}$ und ein Punkt C außerhalb von ihr. Es ist zu zeigen, daß man durch diesen Punkt genau eine Gerade ziehen kann, die parallel zu $\overline{AB}$ ist. Diese Behauptung ist dem Parallelenaxiom äquivalent. Wir beweisen das Parallelenaxiom, indem wir diese einzige Gerade, die durch den Punkt C geht und parallel zu $\overline{AB}$ liegt, konstruieren.

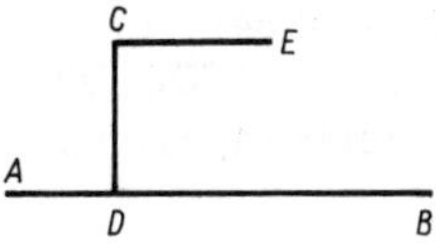

Bild 62

Wir konstruieren $\overline{CD} \perp \overline{AB}$. Diese Senkrechte zu $\overline{AB}$ ist eindeutig bestimmt. Jetzt konstruieren wir im Punkt C: $\overline{CE} \perp \overline{CD}$. Auch diese Senkrechte ist eindeutig bestimmt. Das ist die Gerade, die durch C geht und parallel zu $\overline{AB}$ liegt (nach dem Satz über die Eindeutigkeit der Senkrechten zu einer Geraden). Die Benutzung dieses Satzes ist erlaubt, weil er ohne das Parallelenaxiom bewiesen wird. ■

42. Wenn zwei parallele Geraden von einer dritten Geraden geschnitten werden, so ist die Summe der innen auf derselben Seite entstehenden Winkel gleich 180°. (Ein Beweis ohne die Benutzung des Parallelenaxioms; Bild 63)

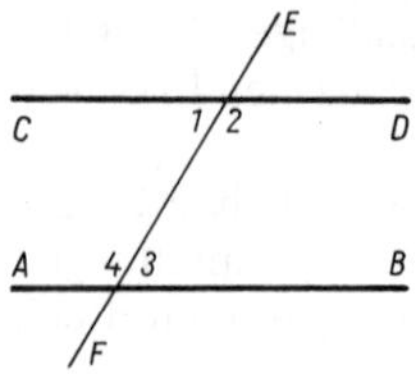

Bild 63

▲ Es sei $\overline{AB} \,||\, \overline{CD}$ und $\overline{EF}$ die dritte schneidende Gerade. Über die Summe der inneren einseitigen Winkel lassen sich nur folgende Aussagen treffen: 1) Die Summe ist größer als 180°. 2) Die Summe ist kleiner als 180°. 3) Die Summe ist gleich 180°. Im ersten Fall gilt:

$$\sphericalangle 1 + \sphericalangle 4 > 180°$$

$$\sphericalangle 2 + \sphericalangle 3 > 180°$$

und daher

$$\sphericalangle 1 + \sphericalangle 2 + \sphericalangle 3 + \sphericalangle 4 > 360°.$$

Andererseits ist bekannt, daß diese Summe zweier Paare von Wechselwinkeln gleich 360° ist. Deshalb muß man die erste Annahme als solche, die zu einem Widerspruch führt, fallen lassen. Analog läßt sich zeigen, daß auch der zweite Fall entfällt (denn dann ist die Summe von vier Innenwinkeln kleiner als 360°). Der einzige richtige Fall ist der dritte (aus ihm folgt kein Widerspruch). ■

43. Die Innenwinkelsumme eines Dreiecks beträgt 180°. (Ein Beweis ohne die Benutzung des Parallelenaxioms; Bild 64)

▲ Ein beliebiges Dreieck zerlegen wir mit der Strecke $\overline{CD}$ in zwei Dreiecke. x sei die im Augenblick noch unbekannte Innenwinkelsumme des Dreiecks $\triangle ABC$. Dann gilt:

$$\sphericalangle 1 + \sphericalangle 2 + \sphericalangle 6 = x,$$

$$\sphericalangle 3 + \sphericalangle 4 + \sphericalangle 5 = x,$$

$$\sphericalangle 1 + \sphericalangle 2 + \sphericalangle 3 + \sphericalangle 4 + \sphericalangle 5 + \sphericalangle 6 = 2x.$$

Weiter gilt aber

$$\sphericalangle 1 + \sphericalangle 2 + \sphericalangle 3 + \sphericalangle 4 = x,$$

$$\sphericalangle 5 + \sphericalangle 6 = 180°.$$

Daraus folgt $x + 180° = 2x$, also $x = 180°$. ■

44. Es existiert ein Dreieck, dessen Innenwinkelsumme 180° beträgt (Bild 64).

▲ Wird etwa jemand an diesem Fakt zweifeln wollen? Trotzdem wollen wir ihn streng mathematisch beweisen.

Wir beweisen ihn ohne Benutzung des Parallelenaxioms. Wir nehmen an, daß die Innenwinkelsumme eines Dreiecks nicht größer als 180° ist. $\triangle ABC$ sei das Dreieck mit der größten Innenwinkelsumme. (Wenn es mehrere oder gar unendlich viele solche Dreiecke gibt, dann nehmen wir irgendeines aus dieser Menge.) Wir bezeichnen die maximal mögliche Innenwinkelsumme mit α. Dann gilt:

$$\sphericalangle 1 + \sphericalangle 2 + \sphericalangle 6 \leqq \alpha,$$

$$\sphericalangle 3 + \sphericalangle 4 + \sphericalangle 5 \leqq \alpha,$$

$$\sphericalangle 1 + \sphericalangle 2 + \sphericalangle 3 + \sphericalangle 4 + \sphericalangle 5 + \sphericalangle 6 \leqq 2\alpha.$$

Nach Voraussetzung gilt aber

$$\sphericalangle 1 + \sphericalangle 2 + \sphericalangle 3 + \sphericalangle 4 = \alpha$$

und außerdem:

$$\sphericalangle 5 + \sphericalangle 6 = 180°.$$

Daraus folgt $\alpha + 180° \leqq 2\alpha$, also $\alpha \geqq 180°$. α kann aber nicht größer als 180° sein, deshalb ist $\alpha = 180°$. ■

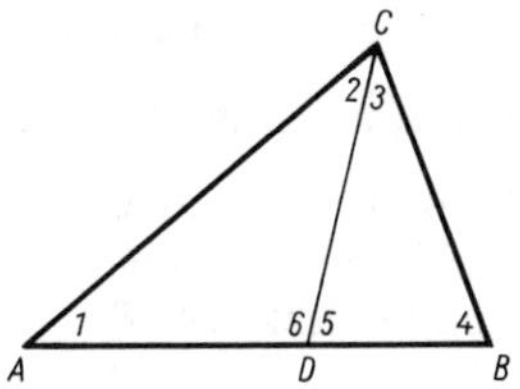

Bild 64

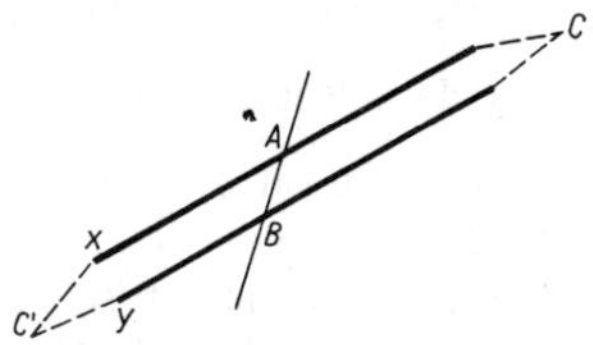

Bild 65

45. Wenn zwei Geraden von einer dritten geschnitten werden und die entstehenden inneren Wechselwinkel gleich groß sind, so sind die beiden Geraden parallel (Bild 65).

▲ Auf den beiden Geraden sollen die Punkte X bzw. Y liegen; A bzw. B seien die Schnittpunkte mit der dritten Geraden. Wir nehmen für einen indirekten Beweis an, daß sich die beiden Geraden in einem Punkt C schneiden. Wir drehen das Dreieck $\triangle ABC$ um den Mittelpunkt der Strecke $\overline{AB}$ so, daß der Punkt A in den Punkt B und der Punkt B in den Punkt A übergeht. Dabei geht der Punkt C in den Punkt C' über. Da die beiden inneren Wechselwinkel gleich groß sein sollen ($\sphericalangle ABC = \sphericalangle XAB$, $\sphericalangle BAC = \sphericalangle ABY$), fallen die gedrehte Halbgerade $\overline{BC}$ mit der Halbgeraden $\overline{AX}$ und die gedrehte Halbgerade $\overline{AC}$ mit der Halbgeraden $\overline{BY}$ zusammen. Das bedeutet, daß der Punkt C' auch ein Schnittpunkt der beiden Geraden ist. Das ist aber nicht möglich, also gilt $\overline{AX} \parallel \overline{BY}$. ■

46. *Das Paradoxon des Proklos*

Zwei Geraden, von denen eine zu einer dritten Geraden senkrecht und die andere schief steht, schneiden sich nicht (Bild 66).

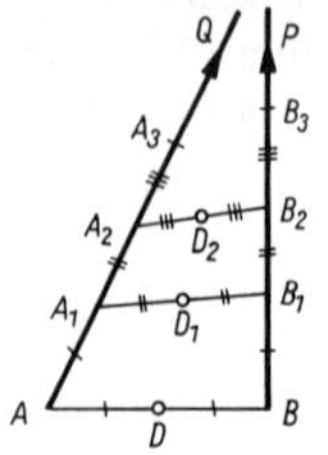

Bild 66

▲ Wir konstruieren zu einer Geraden $\overline{AB}$ im Punkt A eine Schiefe $\overline{AQ}$ und im Punkt B eine Senkrechte $\overline{BP}$. Der Punkt D sei der Halbierungspunkt der Strecke $\overline{AB}$. Wir schlagen um B einen Kreisbogen mit dem Radius $|BD| = \frac{|AB|}{2}$ und erhalten als Schnittpunkt mit dem Strahl $\overline{BP}$ den Punkt B_1. Wir schlagen um A einen Kreisbogen mit dem Radius $|AD| = \frac{|AB|}{2}$ und erhalten als Schnittpunkt mit dem Strahl $\overline{AQ}$ den Punkt A_1. Offensichtlich können sich die Strecken $\overline{AA_1}$ und $\overline{BB_1}$ nicht schneiden. In der Tat, wenn sie sich im Punkt K schneiden sollten, so gilt im Dreieck $\triangle AKB$:

$$|AK| + |KB| < |AB|.$$

Das ist nach der Dreiecksungleichung aber nicht möglich. Wir ziehen die Strecke $\overline{A_1B_1}$ und bezeichnen ihren Halbierungspunkt mit D_1. Wir schlagen Kreisbögen mit dem Radius $\frac{|A_1B_1|}{2}$ um A_1 und B_1 und erhalten die Schnittpunkte A_2 und B_2 auf den Strahlen $\overline{A_1Q}$ bzw. $\overline{B_1P}$. Aus dem gleichen Grund wie oben schneiden sich die Strecken $\overline{A_1A_2}$ und $\overline{B_1B_2}$ nicht. Diese Prozedur führen wir unendlich oft durch. Stets werden gleich lange Strecken

$$|A_nA_{n+1}| = |B_nB_{n+1}| = \frac{1}{2}|A_nB_n|$$

abgetragen, was immer möglich sein wird. Dieser Prozeß könnte nämlich nur in dem Falle abbrechen, wenn die Strecke $\overline{A_nB_n}$ verschwindet. Das ist aber aus dem schon erwähnten Grunde nicht möglich. Und noch einen Grund gibt es, daß nie $A_n = B_n$ gelten kann: In diesem Falle hätten wir ein rechtwinkliges Dreieck $\triangle ABA_n$ konstruiert, in dem die Hypotenuse $\overline{AA_n}$ die gleiche Länge wie die Kathete $\overline{BA_n}$ hat. ■

47. Zwei beliebige Geraden, die in einer Ebene liegen, sind parallel (Bild 67).

▲ Es seien zwei Geraden l_1 und l_2 gegeben. Wir konstruieren zwei Geraden $\overline{AD}$ und $\overline{BC}$ so, daß sie l_1 und l_2 schneiden und $\overline{AD} \parallel \overline{BC}$ gilt. Wir konstruieren $\overline{EM} \parallel \overline{AD}$ und ziehen die Strecken $\overline{BD}$ und $\overline{AC}$. Aus der Ähnlichkeit der Dreiecke $\triangle AEK$ und $\triangle ABC$ folgt, daß

$$|EK| : |BC| = |AK| : |AC|,$$

und aus der Ähnlichkeit der Dreiecke $\triangle KCM$ und $\triangle ACD$ folgt, daß

$$|KM| : |AD| = |KC| : |AC|.$$

Wir addieren beide Gleichungen und erhalten

$$|EK| : |BD| + |KM| : |AD| = 1.$$

Analog erhalten wir aus der Ähnlichkeit der Dreiecke $\triangle BHE$ und $\triangle BDA$ bzw. $\triangle BDC$ und $\triangle HDM$:

$$|EH| : |AD| + |HM| : |BC| = 1.$$

Folglich ist

$$|EK| : |BC| + |KM| : |AD| = |EH| : |AD| + |HM| : |BC|$$

oder

$$|KM| : |AD| - |EH| : |AD| = |HM| : |BC| - |EK| : |BC|,$$

also

$$(|KM| - |EH|) : |AD| = (|HM| - |EK|) : |BC|.$$

Wegen

$$|KM| - |EH| = (|EM| - |EK|) - (|EM| - |HM|)$$
$$= |HM| - |EK|$$

folgt $|AD| = |BC|$. Das bedeutet, daß $\overline{AB} \parallel \overline{CD}$ und also $l_1 \parallel l_2$ ist. ■

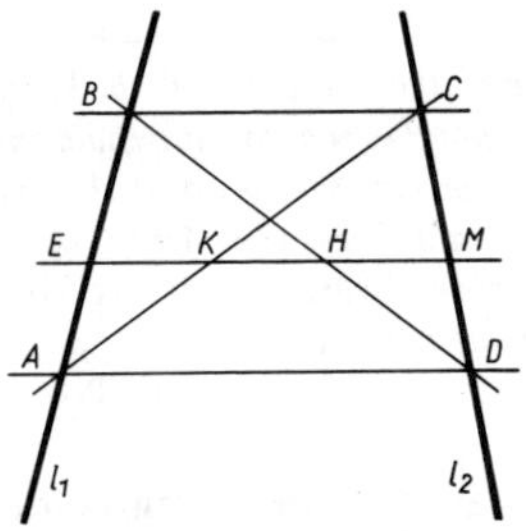

Bild 67

48. Durch einen Punkt außerhalb einer Geraden lassen sich zwei – zur ersten Geraden parallele – Geraden ziehen (Bild 68).

▲ Es sei $\overline{MN}$ die gegebene Gerade. Der Punkt K liege nicht auf ihr. Wir konstruieren eine Gerade $\overline{PQ}$, die durch K geht und parallel zu $\overline{MN}$ liegt, und verbinden den Punkt K mit einem beliebigen Punkt L auf der Geraden $\overline{MN}$. Über der Strecke $\overline{KL}$ konstruieren wir einen Halbkreis. Im Punkt L errichten wir die Senkrechte zur Geraden $\overline{MN}$. Sie schneidet den Halbkreis im Punkt E. Es gilt $\overline{KE} \parallel \overline{MN}$, da nach dem Satz des THALES $\sphericalangle KEL = 90°$ ist. ■

Das Parallellenaxiom war oft eine der am besten versteckten logischen Fallen. In sie gerieten nicht nur zufällige Glückssucher, sondern auch Gelehrte, die die Wahrheit der entdeckten Zusammenhänge über alles schätzten. Die Wahrheit war aber nicht kompromißbereit und verzieh selbst die kleinste Abweichung vom richtigen Weg nicht.

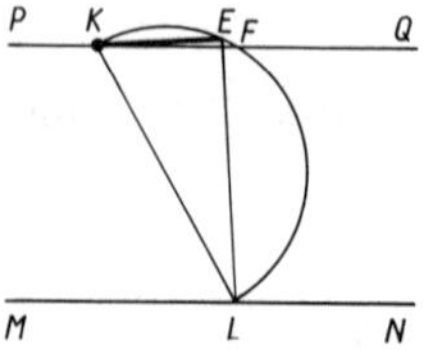

Bild 68

Was kann ein Punkt, der nicht einmal über eine Dimension verfügt, schon für eine Rolle spielen? Und trotzdem läßt sich, wenn wir einen Punkt vernachlässigen und zum Beispiel annehmen, daß eine Strecke mit Endpunkten dasselbe sei wie eine Strecke ohne Endpunkte (der Unterschied besteht nur in den beiden Punkten an den Enden!), das Parallelenaxiom elementar beweisen. Aber ... diese Überlegungen besitzen überhaupt keinen Wert.

Interessante Aufgaben

Eine mathematische Aufgabe kann manchmal genauso unterhaltsam sein wie ein Kreuzworträtsel, und angespannte geistige Arbeit kann eine ebenso wünschenswerte Übung sein wie ein schnelles Tennisspiel.

G. POLYA

49. Legt in einen Würfel mit der Kantenlänge a drei kongruente Zylinder mit dem Durchmesser $\frac{a}{2}$ und der Höhe a so, daß sie sich im Würfel nicht bewegen können.

50. Ein Reisender erzählte, daß er eine Stadt besucht hätte, die auf zehn Inseln erbaut worden war. Diese waren miteinander durch Brücken verbunden. Fünf Inseln waren durch je eine Brücke mit dem Festland verbunden. Von vier Inseln nahmen jeweils vier Brücken ihren Anfang, von drei Inseln je drei und auf eine Insel führte nur eine Brücke. Einer der Zuhörer, ein Liebhaber der Logik, bemerkte, daß sich der Reisende geirrt haben muß. Wo genau?

51. Eine Raupe kriecht einen Baumstamm geradlinig zum ersten Ast hinauf. In der ersten Minute legt sie 5 dm zurück, in der zweiten $2\frac{1}{2}$ dm, in der dritten $1\frac{1}{4}$ dm, in der vierten $\frac{5}{8}$ dm usw. Bis zum ersten Ast sind es etwas mehr als ein Meter. Wieviel Zeit benötigt die Raupe, um bis zum Ast zu gelangen?

52. Der Flächeninhalt des größten weißen Quadrates in Bild 69 betrage eine Flächeneinheit. Wir legen ein schwarzes Quadrat so in das weiße, daß seine Eckpunkte die Halbierungspunkte der Seiten des weißen Quadrates sind. In dieses schwarze Quadrat legen wir auf die gleiche Art ein weißes. Das wiederholen wir unendlich oft. Wie groß sind die Summen der Flächeninhalte aller weißen und aller schwarzen Quadrate?

Bild 69

53. Vor langer Zeit wollte ein König sein Reich so an seine fünf Söhne aufteilen, daß zwei beliebige der fünf Teile eine gemeinsame Grenze haben. Er befragte aus diesem Grunde einen Geometer. Was antwortete dieser dem König?

54. Rotkäppchen sitzt in einem Boot in der Nähe des Mittelpunktes eines kreisrunden Sees. Der Wolf läuft am Ufer entlang. Seine Geschwindigkeit ist viermal so groß wie die von Rotkäppchen. Wenn Rotkäppchen das Ufer erreicht, bevor der Wolf zu dieser Stelle gelaufen ist, kann es sich retten. Helft Rotkäppchen, eine solche Strategie zu finden, daß es das Ufer vor dem Wolf erreicht. Es wird angenommen, daß es zu jeder Zeit seine genaue Lage auf dem See kennt.

55. Wir nehmen an, daß wir über eine unbegrenzte Menge homogener, kongruenter Quader verfügen, zum Beispiel ideale Ziegelsteine

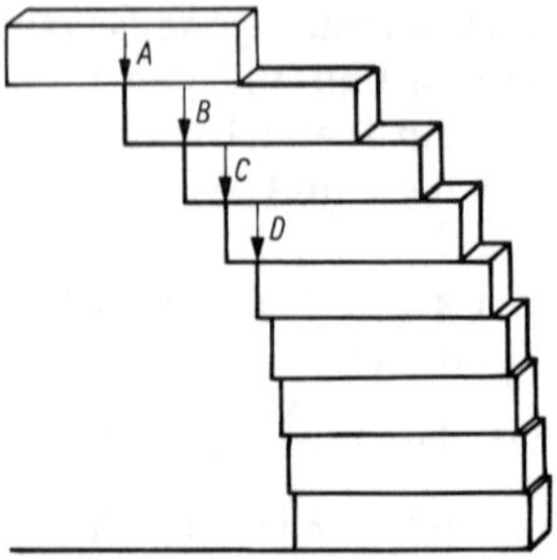

Bild 70

(Bild 70). Wenn wir unter einen Stein *A* einen Stein *B* so legen, daß der obere (*A*) vom unteren (*B*) nicht herunterfällt, dann ist jede Strecke, um die die beiden Steine gegeneinander verschoben sein können, solch eine, für die der Schwerpunkt des Steines *A* über der Seitenfläche des Steines *B* liegt. Auf diese Weise bilden wir aus den Steinen einen Bogen. Um wieviel kann die Seitenfläche des obersten Steines höchstens gegenüber der des untersten Steines verschoben sein?

56. Ein Junge hält das eine Ende eines Brettes (Bild 71). Das andere Ende liegt auf einer zylinderförmigen Rolle. Der Junge schiebt das Brett in horizontaler Richtung. Welche Strecke muß der Junge bis zu einem Zusammenstoß mit der Rolle zurücklegen, wenn die Länge des Brettes *l* Dezimeter beträgt und angenommen wird, daß die Rolle nicht rutscht?

57. Wenn wir am Äquator einen Draht straff um die Erde legen, dann den Draht um einen Meter verlängern und so um die Erde legen, daß überall ein konstanter Abstand zwischen Erdoberfläche und Draht bleibt, kann dann noch eine Maus unter dem Draht hindurchkriechen?

58. Wenn wir den Draht aus der letzten Aufgabe so an einer Stelle hochheben, daß dort der Abstand zur Erdoberfläche maximal wird, paßt dann noch ein Elefant unter dem Draht hindurch? (Bild 72)

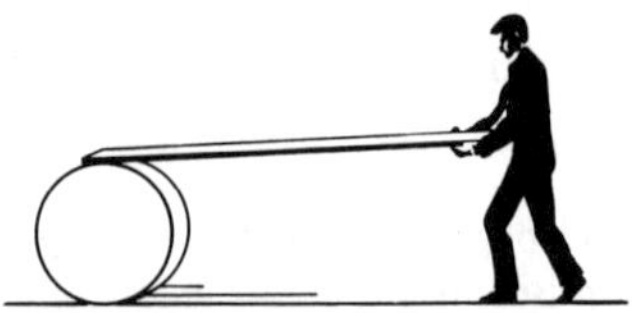

Bild 71

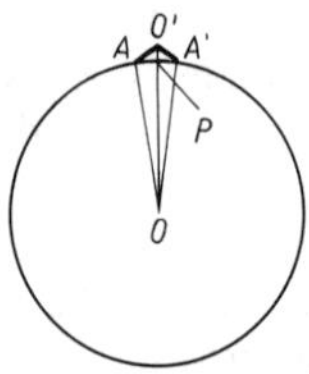

Bild 72

59. Wir legen wieder am Äquator einen Draht aus Stahl straff um die Erde. Wie tief schneidet er sich in die Erdoberfläche ein, wenn wir ihn um 1° C abkühlen und annehmen, daß er nicht reißt und sich nicht mechanisch ausdehnt?

60. Einem Schüler wurde folgende Aufgabe gestellt:

Die Hypotenuse eines rechtwinkligen Dreiecks liegt in der Ebene P. Eine Kathete bildet mit der Ebene P einen Winkel von 45° und die andere einen Winkel von 60°. Die größere Kathete hat die Länge a. Welche Länge hat die Hypotenuse?

Der Schüler fertigte eine Skizze (Bild 73) an und fand im rechtwinkligen Dreieck $\triangle AOC$:

$$|CO| = a \sin 45° = \frac{a\sqrt{2}}{2}$$

und im rechtwinkligen Dreieck $\triangle BOC$:

$$|BC| = \frac{|CO|}{\sin 60°} = \frac{2}{\sqrt{3}}|CO| = a\sqrt{\frac{2}{3}}.$$

Nun folgt aus dem Satz des PYTHAGORAS für das rechtwinklige Dreieck $\triangle ABC$:

$$|AB| = \sqrt{|AC|^2 + |BC|^2} = a\sqrt{1+\frac{2}{3}} = \sqrt{\frac{5}{3}}\,a.$$

Hat der Schüler die Aufgabe richtig gelöst?

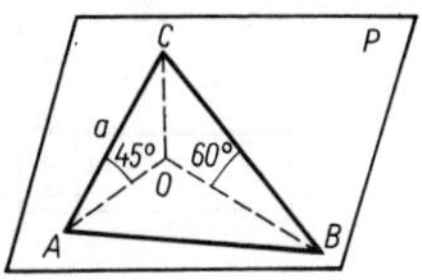

Bild 73

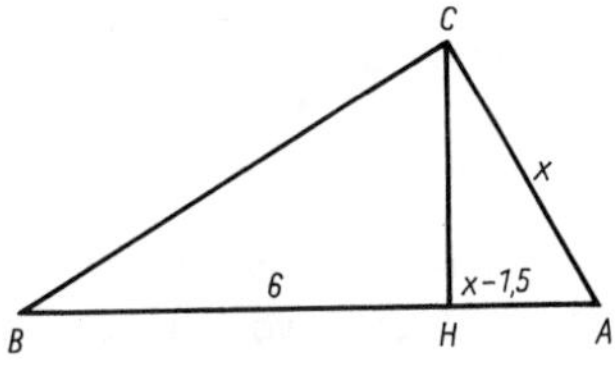

Bild 74

61. Eine Klasse sollte folgende Aufgabe lösen (Bild 74):

Finde die Seitenlängen eines rechtwinkligen Dreiecks, wenn bekannt ist, daß die Länge der Projektion einer Kathete auf die Hypotenuse 6 cm beträgt und die Projektion der anderen Kathete auf die Hypotenuse um 1,5 cm kürzer ist als diese Kathete.

Der Schüler A löst die Aufgabe folgendermaßen: Es sei $|BH| = 6$, $|AC| = x$ und damit nach Voraussetzung $|AH| = x - 1{,}5$. Es gilt

$$|CH|^2 = |BH|\,|AH| = 6(x - 1{,}5).$$

Aus dem Satz des PYTHAGORAS folgt

$$|AH| = \sqrt{|AC|^2 - |CH|^2}$$

und daraus

$$x-1{,}5=\sqrt{x^2-6(x-1{,}5)}\,,$$
$$x-1{,}5=\sqrt{x^2-6x+9}\,,$$
$$x-1{,}5=\sqrt{(x-3)^2}\,,$$
$$x-1{,}5=x-3\,,$$
$$1{,}5=0\,.$$

Hier gelangte der Schüler zu einem Widerspruch und schloß daraus, daß die Aufgabe keine Lösung besitzt. Der Schüler B entgegnete aber: »...« Was entgegnete der Schüler B?

62. Eine Aufgabe von B. L. VAN DER WAERDEN (Bild 75)

Gegeben sei ein gleichseitiges Dreieck mit dem Umfang 3. Wir teilen jede Seite in drei gleiche Teile und errichten auf den mittleren Teilstücken gleichseitige Dreiecke. Wir erhalten einen zwölfeckigen Stern. Jede der zwölf Seiten dieses Sterns teilen wir in drei gleiche Teile und errichten auf jedem mittleren Teilstück ein gleichseitiges Dreieck. Wir erhalten einen Stern mit noch mehr Ecken. Wie groß wird der Umfang der Figur sein, die entsteht, wenn wir diese Prozedur unendlich oft wiederholen?

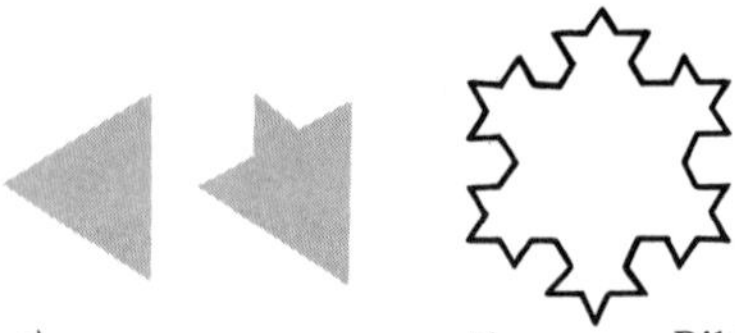

a) b) Bild 75

Bild 76

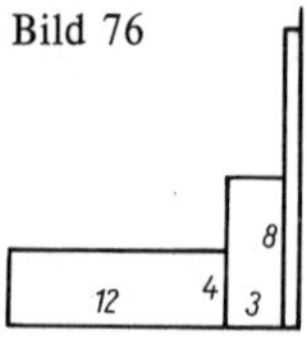

63. Stellt euch vor, daß es auf der ganzen Zahlengeraden von $-\infty$ bis $+\infty$ regnet. Berechnet, wie lang ein Dach sein müßte, damit keine rationale Zahl naß wird.

64. Berechnet den Flächeninhalt einer Figur, die aus unendlich vielen Rechtecken besteht, wobei die Längen der horizontalen Seiten im Verhältnis 4:1 abnehmen und die Längen der vertikalen Seiten im Verhältnis 1:2 zunehmen (Bild 76).

65. Jetzt werden wir mathematische Meliorationsarbeiten durchführen. Wir ziehen am ersten Tag in einem Einheitsquadrat einen Kanal derart, daß sein Flächeninhalt nicht mehr als $\frac{1}{4}$ der Fläche des Quadrates beträgt und sich das Ufer des Kanals nicht weiter als $\frac{1}{2}$ Längeneinheit vom Quadratrand entfernt befindet. Am zweiten Tag ziehen wir den Kanal so weiter, daß der neu entstandene Flächeninhalt nicht $\frac{1}{8}$ des Flächeninhaltes des Quadrates übersteigt und sich das Ufer des Kanals nicht weiter als $\frac{1}{4}$ Längeneinheit vom Quadratrand entfernt befindet. So geht es unendlich viele Tage weiter. Wie groß wird der Flächeninhalt des Kanals werden? Auf Bild 77 ist der Kanal nach drei Tagen Arbeit abgebildet.

Bild 77

66. Das Einheitsquadrat in Bild 78 zerlegen wir in neun kongruente Quadrate und entfernen das mittlere Quadrat. Jetzt teilen wir jedes der acht übriggebliebenen Quadrate in neun kongruente Quadrate und entfernen jeweils das mittlere dieser zweiten Quadratgeneration. Wenn wir diese Prozedur unendlich oft wiederholen, erhalten wir schließlich den sogenannten Teppich von Sierpiński. Wie groß ist sein Flächeninhalt?

67. Wir teilen ein Einheitsquadrat in 25 gleiche Quadrate und entfernen nur das mittlere Quadrat, dessen Flächeninhalt $\frac{1}{25}$ beträgt. Wir verlängern die Seiten des entfernten Quadrates und legen in die entstandenen 4 Quadrate und 4 Rechtecke parallele Streifen der Breite $\frac{1}{25}$. Wir entfernen die 8 Quadrate in den Kreuzungsstel-

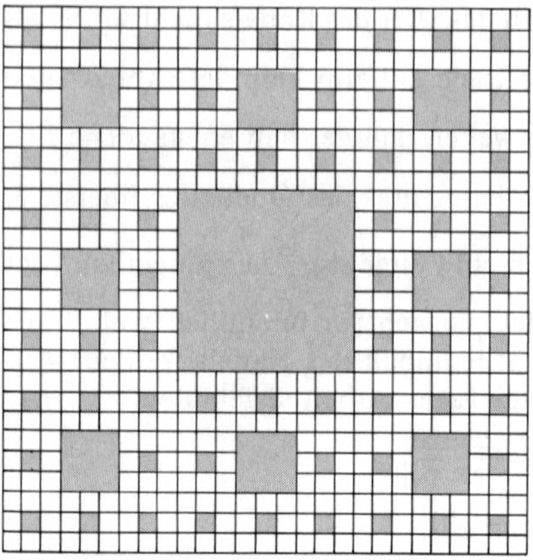

Bild 78

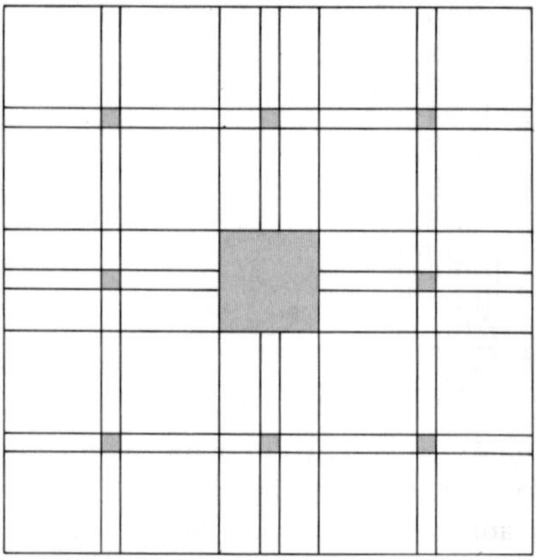

Bild 79

len der Streifen. Der Flächeninhalt der entfernten Quadrate beträgt $\frac{8}{25^2}$. Im dritten Schritt wiederholen wir das ganze, um 64 Quadrate der Gesamtfläche von $\frac{64}{25^3}$ zu entfernen. Berechnet den Flächeninhalt dieses modifizierten Teppichs von Sierpiński (Bild 79)!

68. Wir betrachten einen Einheitswürfel im Raum. Wir teilen jede Seitenfläche in 9 Teile wie in Aufgabe 66 und entfernen die Volumenteile, die von den 6 mittleren Quadraten begrenzt werden.

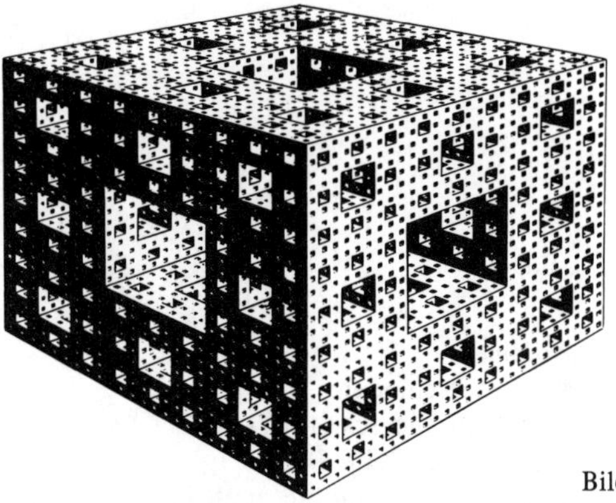

Bild 80

Jetzt teilen wir jedes der 8 Quadrate jeder Würfelseitenfläche in 9 Teile und entfernen die Volumenteile, die von den $6 \cdot 8 = 48$ kleinen Quadraten in den Mitten begrenzt werden. Das wiederholen wir unendlich oft. Welches Volumen wird die Figur, die im Ergebnis unserer Operation entsteht, haben (Bild 80)?

Antworten und Lösungen

Es ist zu wenig, eine Aufgabe nur zu verstehen, man benötigt auch den Willen, sie zu lösen. Ohne einen festen Willen ist es nicht möglich, eine komplizierte Aufgabe zu lösen, aber mit ihm ist es möglich. Wo ein Wille ist, ist auch ein Weg.

G. Polya

3. Bei der Umformung wurde durch den Ausdruck

$$|AE| \cdot |DE| - |BE| \cdot |CE|$$

dividiert, der aber nach Gleichung (1) Null ist.

4. Für die Seiten der ähnlichen Dreiecke $\triangle ACE$ und $\triangle HFD$ gilt:

$$|AE| : |AC| = |DH| : |FH|.$$

Deshalb darf man die letzte Gleichung nicht durch

$$|AE| : |FH| - |DH| \cdot |AC| = 0$$

dividieren.

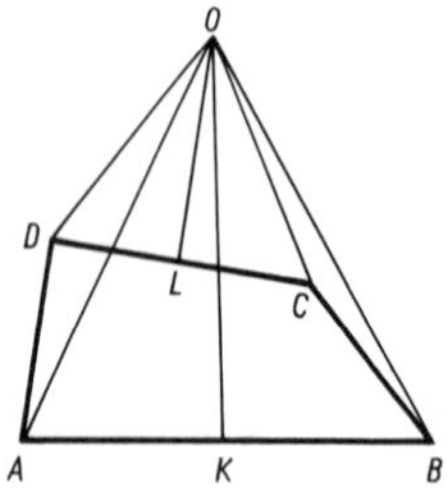

Bild 81

5. *Planimetrische Beweisvariante:*
Es wurden nicht alle Fälle unterschieden:
1) Der Punkt O befindet sich im Viereck $ABCD$, und
2) Der Punkt O ist Mittelpunkt der Seite $\overline{DC}$.

Der im Sophismus betrachtete Fall müßte auch in zwei Unterfälle geteilt werden (Bild 81): Der stumpfe Winkel $\sphericalangle BCD$ und das Dreieck $\triangle BOC$ liegen
a) auf einer Seite und
b) auf verschiedenen Seiten
der Geraden $\overline{BC}$. Wie wir gesehen haben, führt der Fall a) zu einem absurden Ergebnis. Im Fall b) gilt ebenfalls

$$\sphericalangle ADC = \sphericalangle ADO - \sphericalangle ODC,$$

aber

$$\sphericalangle BCD = 360° - (\sphericalangle BCO + \sphericalangle OCD),$$

und damit erhalten wir keinen Sophismus. Durch indirekten Beweis ist gezeigt, daß der Fall a) nicht möglich ist.

Stereometrische Beweisvariante:
In der benutzten Skizze ist das Dreieck $\triangle DSC$ gleichschenklig, und das führte zum Widerspruch. Die Projektionen $\overline{DF}$ und $\overline{FC}$ der Strecken $\overline{SD}$ und $\overline{SC}$ sind aber nicht gleich lang. Beweis: Für die Dreiecke $\triangle DAF$ und $\triangle CBF$ gilt

$$|AF| = |FB|, \; |AD| = |BC|, \; \sphericalangle DAF < \sphericalangle CBF.$$

Damit gilt $|DF| > |FC|$. Deshalb schneidet die Gerade $\overline{SF}$ keine im Mittelpunkt E der Strecke $\overline{DC}$ errichtete Senkrechte. Der Schnittpunkt S existiert also nicht.

Die Ursache für das Auftreten des Sophismus war, daß beim Anfertigen der Skizze von vornherein postuliert (als offensichtlich angesehen) wurde, daß der Punkt S, der Schnittpunkt der Ebene, die senkrecht auf $\overline{DC}$ steht, und der Geraden, die senkrecht auf der Ebene $ABCD$ steht, existiert. Damit haben wir angenommen, daß sich eine Gerade und eine Ebene stets schneiden, obwohl es im gegebenen Fall falsch war.

6. Im Beweis wurden nicht alle möglichen Fälle untersucht, sondern nur der, bei dem sich die Winkelhalbierende des Winkels $\sphericalangle ABC$ und die Mittelsenkrechte der Seite $\overline{CA}$ innerhalb des Dreiecks schneiden. Möglich sind aber noch zwei Fälle:

- Der Schnittpunkt liegt auf der Seite $\overline{CA}$ und
- der Schnittpunkt liegt außerhalb des Dreiecks $\triangle ABC$.

Man muß nun untersuchen, welcher dieser Fälle möglich ist. Wir werden zeigen, daß nur der dritte Fall zu keinem Widerspruch führt, also der Satz gilt: In jedem rechtwinkligen Dreieck $\triangle ABC$ mit $\sphericalangle ACB = 90°$ schneiden sich die Winkelhalbierende des Winkels $\sphericalangle ABC$ und die Mittelsenkrechte der Seite $\overline{CA}$ außerhalb des Dreiecks.

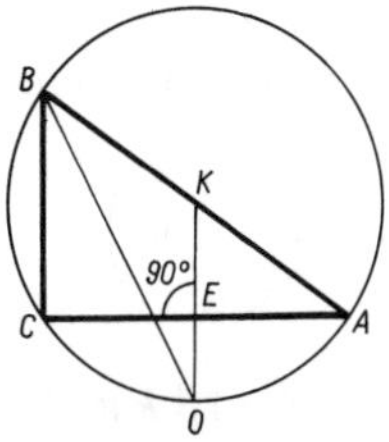

Bild 82

Wir konstruieren den Umkreis des Dreiecks $\triangle ABC$ (Bild 82). Der Halbierungspunkt K der Hypotenuse $\overline{AB}$ ist sein Mittelpunkt. Die Mittelsenkrechte der Seite $\overline{CA}$ geht durch den Mittelpunkt K des Kreises, und ihre Verlängerung halbiert den Kreisbogen $\overset{\frown}{CA}$, das heißt, der Punkt O ist der Mittelpunkt des Kreisbogens $\overset{\frown}{CA}$. Wir konstruieren die Winkelhalbierende des Winkels $\sphericalangle ABC$. Sie halbiert ebenfalls den Kreisbogen, der über der Sehne $\overline{CA}$ gespannt ist, da der Winkel $\sphericalangle ABC$ Peripheriewinkel im Kreis über der Sehne $\overline{CA}$ ist. Also ist der Punkt O gerade der Schnittpunkt zwischen der Winkelhalbierenden des Winkels $\sphericalangle ABC$ und der Mittelsenkrechten auf der Seite $\overline{CA}$. Er liegt auf dem Umkreis des Dreiecks und damit außerhalb dieses Dreiecks.

Der bewiesene Satz beseitigt den Sophismus und deckt seinen Entstehungsmechanismus auf.

8. Aus der Gleichung

$$\sin\left(\beta + \frac{\alpha}{2}\right) = \sin\left(\gamma + \frac{\alpha}{2}\right)$$

folgen die drei Fälle:

1) $\beta + \frac{\alpha}{2} = \gamma + \frac{\alpha}{2}$, also $\beta = \gamma$,

2) $\beta + \frac{\alpha}{2} = 180^\circ k - \left(\gamma + \frac{\alpha}{2}\right)$, also $\alpha + \beta + \gamma = 180^\circ k$,

3) $\beta + \frac{\alpha}{2} = 360^\circ k + \left(\gamma + \frac{\alpha}{2}\right)$, also $\beta - \gamma = 360^\circ k$,

wobei k eine ganze Zahl ist.

Der erste Fall führt, wie wir bereits wissen, zu einem Widerspruch. Der dritte Fall führt ebenfalls zu einem Widerspruch, denn aus ihm folgt, daß die Differenz zweier Winkel, die beide kleiner als 180° sind, $360^\circ k$ betragen soll. Es bleibt der zweite Fall, der für $k = 1$ zu keinem Widerspruch führt und die bekannte Beziehung über die Innenwinkelsumme in einem Dreieck ausdrückt.

9. Der Fehler wurde beim Übergang von der Gleichheit der Sinus zur Gleichheit der Winkel begangen. Die Sinusfunktion ist keine eineindeutige Funktion. Aus der Gleichung

$$\sin\left(\sphericalangle ACB + \frac{1}{2}\sphericalangle ABC\right) = \sin\left(\sphericalangle BAC + \frac{1}{2}\sphericalangle ABC\right)$$

folgt

$$\sphericalangle ACB + \frac{1}{2}\sphericalangle ABC = \sphericalangle BAC + \frac{1}{2}\sphericalangle ABC + (-1)^k k\pi$$

oder

$$\sphericalangle ACB = \sphericalangle BAC + (-1)^k k\pi$$

10. Die Aussage $H = \overrightarrow{AL}(E)$ ist falsch. Um sie zu widerlegen und eine quantitative Abschätzung des Fehlers zu gewinnen, berechnen wir $|HQ|$ und $|LI|$ (a sei die Länge einer Dreiecksseite):

$$|HQ| = |KC| = |KD| - |CD|$$

$$= \sqrt{|AD| \cdot |CD|} - |CD| = \sqrt{\frac{a}{2}\sqrt{3}\,\frac{a}{2}} - \frac{a}{2}$$

$$= \frac{a}{2}\left(\sqrt[4]{3} - 1\right),$$

$$|AI| = |AD| - |ID| = \frac{a}{2}\sqrt{3} - \sqrt{\frac{a}{2}\sqrt{3}\,\frac{a}{2}} = \frac{a}{2}\left(\sqrt{3} - \sqrt[4]{3}\right)$$

$$= \frac{a}{2}\sqrt[4]{3}\left(\sqrt[4]{3} - 1\right),$$

$$|LI| = \frac{|AI| \cdot |CD|}{|AD|} = \frac{\frac{a}{2}\sqrt[4]{3}\left(\sqrt[4]{3} - 1\right)\frac{a}{2}}{\frac{a}{2}\sqrt{3}} = \frac{a}{2}\left(\sqrt[4]{3} - 1\right) \cdot \frac{1}{\sqrt[4]{3}}$$

und finden also

$$|HQ| = |KC| = \sqrt[4]{3}\,|LI| \approx 1{,}3\,|LI|.$$

11. Aus der Proportion

$$|AC| : |CB| = |AD| : |DB|$$

folgt

$$|DB| : |CB| = |AD| : |AC|.$$

Wegen $|AD| > |AC|$ gilt deshalb $|DB| > |CB|$. Darum liegt der Halbierungspunkt H der Strecke $\overline{CD}$ nicht innerhalb, sondern außerhalb des Kreises, rechts vom Punkt B. Der paradoxe Schluß war Folge einer falschen Skizze. Auf ihr war der Punkt H dort eingezeichnet, wo er nicht liegen kann.

12. Wenn im Viereck $ABCD$

$$\sphericalangle DAB + \sphericalangle DCB = 180^\circ$$

gilt und die Eckpunkte A, B, D auf einem Kreis liegen, dann ist das Viereck ein Sehnenviereck, das heißt, der Punkt C liegt ebenfalls auf dem Kreis. Also sind die beiden Punkte E und C identisch, und das Dreieck $\triangle BCE$ existiert nicht (es entartet als Seite $\overline{BC}$ des Vierecks $ABCD$).

13. Der Grund für den Widerspruch läßt sich mit einer sorgfältig ausgeführten Skizze oder durch logische Schlüsse finden (Bild 83). Wir konstruieren den Umkreis des Dreiecks $\triangle ABC$. Die Mittelsenkrechte $\overline{DE}$ der Seite $\overline{AB}$ halbiert den Kreisbogen $\overset{\frown}{AB}$ im Punkt E. Die Winkelhalbierende des Winkels $\sphericalangle ABC$ halbiert den Kreisbogen $\overset{\frown}{AB}$ ebenfalls, das heißt schneidet ihn im Punkt E (sonst wären die Winkel $\sphericalangle ACE$ und $\sphericalangle ECB$ über den Kreisbögen $\overset{\frown}{AE}$ und $\overset{\frown}{EB}$ nicht gleich groß). Deshalb liegt der Schnittpunkt der Winkelhalbierenden des Winkels $\sphericalangle ACB$ und der Mittelsenkrechten der Seite $\overline{AB}$ außerhalb des Dreiecks, und der erste und der dritte Fall sind nicht möglich (Bild 18).

Aus den genannten Gründen ist das Viereck $BCAE$ ein Sehnen-

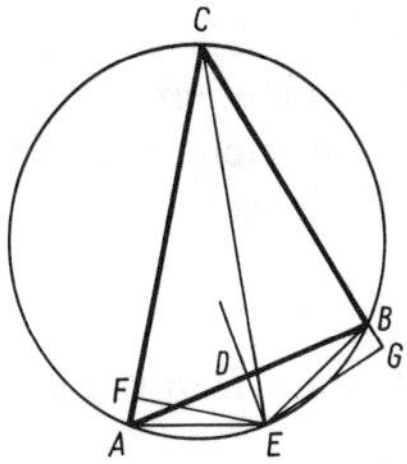

Bild 83

viereck. In jedem Sehnenviereck beträgt die Summe zweier gegenüberliegender Winkel 180°. Deshalb gilt für die Winkel $\triangle EAC$ und $\sphericalangle CBE$, daß sie entweder

1) beides rechte sind oder

2) der eine stumpf und der andere spitz ist.

Im ersten Fall sind die Senkrechten $\overline{EF}$ bzw. $\overline{EG}$ und die Seiten $\overline{AE}$ bzw. $\overline{BE}$ identisch, und die beiden rechtwinkligen Dreiecke $\triangle ACE$ und $\triangle BCE$ sind kongruent (gemeinsame Hypotenuse und $\sphericalangle ACE = \sphericalangle ECB$). Deshalb ist $|AC| = |BC|$, was der Voraussetzung $|AC| > |BC|$ widerspricht. Dieser Widerspruch bedeutet, daß die Annahme $\sphericalangle EAC = \sphericalangle CBE = 90°$ falsch war. Von diesen beiden Winkeln ist also genau einer spitz und genau einer stumpf. Deshalb ist die Lage der Dreiecke $\triangle AEF$ und $\triangle BEG$, wie sie auf Bild 18 gezeigt ist, nicht möglich: Die Punkte F und G können nicht gleichzeitig außerhalb des Dreiecks $\triangle ABC$ liegen, denn sonst wären beide Winkel $\sphericalangle CBE$ und $\sphericalangle EAC$ stumpf. Richtig ist also nur Bild 83, in dem einer der Punkte (und zwar F) auf der Seite $\overline{AC}$ liegt und der andere (der Punkt G) außerhalb des Dreiecks liegt. Dann folgt aber aus den Gleichungen $|CF| = |CG|$ und $|AF| = |BG|$ überhaupt nicht $|AC| = |BC|$ (wegen $|AC| = |AF| + |CF|$ und $|BC| = |CG| - |BG|$), und kein Widerspruch zur Voraussetzung $|AC| > |BC|$ entsteht.

14. Beim Übergang von der richtigen Gleichung (5) zur Gleichung (6) wurde unerlaubt durch Null dividiert. Deshalb ist die Gleichung (6) falsch. Wegen

$$A = \frac{1}{2} a\, h_a, \quad A'' = \frac{1}{2} a''\, h''_a, \quad A' = \frac{1}{2} a'\, h'_a, \quad A = \frac{1}{2} b\, h_b$$

gilt nämlich

$$A'\, a\, h_a\, a''\, h''_a = 4\, A'\, A\, A'',$$

$$A''\, a'\, h'_a\, b\, h_b = 4\, A''\, A'\, A$$

und deshalb

$$A'\, a\, h_a\, a''\, h''_a - A''\, a'\, h'_a\, b\, h_b = 0.$$

15. Der Sophismus entstand als Folge der Benutzung einer Eigenschaft gleicher Brüche in einem Fall, für den sie nicht zutrifft. Diese Eigenschaft wird folgendermaßen bewiesen: Es sei

$$\frac{a}{b} = \frac{c}{d} = q,$$

wobei a, b, c, d beliebige Zahlen mit $b \neq 0$, $d \neq 0$ sind. Damit gilt

$$a = b\,q, \qquad c = d\,q$$

und deshalb

$$a+c=(b+d)\,q. \qquad (4)$$

Wenn $b+d\neq 0$ ist, dann läßt sich die Gleichung (4) auch so schreiben:

$$\frac{a+c}{b+d}=q$$

und wir erhalten die Gleichung

$$\frac{a}{b}=\frac{a+c}{b+d}.$$

Diese Eigenschaft wurde also unter zwei wesentlichen Einschränkungen bewiesen: 1) $b\neq 0$, $d\neq 0$ und

2) $b+d\neq 0$.

Wenn $b+d=0$ ist, dann folgt aus der Gleichung (4): $a+c=0$, und man kann über den Wert q und also auch über $\frac{a}{b}$ keine Aussage treffen. Wir zogen aus

$$\frac{a}{b}=\frac{x+y}{z}$$

und

$$\frac{x+y}{z}=\frac{x-z}{z-x}$$

den Schluß, daß diese Brüche den Wert -1 haben, für $x=z$ ist das aber falsch.

Um die oben genannte Eigenschaft auf Brüche anwenden zu können, muß man sich erst vergewissern, ob die nötigen Voraussetzungen erfüllt sind. In unserem Beispiel folgt aus den Gleichungen (1) und (2):

$$bx-az=-by \quad \text{und} \quad ax-bz=by.$$

Wir lösen diese beiden Gleichungen unter der Annahme, daß $a\neq b$ ist, nach x bzw. z auf und erhalten

$$x=\frac{by}{a-b} \quad \text{und} \quad z=\frac{by}{a-b}.$$

Damit gilt $x=z$ oder $x-z=0$; deshalb ist die erwähnte Eigenschaft in diesem Fall nicht anwendbar. Wenn $a=b$ ist, dann erhalten wir aus den Gleichungen (1) und (2)

$$x+y=z \quad \text{und} \quad x=y+z,$$

also

$$x=y+x+y,$$

d. h. $2y=0$ und $x=z$. Auch in diesem Fall läßt sich die von uns benutzte Eigenschaft der Brüche nicht anwenden.

16. Es wurde eine Eigenschaft von gewissen Quotienten unerlaubt auf alle verallgemeinert. Die genannte Eigenschaft gilt nur für positive Zahlen und nicht für Zahlenmengen, die negative Zahlen enthalten. Das war aber der Fall, als wir von der Gleichung (3) auf die Ungleichung (4) schlossen.

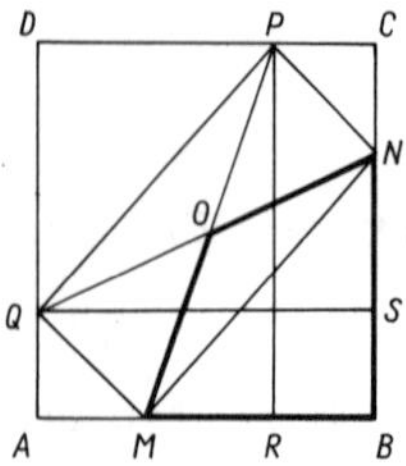

Bild 84

17. Es ist leicht, ein Gegenbeispiel zu konstruieren, das den Fehlschluß deutlich macht (Bild 84). Es reicht, in das Quadrat ein Rechteck so einzuschreiben, daß seine Seiten parallel zu den Diagonalen des Quadrates liegen und seine Eckpunkte die Quadratseiten nicht halbieren. Nach Konstruktion ist das Viereck *MNPQ* ein Parallelogramm und besitzt außerdem einen rechten Innenwinkel (z. B. $\sphericalangle MQP = 180° - 45° - 45° = 90°$). Es handelt sich also um ein Rechteck. Außerdem gilt zum Beispiel $|AQ| \neq |QD|$ und deshalb $|QM| \neq |QP|$, da die Dreiecke $\triangle QMA$ und $\triangle QPD$ nach Konstruktion ähnlich sind (die Winkel betragen 45° bzw. 90°). Deshalb ist das Rechteck *MNPQ* auch kein Quadrat.

Auch ohne Gegenbeispiel läßt sich der logische Fehler im Beweis finden. Es war reiner Zufall, daß von den beiden Fußpunkten *R* und *S* der Lote $\overline{PR}$ und $\overline{QS}$ genau einer auf einer Seite des Vierecks *MBNO* und der andere auf der Verlängerung einer Seite lag, das heißt, daß von den beiden gleichen Winkeln $\sphericalangle OMR$ und $\sphericalangle ONS$ genau einer Innen- und der andere Außenwinkel des Vierecks *MBNO* war. Durch keinen Beweis wurde diese Lage begründet; das wäre auch nicht möglich, denn unter den gleichen Voraussetzungen läßt sich ein Fall konstruieren, in dem diese beiden Winkel Innenwinkel sind. Der Sophismus bestand also darin, daß wir ohne Beweis eine Eigenschaft eines speziellen Beispiels auf alle möglichen Varianten übertragen haben. Der berichtigte Satz läßt sich auf verschiedene Weisen formulieren, z. B.:

Wenn ein Rechteck so in ein Quadrat einbeschrieben ist, daß wenigstens eine Rechteckseite zu keiner Quadratdiagonalen parallel ist, dann ist dieses Rechteck ein Quadrat. Wenn ein Rechteck mit verschieden lan-

gen Seiten in ein Quadrat einbeschrieben ist, dann liegen die Seiten des Rechtecks parallel zu den Diagonalen des Quadrates.

19. Das Dreieck $\triangle ABD$ ist die Grenzfigur des Vierecks $ABCD$, wenn die Seite $\overline{BC}$ gegen Null strebt. Das bedeutet nicht, daß Eigenschaften im Viereck automatisch Grenzwerte im Dreieck besitzen. Wir haben mit dem Punkt $O=B$ den Punkt im Dreieck gefunden, für den die Summe der Abstände zu den Punkten A und D und des doppelten Abstandes zu dem Punkt B minimal wird.

20. Für $k>2$ kann man beliebig viele Gegenbeispiele anführen. Der Fehler besteht wie in Aufgabe 24 aus Abschn. 3 darin, daß der Induktionsanfang für $k=2$ bewiesen wurde, im Induktionsschritt aber $k>2$ vorausgesetzt wurde.

21. Die Addition der Gleichungen (1) und (2) setzte voraus, daß es ein Tripel (x, y, z) gibt, welches das System (1), (2) löst. Nur dann können wir den Schluß ziehen, daß $d=0$ gilt. Die Existenz eines solches Tripels bedeutet, daß die beiden Ebenen wenigstens einen gemeinsamen Punkt besitzen. Wir haben also nur folgende Behauptung bewiesen: »Wenn zwei Ebenen symmetrisch zum Koordinatenursprung liegen und sich schneiden, so gehen sie durch den Koordinatenursprung.«

22. Es wurde der logische Fehler »es folgt nicht« (auf lateinisch: non sequitur) begangen, der in der Verletzung des Gesetzes vom ausreichenden Grund bestand. Im Beweisprozeß werden Argumente angeführt, die zwar richtig sind, aus denen aber nicht die Behauptung folgt, die zu beweisen war. Aus der Gleichung

$$|AD| = |AB| + |BD|$$

folgt

$$|AB| = |AD| - |BD|,$$

aber überhaupt nicht

$$|AB|^2 = |AD|^2 - |BD|^2.$$

Richtig wäre

$$|AB|^2 = |AD|^2 - 2 \cdot |AD| \cdot |BD| + |BD|^2.$$

Im zweiten Sophismus wurde der gleiche Fehler wie im ersten begangen. Aus

$$\sphericalangle BAC > \sphericalangle ABC + \sphericalangle BCA$$

folgt nicht

$$\sin \sphericalangle BAC > \sin \sphericalangle ABC + \sin \sphericalangle BCA,$$

und deshalb kann man auch nicht auf $a > b + c$ schließen.

24. Das kleine rechtwinklige Dreieck $\triangle APM$ ist nicht gleichschenklig. Es gilt nämlich

$$\triangle AMP \sim \triangle NAB$$

und deshalb

$$|PM| : |AP| = |AB| : |BN| = 8 : 7.$$

Damit ist $|AP| = 1$ und $|PM| = 1\frac{1}{7}$. Die Länge der Grundseite des Rechtecks auf Bild 28b beträgt also nicht $8+1$, sondern $8+1\frac{1}{7}=9\frac{1}{7}$ und sein Flächeninhalt $7 \cdot 9\frac{1}{7}=64$.

25. Beim sorgfältigen Untersuchen, wie die Diagonale das gegebene Rechteck schneidet, sehen wir, daß das Viereck *YRXS* gar kein Quadrat ist. Es gilt

$$\triangle PQR \sim \triangle TQX \text{ und deshalb } |PR| : |QR| = |TX| : |QX|.$$

Folglich gilt

$$|PR| = \frac{|TX| \cdot |QR|}{|QX|} = \frac{11 \cdot 1}{13} = \frac{11}{13}.$$

Das Viereck *YRXS* ist demnach ein Rechteck mit den Seiten

$$|YR| = 11\frac{11}{13} \text{ und } |RX| = 12$$

und dem Flächeninhalt

$$A = 12 \cdot 11\frac{11}{13} = 142\frac{2}{13}.$$

Für den Flächeninhalt der beiden kleinen Dreiecke gilt

$$A_{\triangle STU} = A_{\triangle PRQ} = \frac{1}{2} \cdot 1 \cdot \frac{11}{13} = \frac{11}{26}.$$

Der Flächeninhalt der ganzen Figur beträgt also

$$A + A_{\triangle STU} + A_{\triangle PRQ} = 142\frac{2}{13} + 2 \cdot \frac{11}{26} = 143.$$

26. Wir untersuchen folgende Varianten der Zerlegung und Umverteilung der Teilstücke, bei denen ein Zuwachs oder ein Verlust von Flächeninhalt auftritt:

a) $x=5$, $y=3$

b) $x=8$, $y=5$

a) Wenn die Punkte E_1 und F_1 auf der Geraden $\overline{B_1D_1}$ liegen, dann ist

$$\triangle A_1B_1D_1 \sim \triangle ME_1D_1,$$

$$|A_1B_1| : |ME_1| = |A_1D_1| : |MD_1|,$$

$$5 : 3 = 13 : 8,$$

$$\frac{40}{24} = \frac{39}{24}.$$

Das ist aber falsch. Deshalb sind die Dreiecke $\triangle A_1B_1D_1$ und $\triangle ME_1D_1$ nicht ähnlich, und der Punkt E_1 liegt nicht auf der Geraden $\overline{B_1D_1}$. Wenn E_1 auf $\overline{B_1D_1}$ läge, ergäbe sich für die Strecke $\overline{E_1M}$ folgende Länge:

$$5 : |E_1M| = 13 : 8,$$

$$|E_1M| = \frac{40}{13} = 3\frac{1}{13} > 3.$$

Analog läßt sich zeigen, daß der Punkt F_1 nicht auf der Geraden $\overline{B_1D_1}$ liegt (sonst wäre $|NF| = 3\frac{1}{13}$). Das bedeutet, daß die Figur $A_1B_1C_1D_1$ nicht dicht ist. Sie enthält in der Mitte einen Spalt in der Form des Parallelogramms B_1FD_1H (Bild 85a), dessen Flächeninhalt 1 ist. Der Flächeninhalt der Figur, die aus den Teilen des gegebenen Quadrats gebildet wurde, ist:

$$2 \cdot \frac{1}{2} \cdot 3 \cdot 8 + 2 \cdot \frac{3+5}{2} \cdot 5 = 24 + 15 + 25 = 64.$$

b) Für den Fall $A = 169$ und $A_1 = 168$ erhalten wir keinen Spalt im Rechteck, sondern im Gegenteil eine teilweise Überdeckung der einzelnen Teile (Bild 85b).

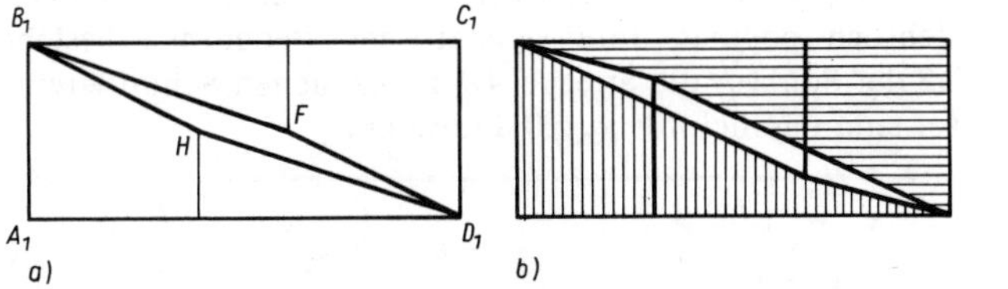

Bild 85

Es ist leicht zu überprüfen (vollführt das selbständig), daß die Figur, die durch Überdeckung der Teile entsteht, die Form eines Parallelogramms und den Flächeninhalt 1 hat.

Es bleibt noch, auf zwei Fragen zu antworten:

1) Ist es möglich, die Seiten des Quadrates $ABCD$ so zu teilen, daß

$$A = A_1 = A_2 = A_3$$

für die Flächeninhalte der neuen Figuren gilt?

2) Warum erhielten wir

$$|A - A_1| = |A - A_2| = |A - A_3| = 1$$

in den betrachteten Fällen?

Wie aus dem Bild 31 hervorgeht, ist

$$\begin{aligned}
A &= (x+y)^2 = x^2 + 2xy + y^2,\\
A_1 &= A_2 = 2x^2 + xy,\\
A_3 &= 3xy + 2y^2,\\
A_1 - A &= x^2 - xy - y^2,\\
A_3 - A &= y^2 + xy - x^2 = -(x^2 - xy - y^2).
\end{aligned}$$

$A = A_1 = A_2 = A_3$ gilt dann und nur dann, wenn

$$x^2 - xy - y^2 = 0$$

oder, falls wir $\varphi = \dfrac{x}{y}$ setzen,

$$\varphi^2 - \varphi - 1 = 0 \text{ ist,}$$

also bei $\varphi_{1,2} = \dfrac{1 \pm \sqrt{5}}{2}$.

Wählen wir natürliche Zahlen x und y so, daß ihr Quotient mit beliebiger, gegebener Genauigkeit den Wert $\dfrac{1+\sqrt{5}}{2}$ approximiert, können wir erreichen, daß sich A_1, A_2 und A_3 beliebig genau an den Flächeninhalt A des Quadrates $ABCD$ annähern. Nur im Falle $\varphi = \dfrac{x}{y} = \dfrac{1+\sqrt{5}}{2}$ gilt $A_1 = A_2 = A_3 = A$.

Diese Zahl φ ist in der Mathematik und ihren Anwendungen außerordentlich populär. Ihre geometrische Bedeutung besteht darin, daß der Punkt N die Strecke $\overline{AB}$ im »goldenen Schnitt« teilt. In der Tat sind nämlich für $xy \neq 0$ äquivalent:

$$\begin{aligned}
&\frac{x+y}{x} = \frac{x}{y},\\
&xy + y^2 = x^2,\\
&x^2 - xy - y^2 = 0.
\end{aligned}$$

Die positive Nullstelle der letzten Gleichung ist aber gerade die Zahl φ. Der Zahlenwert des goldenen Schnittes wird mit dem griechischen Buchstaben φ, zu Ehren des großen antiken griechischen Bildhauers Pheidias, der diese Teilung oft in seinen Skulpturen verwendete, oder mit dem griechischen Buchstaben τ (vom griechischen Wort tome – Schnitt) bezeichnet. Die Längen der Teilstücke, in die wir die Strecke AD im günstigsten Falle teilten, lassen sich durch in der Mathematik wohlbekannte Zahlen ausdrükken. Diese hängen eng mit einer Aufgabe über die Zahl der Kaninchen in jeder Generation zusammen, die der als Fibonacci bekannte mittelalterliche Mathematiker Leonardo von Pisa stellte.

Ihre Lösung führt zur rekursiven Zahlenfolge

$$1, 1, 2, 3, 5, 8, 13, 21, \ldots, u_n = u_{n-1} + u_{n-2}, \ldots,$$

den FIBONACCIschen Zahlen. Obwohl die Zahlen u_n und auch ihr Index n natürliche Zahlen sind, ist die Abhängigkeit der u_n von n durch folgende Formel gegeben:

$$u_n = \frac{1}{5}\left[\left(\frac{1+\sqrt{5}}{2}\right)^n - \left(\frac{1-\sqrt{5}}{2}\right)^n\right].$$

Mit dieser Formel erhalten wir $u_1 = u_2 = 1$, $u_3 = 2$, $u_4 = 3$ usw. Außerdem stellt sich heraus, daß

$$\lim_{n\to\infty} \frac{u_n + 1}{u_n} = \varphi. \tag{1}$$

In unserer Aufgabe entstand das Paradoxon in den Fällen, in denen x und y bei der Teilung des Quadrats die Werte von zwei aufeinanderfolgenden Gliedern der FIBONACCIschen Zahlenfolge oder einer beliebigen rekursiven Zahlenfolge der Art

$$a, b, a + b, a + 2b, 2a + 3b, \ldots, u_n = u_{n-1} + u_{n-2}, \ldots$$

annahmen.

Wenn x und y rationale Zahlen sind, dann ist $A - A_1 \neq 0$. Wenn x und y natürliche Zahlen sind, gilt

$$\min(A - A_1) = 1.$$

Das Minimum wird dann angenommen, wenn x und y zwei aufeinanderfolgende Glieder der FIBONACCIschen Zahlenfolge sind: ($y = 3$, $x = 5$), ($y = 8$, $x = 13$), ($y = 13$, $x = 21$) usw. Das ist verständlich, wenn man sich die Gleichung (1) betrachtet. Je größer die gewählten FIBONACCIschen Zahlen sind, desto weniger wird die Überdeckung oder der Spalt zu bemerken sein. Für kleine Werte wird diese Ungenauigkeit offensichtlich, und die Illusion eines Paradoxons verschwindet.

Durch verschiedene Wahl der rekursiven Zahlenfolge kann man beliebig viele Varianten dieses Paradoxons erhalten. Aus der Folge

$$2, 4, 6, 10, 16, 26, \ldots$$

erhalten wir einen Zuwachs oder einen Verlust von 4 Flächeneinheiten, aus der Folge

$$3, 6, 9, 15, 24, 39, \ldots$$

einen Verlust oder einen Zuwachs von 6 Flächeneinheiten.

Wählen wir

$$\begin{aligned} y &= u_{n-1}, \\ x &= u_n, \\ |AD| &= u_{n+1}, \\ |A_1D_1| &= u_{n+2}, \end{aligned}$$

so beträgt der Verlust oder der Zuwachs

$$u_{n+1}^2 - u_n\, u_{n+2}.$$

Wir bezeichnen den Verlust bzw. den Zuwachs mit z und erhalten folgendes Gleichungssystem:

$$u_{n+1} = u_n + u_{n-1},$$

$$u_{n+2} = u_{n+1} + u_n,$$

$$u_{n+1}^2 = u_n\, u_{n+2} \pm z,$$

oder das äquivalente

$$|AD| = x + y,$$

$$|A_1D_1| = |AD| + x,$$

$$|AD|^2 = |A_1D_1| \cdot x \pm z.$$

Wenn wir für z die Größe des gewünschten Zuwachses oder Verlustes und für $|AD|$ die gegebene Länge der Quadratseite einsetzen, erhalten wir als Lösung des Systems die Werte x und y.

Wenn wir für x und y rationale Zahlen erhalten, wird der Verlust oder der Zuwachs niemals zwei oder drei Flächeneinheiten betragen. Zwei Flächeneinheiten liefert die rekursive Folge

$\sqrt{2}, 2\sqrt{2}, 3\sqrt{2}, 5\sqrt{2}, \ldots$

und drei Flächeneinheiten die Folge

$\sqrt{3}, 2\sqrt{3}, 3\sqrt{3}, 5\sqrt{3}, \ldots$

Für die Fibonaccische Zahlenfolge läßt sich beweisen, daß stets

$$u_n^2 = u_{n-1}\, u_{n+1} \pm 1$$

gilt (z. B.: $1^2 = 2 - 1$, $2^2 = 1 \cdot 3 + 1$, $3^2 = 2 \cdot 5 - 1$, $5^2 = 3 \cdot 8 + 1$ usw.).

Diese Eigenschaft der Fibonaccischen Zahlen reguliert den Verlust oder den Zuwachs gerade einer Flächeneinheit.

Für $|AD| = 5$, $x = 3$, $y = 2$ erhalten wir $A = 25$, $A_1 = 24$; für $|AD| = 8$, $x = 5$, $y = 3$ erhalten wir $A = 64$, $A_1 = 65$ usw. Wenn wir für die Quadratseite die Werte 5, 13, 34, ... wählen, verlieren wir eine Flächeneinheit, für die Werte 8, 21, 55, ... erhalten wir eine Flächeneinheit dazu. $A = A_1$ gilt nur im Falle $\frac{x}{y} = \frac{1 + \sqrt{5}}{2}$. Das läßt sich damit erklären, daß wir x und y als aufeinanderfolgende Glieder der rekursiven Folge

$$1, \varphi, \varphi + 1, 2\varphi + 1, 3\varphi + 2, \ldots$$

wählen, die sich auch als geometrische Folge

$$1, \varphi, \varphi^2, \varphi^3, \varphi^4, \ldots$$

schreiben läßt. Das ist die einzige derartige rekursive Folge, die als geometrische Folge (mit dem Quotienten φ) darstellbar ist.

Ausführlicher kann man über die Zahl φ und die Fibonaccische Folge bei Worobjow (1977) und bei Markuschewitsch (1977) nachlesen.

27. Die Bilder 32a und 32b wurden nicht sorgfältig gezeichnet. Unter der Annahme, daß diese Bilder exakt sind, erhalten wir aus der Ähnlichkeit der Dreiecke $\triangle ABC$, $\triangle AEF$, $\triangle CNF$:

$$|AB| : |BC| = |EF| : |AE| = |CN| : |NF|. \qquad (1)$$

Aus diesen Gleichungen erhalten wir, wenn wir die entsprechenden Längen einsetzen, die offensichtlich falschen Gleichungen:

$$\frac{5}{13} = \frac{2}{5} = \frac{3}{8}.$$

Damit sind wir zu einem Widerspruch gelangt. Die Dreiecke $\triangle ABC$, $\triangle AEF$ und $\triangle CNF$ können also nicht die Seitenlängen haben, die aus dem Bild 32a zu erkennen sind. Nach Voraussetzung ist $|AB| = 5$ und $|BC| = 13$. Dann folgt aus Gleichung (1):

$$\frac{5}{13} = \frac{|EF|}{5} = \frac{3}{|NF|},$$

also

$$|EF| = 1\frac{12}{13} \quad \text{und} \quad |NF| = 7\frac{4}{5}.$$

Dieses Resultat zeigt, daß der Punkt F, der Schnittpunkt der Senkrechten in den Punkten N und E, nicht auf der Diagonalen $\overline{AC}$ liegt. Es sei F_1 der Schnittpunkt der Geraden $\overline{EF}$ und $\overline{AC}$ und F_2 der Schnittpunkt der Geraden $\overline{NF}$ und $\overline{AC}$ (Bild 86).
Es gilt

$$|EF_1| = 1\frac{12}{13} \quad \text{und} \quad |NF_2| = 7\frac{4}{5}.$$

Wenn wir die Zeichnung genauer ausführen (Bild 87), so sehen wir, daß sich in der Mitte des Rechtecks $ABCD$ ein L-förmiger Spalt bildet, wobei

$$|AF_1| = 7\frac{4}{5} \quad \text{und} \quad |CN| = 1\frac{12}{13}$$

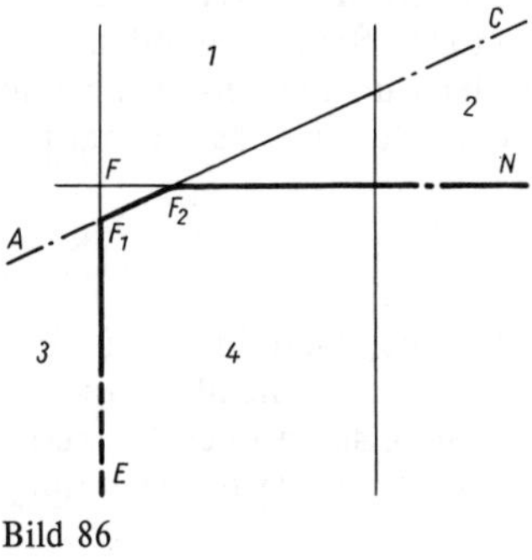

Bild 86

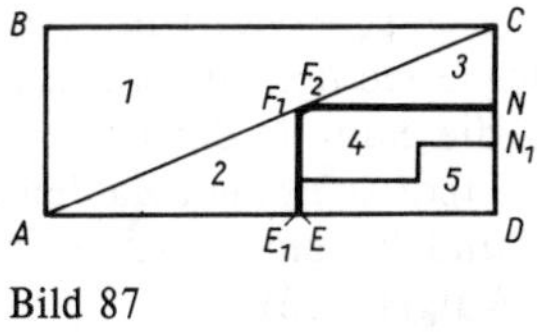

Bild 87

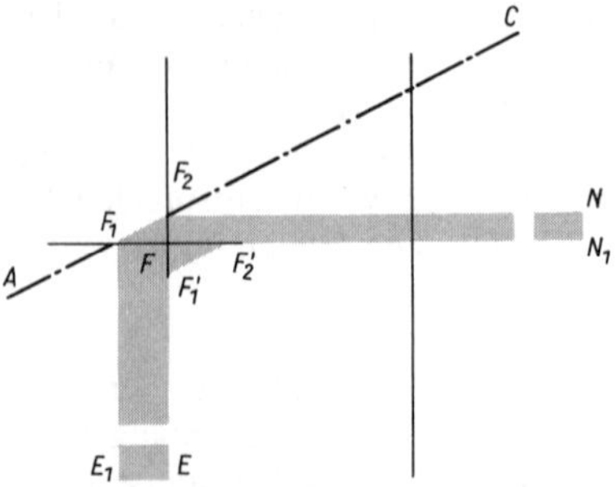

Bild 88

gilt. Der Flächeninhalt A_{Sp} dieses Spaltes beträgt eine Flächeneinheit. Wir wollen die letzte Aussage beweisen (Bild 88):

$$A_{\text{Sp}} = A_{EE_1F_1F} + A_{FF_2NN_1} + A_{\triangle FF_1F_2} + A_{\triangle FF_1'F_2'}.$$

Wegen der Kongruenz der Dreiecke $\triangle FF_1F_2$ und $\triangle FF_1'F_2'$ folgt

$$A_{\text{Sp}} = A_{EE_1F_1F} + A_{FF_2NN_1} + 2\,A_{\triangle FF_1F_2}$$

oder

$$A_{\text{Sp}} = |EF_1| \cdot |EF| + |N_1F| \cdot |FF_2| + |FF_1| \cdot |FF_2|. \qquad (2)$$

Jetzt berechnen wir $|FF_1|$ und $|FF_2|$:

$$|FF_1| = |EE_1| = |AF| - |AF_1| = 8 - 7\frac{4}{5} = \frac{1}{5},$$

$$|FF_2| = |NN_1| = |CN_1| - |CN| = 2 - 1\frac{12}{13} = \frac{1}{13}.$$

Diese Ausdrücke und die Werte $|EF| = 3$ und $|N_1F| = 5$ setzen wir in die Gleichung (2) ein und erhalten

$$A_{\text{Sp}} = \frac{1}{5} \cdot 3 + \frac{1}{13} \cdot 5 + \frac{1}{5} \cdot \frac{1}{13} = 1.$$

Das heißt, der Flächeninhalt des Spaltes und der des schraffierten Quadrates sind gleich. Also ist das letztere nicht verschwunden, sondern hat sich nur in einen gleich großen Spalt verwandelt.

Die Längen der Rechteckseiten in der Aufgabe betrugen 5 und 13 Einheiten. Diese Zahlen sind aufeinanderfolgende Glieder der Fibonaccischen Folge

$$1, 1, 2, 3, 5, 8, 13, 21, 34, 55, 89, \ldots;$$

$$u_n = u_{n-1} + u_{n-2},\ u_{n+1} = u_n + u_{n-1}, \ldots$$

Jedes Glied der Fibonaccischen Folge ist, beginnend mit dem dritten, die Summe der beiden unmittelbar vorhergehenden Glieder. Die Fibonaccischen Zahlen spielen in Sophismen über das Zerlegen und Zusammensetzen von Flächen eine Rolle (siehe Lösung zur Aufgabe 26).

28. Die Figur *ABCD* ist kein Quadrat, sondern ein konvexes Achteck. Es gilt nämlich:

$$\tan \sphericalangle AMQ = \frac{3}{8} = \frac{15}{40},$$

$$\tan \sphericalangle MBF = \frac{2}{5} = \frac{16}{40}$$

und damit

$$\sphericalangle AMQ < \sphericalangle MBF.$$

Für den Winkel $\sphericalangle AMB$ erhalten wir also

$$\begin{aligned} \sphericalangle AMB &= \sphericalangle AMQ + \sphericalangle QMF + \sphericalangle FMB \\ &= \sphericalangle AMQ + 90° + 90° - \sphericalangle MBF \\ &= 180° + \sphericalangle AMQ - \sphericalangle MBF < 180°. \end{aligned}$$

Die »Strecke« $\overline{AB}$ ist also ein Polygonzug, der aus den Strecken $\overline{AM}$ und $\overline{MB}$ besteht.

Analog läßt sich beweisen, daß die Figur $A_1M_1B_1N_1C_1O_1D_1P_1$ ein konkaves Achteck ist.

29. Wie in der Aufgabe 26 wurden als Seitenlängen des Rechtecks FIBONACCIsche Zahlen verwendet. Das bewirkte die Vergrößerung des Flächeninhaltes um eine Flächeneinheit.

30. Siehe Lösung zur Aufgabe 26.

34. Man kann sich leicht vergewissern, daß die Größe der Fehlstelle in der Mitte des zerlegten Quadrates oder Rechtecks von der Größe des Winkels, der von einer Seite des Vierecks und einem Schnitt gebildet wird, abhängig ist. Sogar bei einer flüchtigen Analyse des Vierecks mit dem Loch sieht man, daß seine Seiten etwas länger sind als die des gegebenen Vierecks.

Wie wir sehen, treten geometrische Sophismen häufig deshalb auf, weil wir den geometrischen Figuren Eigenschaften zuschreiben, die wir zu sehen glauben, die aber nicht logisch aus den gegebenen Eigenschaften der betrachteten Figur folgen.

Darum muß man sich stets an die Warnung des Mathematikers ALEXEJ B. POGORELOW erinnern, der schrieb: »Beim Beweisen von Sätzen ist es erlaubt, Skizzen zu benutzen, als geometrische Darstellung dessen, was wir mit Worten ausdrücken. Es ist aber nicht erlaubt, beim Beweisen Eigenschaften der Figuren zu benutzen, die wir der Skizze entnehmen, wenn wir sie nicht aus Axiomen oder vorher bewiesenen Sätzen herleiten können.«

35. Den Kreis kann man sich als Grenzwert einbeschriebener oder umschriebener regulärer Polygone vorstellen, wenn wir die Zahl der Eckpunkte dieser Polyeder unbegrenzt schrittweise verdoppeln. Je größer die Zahl der Eckpunkte der Polygone ist, desto besser gelingt es uns, das Rollen der Kreise im Sophismus von ARISTOTELES zu demonstrieren. Das rutschfreie Rollen eines regulären Polygons entlang einer Geraden bedeutet, es von einer Seite auf die nächste durch Drehung um den gemeinsamen Eckpunkt dieser Seiten zu legen. Als Beispiel wollen wir das reguläre Achteck $A_1A_2A_3A_4A_5A_6A_7A_8$ betrachten (Bild 89). In der Ausgangslage liegt die Seite $\overline{A_1A_2}$ auf der Geraden. Wenn wir das Achteck um den Punkt A_2 um einen Winkel der Größe $\frac{360°}{8}$ drehen, so liegt die Seite $\overline{A_2A_3}$ auf der Geraden, und der Punkt O nimmt die Lage O' ein. Im allgemeinen Fall wird sich der Punkt O nach $n-1$ Drehungen im Punkt $O^{(n-1)}$, der Punkt A_1 im Punkt $A_1^{(n-1)}$, A_n in $A_n^{(n-1)}$ befinden. Die Seite $\overline{A_n^{(n-1)}A_1^{(n-1)}}$ liegt auf der Strecke $\overline{A_1A_1^{(n-1)}}$, die dem Umfang des gegebenen n-Ecks gleich ist. Im speziellen Fall ist $\overline{A_1A_1^{(7)}}$ der Umfang des Achtecks $A_1A_2A_3A_4A_5A_6A_7A_8$.

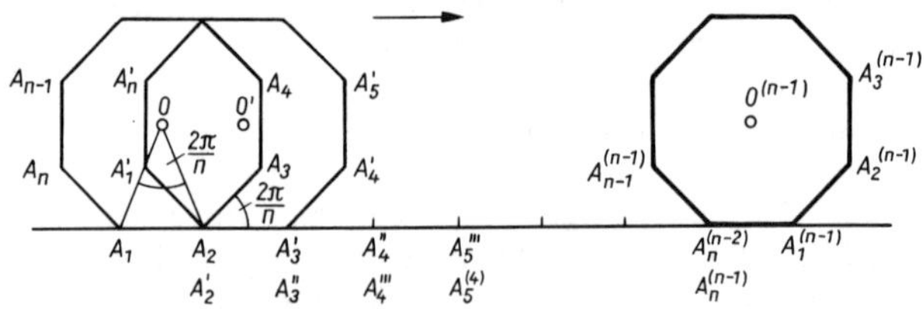

Bild 89

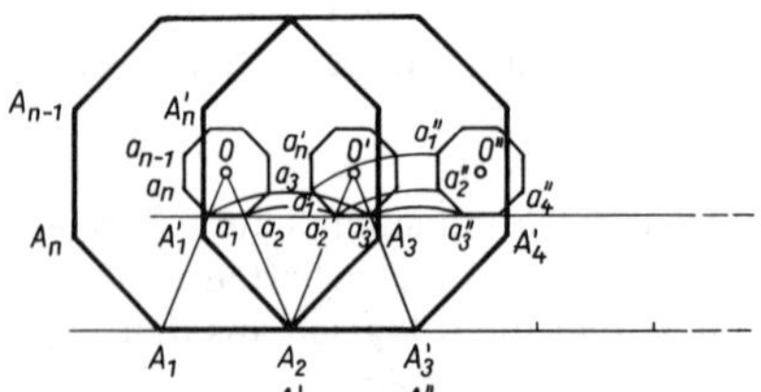

Bild 90

Es seien jetzt nicht zwei konzentrische Kreise miteinander verbunden, sondern zwei konzentrische Polygone, deren Seiten parallel zueinander liegen (Bild 90). Wenn sich das große Polygon ohne zu rutschen um den Punkt A_2 und den Winkel $\frac{360°}{n}$ dreht, so wird die Seite $\overline{A_2A_3}$ (die neue Lage sei $\overline{A_2'A_3'}$) auf der Geraden liegen, und die Strecke $\overline{A_2'A_3'}$ ist die Verlängerung der Strecke $\overline{A_1A_2}$. Nach $n-1$ Drehungen ist der Umfang des n-Ecks auf der Geraden als Strecke $\overline{A_1A_1^{(n-1)}}$ abgewickelt.

Ganz anders wird sich das kleine, mit dem großen verbundene Polygon bewegen. Es dreht sich auch um den Punkt A_2 um $\frac{360°}{n}$, und seine Seite $\overline{a_2a_3}$ nimmt die Lage $\overline{a_2'a_3'}$ ein, die überhaupt nicht die Fortsetzung der Strecke $\overline{a_1a_2}$ ist. Während sich das große Polygon $A_1 \ldots A_n$ von einer auf die nächste Seite legt, wird das kleine Polygon $a_1 \ldots a_n$ von einer auf die nächste Seite »springen«. Im Ergebnis »durchspringt« das kleine Polygon eine Strecke $\overline{a_1a_1^{(n-1)}}$, die größer als sein Umfang ist.

Es ist nicht schwer, das Rollen derselben Polygone zu modellieren, wenn sich das kleine Polygon rutschfrei bewegt. Nach jeder Drehung um $\frac{360°}{n}$ und um einen Eckpunkt des kleinen Polygons werden sich die Bilder der Seiten des großen Polygons teilweise überlappen. Die Folge ist, daß der zurückgelegte Weg des großen Polygons kleiner als sein Umfang ist.

Aus den dargestellten Überlegungen können wir den Schluß ziehen, daß sich beim Rollen des großen Kreises (Bild 53) entlang der Geraden $\overline{MN}$ der kleine Kreis (ebenso wie das kleine Polygon) nicht rutschfrei bewegen kann.

Bei einer ganzen Umdrehung legt der Mittelpunkt des kleinen Kreises den Weg $|M_1N_1| > 2\pi|OM_1|$ zurück. Wenn $|M_1N_1| = 2\pi|OM|$ gilt, dann folgt $2\pi|OM| > 2\pi|OM_1|$.

Dieser Sophismus machte auf ARISTOTELES einen großen Eindruck. Er nannte ihn das merkwürdigste Problem der Mechanik. GALILEO GALILEI hat die Erklärung ARISTOTELES' nicht befriedigt. Er schlug in seinen »Gesprächen über Mechanik« eine eigene Lösung des Sophismus vor, in der er das Rollen des Kreises mit dem Rollen eines Polygons verglich.

Die mathematische Seite dieses Sophismus besteht in der Demonstration der Besonderheiten unendlicher Mengen. Wenn wir $P_1 = 2\pi|OM_1|$ und $P = 2\pi|OM|$ als Punktmengen auffassen, so können wir annehmen, daß $P_1 \subset P$ und es gleichzeitig möglich ist, eine eineindeutige Abbildung zwischen den Elementen (Punkten) dieser Mengen herzustellen. Das gerade wird vom Sophismus: »Das Rad des ARISTOTELES« demonstriert. Hieraus folgt, daß der Teil dem Ganzen äquivalent ist. Dieser Schluß wirkte paradox, da er einem der euklidischen Axiome »der Teil ist kleiner als das Ganze« widersprach.

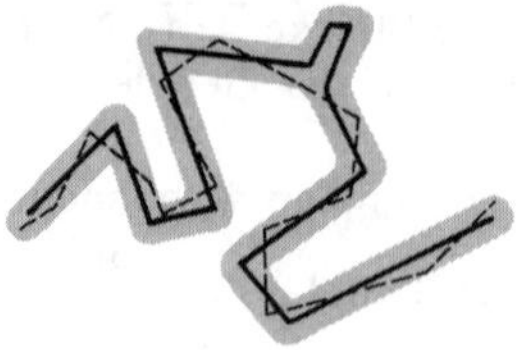

Bild 91

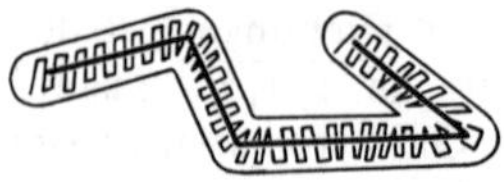

Bild 92

36. Dieser Sophismus illustriert eine außerordentlich wichtige Eigenschaft der Länge von Polygonzügen, die sogenannte Unterhalbstetigkeit. Zur Erläuterung führen wir den Begriff der r-Umgebung einer Figur ein. Es sei M eine gegebene Menge von Punkten der Ebene und r eine positive reelle Zahl. Für alle $A \in M$ betrachten wir einen offenen Kreis mit dem Radius r und dem Mittelpunkt A. Die Vereinigung aller dieser Kreise bezeichnen wir mit $O(M,r)$ und nennen sie r-Umgebung der Menge M, das heißt, $B \in O(M,r)$ dann und nur dann, wenn es einen Punkt $B_1 \in$ M gibt, so daß $\overline{BB_1} < r$ ist.

Es sei L ein möglicherweise auch sehr kompliziert gebauter Polygonzug und r eine genügend kleine positive reelle Zahl. Wir betrachten $O(L,r)$. Jeder Polygonzug L', der innerhalb der Menge $O(L,r)$ liegt und dessen Endpunkte mit denen des Polygonzuges L zusammenfallen, muß mehr oder weniger alle Knicke des Polygonzuges L wiederholen (Bild 91), und deshalb wird die Länge des Zuges L' (wir werden sie mit $l(L')$ bezeichnen) nicht wesentlich kürzer sein als $l(L)$. Es ergibt sich folgendes Resultat: Wenn L ein Polygonzug ist und $\varepsilon > 0$, so existiert ein $\delta > 0$, so daß für alle Polygonzüge L', die von L (punktweise) weniger als δ entfernt sind (symbolisch geschrieben: $d(L',L) < \delta$), d. h. für die $L' \in O(L, \delta)$ ist, gilt:

$$l(L) - l(L') < \varepsilon. \tag{1}$$

Die Bedingung $d(L', L) < \delta$ schränkt die Länge der Polygonzüge $L' \in O(L, \delta)$ von unten her ein, beschränkt sie aber nicht von oben. Es ergibt sich sogar, daß für jeden Polygonzug (unter anderem also auch für eine Strecke) L und jede positive reelle Zahl δ ein Polygonzug L' existiert, der eine beliebig große Länge hat, obwohl $d(L', L) < \delta$ gilt (Bild 92). Deshalb heißt die Bedingung (1) Unterhalbstetigkeit.

Man sagt, daß eine Folge von Polygonzügen $L_1, L_2, \ldots, L_n, \ldots$ gegen den Polygonzug L (punktweise) konvergiert, wenn

$$\lim_{n \to \infty} d(L, L_n) = 0.$$

Das bedeutet aber keinesfalls, daß aus dieser Konvergenz auch

$$\lim_{n \to \infty} l(L_n) = l(L) \tag{2}$$

folgt. Wäre das so, dann besäßen die Längen von Polygonzügen die Eigenschaft der Stetigkeit bei punktweiser Konvergenz. Wir wissen jetzt aber: wenn der Grenzwert $\lim_{n\to\infty} l(L_n)$ überhaupt existiert, dann genügt er nur der Ungleichung

$$\lim_{n\to\infty} l(L_n) \geqq l(L). \tag{3}$$

Die Ungleichung (3) ist der Bedingung (1) äquivalent.

In unserer Aufgabe schlossen wir aus der richtigen Aussage

$$\lim_{n\to\infty} d(\overline{AB}, L_n) = 0$$

auf die Aussage

$$\lim_{n\to\infty} l(L_n) = |AB|$$

und haben dabei unausgesprochen die Gleichung (2) benutzt, die im allgemeinen Fall (darunter auch in unserem Beispiel) nicht erfüllt ist. Deshalb ist auch die Schlußfolgerung unbegründet. In Wirklichkeit gilt

$$\lim_{n\to\infty} l(L_n) = |AC| + |BC|,$$

$$|AB| = \sqrt{|AC|^2 + |BC|^2},$$

$$|AC| + |BC| > \sqrt{|AC|^2 + |BC|^2},$$

was der Ungleichung (3) nicht widerspricht.

37. Dieser Sophismus unterscheidet sich vom vorangegangenen nur dadurch, daß wir eine Folge von Halbkreiszügen (L_1, L_2, L_3, ..., L_n, ...) und nicht von Polygonzügen betrachten.

38. Das Messen des Inhaltes von Oberflächen ist das komplizierteste Teilgebiet der Theorie des Messens geometrischer Größen. Das läßt sich damit erklären, daß es außerordentlich komplizierte Figuren gibt, deren Inhalt nicht immer bestimmbar ist. Das logische Wesen dieses Sophismus ist dem der beiden letzten Beispiele gleich. Auch hier wurde die Unterhalbstetigkeit des Oberflächenmaßes nicht berücksichtigt (siehe Erläuterungen zur Aufgabe 36). Wir nahmen unbegründet

$$\lim_{n\to\infty} A_n = A$$

an, was tatsächlich falsch ist. Da

$$\pi r(h + r) = \pi r^2 + 2\pi\left(\frac{1}{2} r\right)h$$

gilt, so ist der Grenzwert von A_n nicht die Mantelfläche des Kegels, sondern die Summe aus der Grundfläche des Kegels und der Mantelfläche eines Zylinders mit dem Radius $\frac{1}{2}r$ und der Höhe *h*. Dieses einfache Beispiel demonstriert die Schwierigkeit der allgemeinen Aufgabe der Berechnung des Oberflächeninhaltes von Figuren (siehe auch die Lösung zur Aufgabe 39).

39. Dieser Sophismus des deutschen Mathematikers HERMANN AMANDUS SCHWARZ führt die Ideen aus Aufgabe 36 weiter. Er zeigt, daß die Folge der Mantelflächeninhalte von in die gegebene Figur einbeschriebenen Polyedern verschiedene oder auch gar keinen Grenzwert besitzen kann. Das Beispiel macht deutlich, daß sich die offensichtliche, geometrische Definition des Mantelflächeninhaltes auf intuitive Vorstellungen gründet, die der Kompliziertheit der gestellten Aufgabe nicht angepaßt sind.

Die Mantelflächen der betrachteten Polyeder nähern sich tatsächlich unbegrenzt der des Zylinders, was aber nicht bedeutet (siehe Erklärungen zu Nr. 36), daß der Grenzwert der Inhalte der Mantelflächen der Polyeder der Inhalt der Zylindermantelfläche ist.

Mit der vorgestellten Konstruktion hätte man die richtige Formel für den Mantelflächeninhalt des Zylinders herleiten können, wenn man $n = m$, $n = 10\,m$ oder allgemein $n = km$ (k sei eine natürliche Zahl) gesetzt hätte. Zum Beispiel erhalten wir mit $n = 10\,m$:

$$A_m = 2\,mR\sin\frac{\pi}{m}\sqrt{H^2 + 400\,m^2R^2\sin^4\frac{\pi}{2\,m}}$$

$$= 2\pi R\,\frac{\sin\frac{\pi}{m}}{\frac{\pi}{m}}\sqrt{H^2 + \frac{25\pi^4R^2}{m^2}\left(\frac{\sin\frac{\pi}{2\,m}}{\frac{\pi}{2\,m}}\right)^4}\,.$$

Und daraus folgt

$$\lim_{m\to\infty} A_m = 2\pi RH.$$

Für $n = km$ erhalten wir stets den richtigen Grenzwert, weil in diesem Fall bei der Konstruktion des einbeschriebenen Polyeders die Anzahl der Teile der Kreisperipherie und die der Höhe gleichmäßig proportional wächst. Das Polyeder ist zwar nicht konvex, seine Flächenteile liegen aber fast vertikal. Das bedeutet, daß der Winkel, der zum Beispiel von der Fläche $\triangle MNP$ (Bild 59) und der Grundfläche gebildet wird, für $m \to \infty$ gegen $\frac{\pi}{2}$ strebt. Das heißt, daß im Grenzfall für $m \to \infty$ die Neigung der Oberfläche des Polyeders gegenüber der des Zylinders gegen Null geht und gleichzeitig (und das ist besonders wichtig!) die Folge der Mantelflächeninhalte der Polyeder gegen den Mantelflächeninhalt des Zylinders konvergiert.

Anders ist die Situation, wenn $n = m^2$, $n = m^3$ oder allgemein $n = m^k$ (k sei wieder eine natürliche Zahl) gilt. In diesem Fall wächst die Anzahl der Teile der Höhe wesentlich schneller als die Anzahl der Teile der Kreisperipherie. Jetzt wird die Polyederoberfläche mehr und mehr gezahnt, was die Vergrößerung ihres Inhaltes bewirkt. Die Dreiecksflächen der Polyeder nehmen dann für $m \to \infty$ nicht mehr eine vertikale Lage wie im Fall $n = km$ ein, sondern es stellt sich eine Grenzneigung (bei $n = m^2$) oder sogar eine horizontale Lage (bei $n = m^3$) ein.

40. Der Sophismus liegt in der unbegründeten Annahme, daß sich ein beliebig schmales sphärisches Dreieck auf der Ebene abrollen läßt. Daß das nicht möglich ist, sieht man daran, daß die Innenwinkelsumme eines sphärischen Dreiecks größer als 180° ist, während sie im ebenen Dreieck stets 180° beträgt. In unserem Beispiel (Bild 61) gilt im sphärischen Dreieck $\triangle APB$

$$\sphericalangle PAB = \sphericalangle PBA = 90°.$$

Ein analoges ebenes Dreieck wäre gleichschenklig und müßte zwei rechte Innenwinkel haben.

41. Es wurde der logische Fehler »Verwechslung der Behauptung« begangen. Er bestand darin, daß wir begannen, eine Behauptung zu beweisen, und im Laufe des Beweises dazu übergingen, eine andere Behauptung zu beweisen. Die lateinische Bezeichnung dieses Fehlers ist: ignoratio elenchi – Unverständnis dessen, was bewiesen ist.

Was ist an den angeführten Schlüssen begründet? Es wurde bewiesen, daß die parallele Gerade $\overline{CE}$, die mit der dargestellten Methode konstruiert wurde, die einzige ist. Aber woher ist klar, daß die vorgestellte Methode zur Konstruktion der Geraden $\overline{CE}$ die einzige ist? Es ist gut bekannt, daß es noch weitere Methoden zur

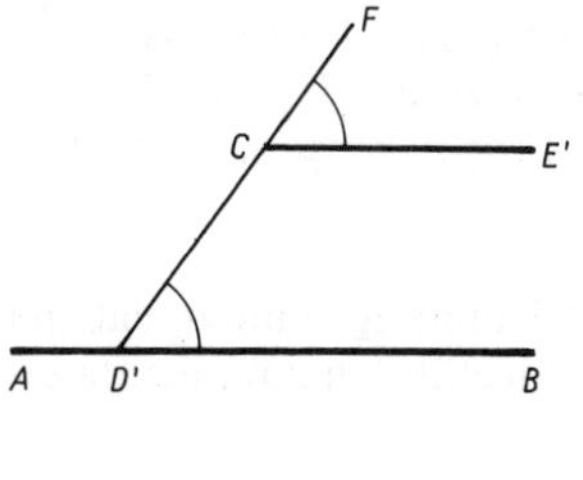

Bild 93

Konstruktion einer parallelen Geraden zur Geraden $\overline{AB}$ gibt. Zum Beispiel können wir auf der Geraden $\overline{AB}$ einen beliebigen Punkt D' (Bild 93) festlegen, den Strahl $\overline{D'C}$ konstruieren und dann im Punkt C den Winkel $\sphericalangle FCE' = \sphericalangle CD'B$ abtragen. Aus dem Satz (er läßt sich ohne Benutzung des Parallelenaxioms beweisen), daß zwei Geraden parallel sind, wenn eine dritte Gerade diese beiden unter gleichen Wechselwinkeln schneidet, kann man schließen, daß $\overline{CE'} \parallel \overline{AB}$ ist. Wo ist aber die Garantie, daß $\overline{CE}$ und $\overline{CE'}$ zusammenfallen? Die Annahme, daß wir als Ergebnis verschiedener Konstruktionen ein und dieselbe parallele Gerade erhalten, ist dem Parallelenaxiom, das wir eigentlich beweisen wollen, äquivalent.

42. Wir nahmen an, daß für zwei beliebige parallele Geraden, die von einer dritten Geraden geschnitten werden, die Summe eines Paares innerer, einseitiger Winkel entweder stets größer als π, stets gleich π oder stets kleiner als π ist. Damit sind nicht alle möglichen Fälle unterschieden worden: Die Summe dieser Winkel könnte in einem Beispiel kleiner als π und in einem anderen Beispiel größer als π sein. Diese Annahme führt nicht zu einem Widerspruch. Zum Beispiel widerspricht

$$\sphericalangle 1 + \sphericalangle 4 > \pi \text{ und } \sphericalangle 2 + \sphericalangle 3 < \pi$$

nicht

$$\sphericalangle 1 + \sphericalangle 3 + \sphericalangle 2 + \sphericalangle 4 = 2\pi.$$

Eigenartig ist auch, daß wir nirgendwo die Bedingung $\overline{AB} \parallel \overline{CD}$ benutzt haben. Wenn unser Beweis richtig wäre, so hätten wir sogar folgende, ganz sicher falsche Behauptung bewiesen: »Wenn zwei beliebige Geraden von einer dritten geschnitten werden, so beträgt die Summe der inneren einseitigen Winkel 180°.« Gerade wenn wir die Bedingung nach der Parallelität der Geraden $\overline{AB}$ und $\overline{CD}$ nicht stellen, wird in der Regel der vierte, von uns nicht berücksichtigte Fall eintreten: Auf der einen Seite ist die Summe der inneren Winkel größer als π und auf der anderen Seite kleiner.

43. Es wurde der logische Fehler »Zirkelschluß« (auf lateinisch circulus in demonstrando – ein Kreis im Beweis) oder »etwas durch sich selbst« (lateinisch: idem per idem) begangen. Im Beweis wurde als offensichtliche Wahrheit der Fakt benutzt, daß in allen Dreiecken die Innenwinkelsumme gleich ist. Diese Aussage ist aber dem Parallelenaxiom äquivalent.

45. Im Beweis wurde die unbewiesene Behauptung benutzt, daß die Punkte C und C' verschieden sind. Die angeführten Argumente erzwingen diesen Fall aber nicht. Deshalb fehlt dem Beweis die Überzeugungskraft. Es wäre möglich, daß die beiden Dreiecke $\triangle ABC$ und $\triangle ABC'$ zusammenfallen, obwohl die Existenz des Dreiecks $\triangle ABC'$ natürlich noch gezeigt werden muß.

46. Es wurde der logische Fehler »Verwechslung der Behauptung« begangen (siehe Erläuterungen zur Aufgabe 40). Wir konstruieren eine Zeichnung (Bild 94), in der sich die Strahlen $\overline{AQ}$ und $\overline{BP}$ schneiden. Die Strecken $\overline{AA_1}$, $\overline{A_1A_2}$, $\overline{A_2A_3}$, ... nennen wir ersten, zweiten, dritten, ... Abschnitt der Schiefen, die Strecken $\overline{BB_1}$, $\overline{B_1B_2}$, $\overline{B_2B_3}$, ... nennen wir ersten, zweiten, dritten, ... Abschnitt der Senkrechten. Folgende Aussagen im Beweisprozeß von Proklos sind richtig:

1) Die Prozedur des Abtragens der Abschnitte kann beliebig lange fortgeführt werden. Man kann auf diese Weise Abschnitte mit beliebig hoher Nummer erhalten.

2) Je ein Abschnitt der Senkrechten und der Schiefen mit derselben Nummer schneiden sich nicht.

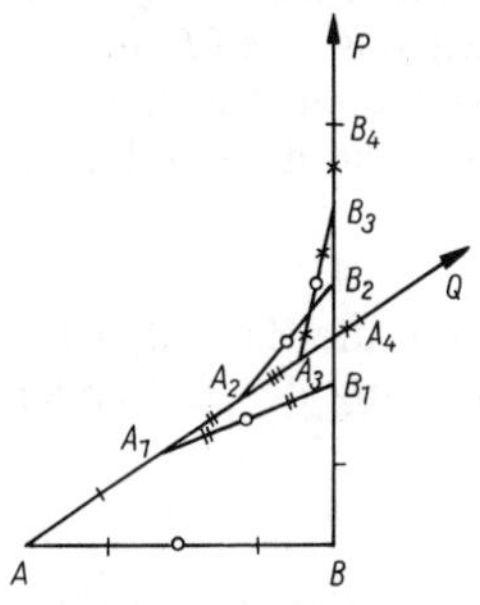

Bild 94

Das schließt aber nicht aus, daß sich Abschnitte mit verschiedenen Nummern schneiden. Wenn wir behaupten, daß sich die Senkrechte und die Schiefe nicht schneiden, so müssen wir zeigen, daß kein Abschnitt der Senkrechten irgendeinen Abschnitt der Schiefen schneidet. Auf dem Bild 94, das ohne beabsichtigte metrische Verzerrungen angefertigt wurde, sieht man, daß sich der zweite Abschnitt der Senkrechten und der vierte Abschnitt der Schiefen schneiden.

Allerdings zeigt der Schluß, der auf Grund der Zeichnung gemacht wurde, nicht den Fehler im Beweis von Proklos. Das taten wir vorher. Außerdem können wir, wenn wir die Größe des Winkels $\sphericalangle QAB$ kennen, mit trigonometrischen Formeln die Nummern der Abschnitte berechnen, die sich schneiden. Ein einziges Gegenbeispiel reicht jedoch, um das Resultat aus unserem Sophismus zu widerlegen.

47. Es gilt

$$\begin{aligned} |KM| - |EH| &= (|KH| + |HM|) - (|EK| + |KH|) \\ &= |HM| - |EK| \end{aligned}$$

und gemäß Bild 67

$$\begin{aligned} |EK| : |BC| &= |AE| : |AB| = |AK| : |AC| \\ &= |DM| : |DC| = |HM| : |BC|. \end{aligned}$$

Wegen $|BC| \neq 0$ ist also $|EK| = |HM|$. Daher ergab sich $0 : |AD| = 0 : |BC|$. Wir haben also keinen Grund, auf $|AD| = |BC|$ zu schließen ($|AD|$ und $|BC|$ können beliebige Werte annehmen).

48. Der falsche Schluß trat auf Grund eines Fehlers in der Zeichnung auf. Die Punkte E und F, die in Wirklichkeit zusammenfallen, werden wie verschiedene behandelt.

Nach Konstruktion ist $\overline{LE} \perp \overline{PQ}$, $\overline{LE} \perp \overline{MN}$ und $\overline{MN} \perp \overline{PQ}$. Deshalb muß der Scheitelpunkt E des Thaleswinkels $\sphericalangle KEL$ auf der Geraden PQ liegen und außerdem auf dem Halbkreis. Das heißt, er fällt mit dem Schnittpunkt F der Geraden $\overline{PQ}$ und dem Halbkreis zusammen. Also ist $F = E$.

50. Jede Brücke hat zwei Enden. Deshalb muß die Zahl aller Enden der Brücken gerade sein. Aus der Erzählung des Reisenden geht aber hervor, daß es insgesamt

$$5 \cdot 1 + 4 \cdot 4 + 3 \cdot 3 + 1 \cdot 1 = 31,$$

also eine ungerade Zahl von Brückenenden gab. Hier muß sich der Reisende also geirrt haben.

51. Die Raupe legt in n Minuten einen Weg von

$$\left(5 + 2\frac{1}{2} + 1\frac{1}{4} + \frac{5}{8} + \ldots + \frac{5}{2^{n-1}}\right) \text{dm} = 5 \cdot \frac{1 - \left(\frac{1}{2}\right)^n}{1 - \frac{1}{2}} \text{dm}$$

zurück. Die Summe der zugehörigen unendlichen Reihe beträgt

$$5 : \left(1 - \frac{1}{2}\right) \text{dm} = 10 \text{ dm} = 1 \text{ m}.$$

Die Raupe erreicht den Ast also nie.

53. So eine Aufteilung ist nicht möglich. Den Beweis dieser Aussage führen wir indirekt. Wir nehmen an, es gäbe so eine Aufteilung. Wir wollen die fünf Teile durchnumerieren. Ein beliebiger Teil sei der erste. Wir gehen seine Grenze entlang und geben jedem angrenzenden Teil, an dem wir vorbeikommen, die nächste Nummer: der zweite, dritte, vierte, fünfte. Jetzt gehen wir den folgenden, geschlossenen Weg: Aus dem ersten Teil in den zweiten, dann in den vierten (er hat mit dem zweiten eine gemeinsame Grenze) und dann wieder in den ersten. Dieser geschlossene Weg teilt die Ebene in zwei Gebiete. Der Beweis dieses offensichtlichen Satzes ist ziemlich schwierig. Er gelang dem französischen Mathematiker CAMILLE JORDAN. Der dritte Teil liegt jetzt in einem dieser beiden Gebiete und der fünfte im anderen. Sie können also keine gemeinsame Grenze haben.

54. Rotkäppchen muß sich so in Richtung Ufer bewegen, daß sich der Kreismittelpunkt ständig auf der Geraden zwischen dem Wolf und Rotkäppchen befindet. Wenn es sich um einen viertel Radius vom Zentrum des Sees entfernt hat, soll es sich geradlinig zum nächsten Punkt des Ufers bewegen (also entlang des Seeradius). Der Weg, den Rotkäppchen dann noch zurücklegen muß, ist 0,75 r lang (r sei die Länge des Radius des Sees). Der Wolf muß noch einen Weg der Länge $\pi r \approx 3{,}14\, r$ zurücklegen. Trotz seiner viermal so großen Geschwindigkeit kann der Wolf Rotkäppchen nicht mehr erreichen, denn

$$3{,}14\, r > 4 \cdot 0{,}75\, r = 3\, r.$$

55. Wenn wir annehmen, daß die Länge des Ziegelsteines 1 beträgt und wir davon unendlich viele zur Verfügung haben, so wird der Abstand der linken Seitenfläche des obersten Steines von der linken Seitenfläche des untersten Steines bis zu

$$\frac{1}{2} + \frac{1}{4} + \frac{1}{6} + \frac{1}{8} + \ldots = \frac{1}{2}\left(1 + \frac{1}{2} + \frac{1}{3} + \frac{1}{4} + \ldots\right)$$

betragen. In der Klammer steht die uns schon bekannte harmonische Reihe, welche divergiert. Das heißt, der gesuchte Abstand kann beliebig groß werden.

56. Die Zeit, in der sich der Junge und der Zylinder bewegen, ist dieselbe. Die Geschwindigkeit des obersten Punktes des Zylinders ist doppelt so groß wie die Geschwindigkeit seiner Achse. Wenn der Junge einen Weg der Länge l zurücklegt, bewegt sich der Zylinder um $\frac{1}{2}\,l$ weiter. Darum muß der Junge bis zum Zusammenstoß einen Weg der Länge $2\,l$ zurücklegen.

57. Im allgemeinen wird geantwortet, daß keine Maus hindurchpaßt. Man könnte meinen, daß 1 m Draht gegenüber den 40 Millionen Metern Erdumfang nicht ins Gewicht fallen.

Es sei r der Radius der Erdkugel ($r = 6\,400$ km). Die Länge des Drahtes vor der Verlängerung sei l_0 ($l_0 = 2\pi r$) und nach der Verlängerung l_1 ($l_1 = l_0 + \Delta l$). Dann gilt

$$r_1 = \frac{l_1}{2\pi} = \frac{l_0 + \Delta l}{2\pi} = \frac{l_0 + 1\text{ m}}{2\pi} = r + \frac{1\text{ m}}{2\pi},$$

$$h = r_1 - r = \frac{1\text{ m}}{2\pi} \approx \frac{100\text{ cm}}{6{,}28} \approx 16\text{ cm}.$$

Unter dem Draht kann also nicht nur eine Maus, sondern auch eine Katze hindurchkriechen!

58. Es sei (siehe Bild 72)

$$\sphericalangle AOO' = \sphericalangle A'OO' = \alpha.$$

Dann gilt

$$l_1 = (2\pi - 2\alpha)\,r + 2\,b,$$

wobei

$$b = |AO'| = |O'A'| = r\tan\alpha.$$

Da der Winkel α klein ist, kann man zur Berechnung von $\tan\alpha$ folgende Näherungsformel verwenden:

$$\tan\alpha \approx \alpha + \frac{\alpha^3}{3}.$$

Damit erhalten wir:

$$l_1 = (2\pi - 2\alpha)\,r + 2\,r\left(\alpha + \frac{\alpha^3}{3}\right) = 2\pi r + \frac{2}{3}\,r\alpha^3$$

$$= l_0 + \frac{2}{3}\,r\alpha^3.$$

Folglich gilt

$$\Delta l = \frac{2}{3}\,r\,\alpha^3 \qquad \text{oder} \qquad \alpha = \sqrt[3]{\frac{3\,\Delta l}{2\,r}}.$$

Für die gesuchte Höhe gilt

$$h = |O'P| = |O'O| - |OP| = \frac{|OA|}{\cos\alpha} - |OP|$$

$$= r\left(\frac{1}{\cos\alpha} - 1\right).$$

Für kleine Winkel α können wir setzen

$$\cos\alpha = 1 - \frac{\alpha^2}{2} \quad \text{oder} \quad \frac{1}{\cos\alpha} = 1 + \frac{\alpha^2}{2}.$$

Damit erhalten wir endgültig

$$h = r\frac{\alpha^2}{2} = \sqrt[3]{\frac{9}{32}(\Delta l)^2 r^2} \approx 122 \text{ m}.$$

Dieses erstaunliche Ergebnis wird verständlich, wenn wir uns an den Effekt des Durchhängens von Hochspannungsleitungen erinnern. Wenn sich die Temperatur auf 40 °C erhöht, verlängert sich die Leitung um 5% ihrer Ausgangslänge. Sie hängt dann mehrere Dezimeter durch. Genauso verhält es sich auch mit dem Draht in unserer Aufgabe. In beiden Fällen hängt die Abweichung aus der Ausgangslage nicht nur von der Verlängerung, sondern auch von der Gesamtlänge ab.

59. Ein Stahldraht verkürzt sich beim Abkühlen um ein Grad um etwa 0,0001 seiner Ausgangslänge. Bei einer Länge von 40000000 m (Erdumfang) verkürzt sich der Draht also um 4000 m, und der Radius des Kreises, den der Draht bildet, verkürzt sich um 4000 m : $(2\pi) \approx 640$ m. So tief schneidet er sich in die Erdoberfläche ein.

61. Die Aufgabe besitzt eine Lösung. Man kann sie folgendermaßen ermitteln: Nach Voraussetzung ist

$$|AC|^2 = |AB| \cdot |AH|$$

und also

$$x^2 = (x + 4{,}5)(x - 1{,}5).$$

Daraus folgt

$$3x = 4{,}5 \cdot 1{,}5,$$

also

$$x = 2{,}25.$$

Folglich ist $|AC| = 2{,}25$ cm, $|AB| = 6{,}75$ cm und $|BC| = 4\sqrt{2}$ cm.

Der Schüler zog die Quadratwurzel falsch. Richtig wären folgende Rechenschritte:

$$x - 1{,}5 = \sqrt{(x-3)^2},$$

$$x - 1{,}5 = |x - 3|,$$

$$x - 1{,}5 = 3 - x,$$

$$2x = 4{,}5,$$

$$x = 2{,}25.$$

62. Der Umfang des gegebenen Dreiecks beträgt 3, nach dem ersten Konstruktionsschritt 4, nach dem zweiten $\frac{48}{9}$, nach dem dritten $\frac{192}{27}$. Anders geschrieben erhalten wir:

$$3 = 3 \cdot \left(\frac{4}{3}\right)^0, \quad 4 = 3 \cdot \left(\frac{4}{3}\right)^1, \quad \frac{48}{9} = 3 \cdot \left(\frac{4}{3}\right)^2,$$

$$\frac{192}{7} = 3 \cdot \left(\frac{4}{3}\right)^3, \ldots .$$

Wegen

$$\lim_{n \to \infty} 3 \cdot \left(\frac{4}{3}\right)^n \to \infty$$

wird der Umfang der Figur von VAN DER WAERDEN unendlich groß. Das kann man nur schwer glauben, denn die Figur ist nicht nur beschränkt, sondern liegt auch zwischen zwei konzentrischen Kreisen, dem Inkreis und dem Umkreis des Ausgangsdreiecks.

63. Als erstes muß man auf irgendeine Weise die Menge der rationalen Zahlen durchnumerieren. Diese Menge ist nicht nur unendlich groß, sondern sie ist auch überall dicht, zwischen zwei beliebigen, ungleichen rationalen Zahlen r_1 und r_2 liegt immer noch eine weitere rationale Zahl, zum Beispiel $\frac{r_1 + r_2}{2}$, denn für $r_1 \neq {}_2$ gilt

$$r_1 < \frac{r_1 + r_2}{2} < r_2 .$$

Daraus folgt sofort, daß zwischen zwei beliebigen ungleichen rationalen Zahlen noch unendlich viele weitere rationale Zahlen liegen. Trotzdem lassen sie sich abzählen, das heißt, es ist möglich, jeder rationalen Zahl eine Nummer zu geben. Wir stellen eine nach rechts und unten unendlich ausgedehnte Tabelle auf, in der alle Brüche mit positivem Zähler und positivem Nenner untergebracht sind:

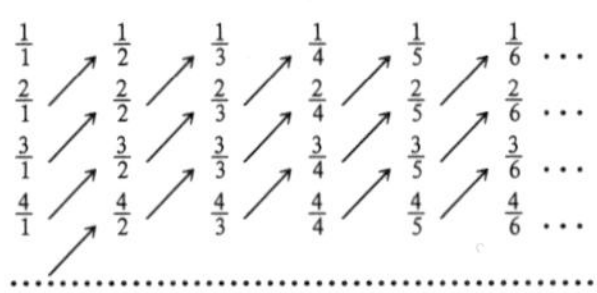

Jede positive rationale Zahl wird zwar unendlich oft in dieser Tabelle vorkommen, das soll uns aber nicht stören, denn in dieser unendlich weit nach rechts und unten ausgedehnten Tabelle sind alle positiven rationalen Zahlen erfaßt. Jetzt schreiben wir diese positiven rationalen Zahlen der Reihe nach, so wie die Pfeile zeigen, auf:

$$\frac{1}{1}, \frac{2}{1}, \frac{1}{2}, \frac{3}{1}, \frac{2}{2}, \frac{1}{3}, \frac{4}{1}, \frac{3}{2}, \frac{2}{3}, \frac{1}{4}, \ldots$$

Es wird keine positive rationale Zahl vergessen, und wir wissen sogar, welche dieser Zahlen an welchem Platz steht, das heißt, welche Nummer ihr zugeordnet ist. So steht zum Beispiel die Zahl $\frac{1987}{1917}$ an der Stelle

$$\begin{aligned} n &= 1 + 2 + \ldots + (1987 + 1917 - 2) + 1917 \\ &= \frac{(1987 + 1917 - 2)(1987 + 1917 - 1)}{2} + 1917 \\ &= \frac{3902 \cdot 3903}{2} + 1917 \\ &= 1951 \cdot 3903 + 1917 = 7616670. \end{aligned}$$

Damit ist die vorbereitende Arbeit beendet, und wir können das Dach konstruieren. Euch soll nicht beunruhigen, daß wir beim Zählen jede positive rationale Zahl unendlich oft gezählt haben. Das Material für das Dach reicht für alle Zahlen.

Es sei ε eine beliebig kleine, positive reelle Zahl ($\varepsilon \in \mathbb{R}$, $\varepsilon > 0$) und $\delta = \frac{1}{3}\varepsilon$. Über der rationalen Zahl 1 errichten wir ein Dach der Länge $\frac{\delta}{2}$, über der rationalen Zahl 2 ein Dach der Länge $\frac{\delta}{2^2}$, über der rationalen Zahl $\frac{1}{2}$ ein Dach der Länge $\frac{\delta}{2^3}$ usw., über der rationalen Zahl mit der Nummer n ein Dach der Länge $\frac{\delta}{2^n}$. Die Gesamtlänge der Dächer, die alle positiven rationalen Zahlen vor dem Regen schützen, ist also

$$\frac{\delta}{2^1} + \frac{\delta}{2^2} + \frac{\delta}{2^3} + \ldots + \frac{\delta}{2^n} + \ldots = \frac{\frac{\delta}{2}}{1 - \frac{1}{2}} = \delta.$$

Über jeder negativen rationalen Zahl $-r$ bringen wir dieselben Dächer an wie über der positiven rationalen Zahl r; und 0 erhält ein Dach der Länge δ. Die Gesamtlänge aller Dächer, die die rationalen Zahlen vor dem Regen schützen, ist dann $\delta + \delta + \delta = \varepsilon$.

Vergleicht dieses Ergebnis mit dem aus der letzten Aufgabe!

64. Die Aufgabe führt auf das Berechnen der Summe der unendlichen geometrischen Reihe:

$$48 + 24 + 12 + 6\ldots = \frac{48}{1 - \frac{1}{2}} = 96.$$

Diese Aufgabe erdachte der hervorragende französische Mathematiker NICOLE ORESME. In dem Werk »Über die Konfiguration der Qualitäten« führt er weitere Figuren mit unendlichen Abmessungen, aber endlichem Flächeninhalt ein.

Für die Entwicklung der Theorie des Messens des Flächeninhaltes ebener Figuren war es notwendig, Einschränkungen einzuführen, denn es ist möglich, sich solche Figuren in der Ebene auszudenken, für die der Begriff des Flächeninhaltes nicht mehr anwendbar ist. Den Begriff des Flächeninhaltes wenden wir nur auf quadrierbare Figuren an. Eine Menge M heißt quadrierbar dann und nur dann, wenn sie beschränkt ist und ihre Grenze M_1 eine Linie ist, deren Flächeninhalt verschwindet. Beispiele für solche Linien sind die, die im allgemeinen im Mathematikunterricht in der Schule betrachtet werden. Die Figur von ORESME ist nicht beschränkt, deshalb ist sie nicht quadrierbar, und wir können den Begriff des Flächeninhaltes auf diese Figur nicht anwenden.

65. Im Ergebnis der unendlich lang ausgeführten Meliorationsarbeiten wird ein unendlich langer und unendlich oft geknickter Kanal entstehen, dessen Flächeninhalt

$$\frac{1}{4} + \frac{1}{8} + \frac{1}{16} + \ldots + \frac{1}{2^n} + \ldots = \frac{1}{2}$$

die Hälfte des Flächeninhaltes des Quadrates nicht überschreitet. Jeder Punkt des Festlandes wird schon am n-ten Tag nicht weiter als $\frac{1}{2^{n+1}}$ vom Wasser entfernt sein, und im Grenzfall wird jeder Punkt des Festlandes beliebig dicht am Wasser liegen. Deshalb sind alle Punkte des Quadrates, die nicht im Kanal liegen, Grenzpunkte des Kanals. Da der Flächeninhalt des Kanals $\frac{1}{2}$ nicht überschreitet, folgt daraus, daß die Grenze des Kanals nicht weniger als die Hälfte der Quadratfläche einnimmt.

Auf diese Weise haben wir eine beschränkte und trotzdem nicht quadrierbare Menge erhalten, denn der Flächeninhalt der Menge seiner Grenzpunkte verschwindet nicht.

66. Erst entfernen entfernen wir $\frac{1}{9}$ der Fläche des Einheitsquadrates, dann $8 \cdot \frac{1}{81}$. Die entstandene Figur hat einen Flächeninhalt von

$$1 - \frac{1}{9} - \frac{8}{81} = \frac{64}{81} = \left(\frac{8}{9}\right)^2.$$

Nach dem n-ten Schritt verbleibt eine Figur mit einem Flächeninhalt $\left(\frac{8}{9}\right)^n$. Wegen

$$\lim_{n \to \infty} \left(\frac{8}{9}\right)^n = 0$$

ist der Flächeninhalt des so gewebten Teppichs von SIERPIŃSKI gleich Null, obwohl er keine Linie ist, sondern ein ebenes Gebiet mit Randpunkten und inneren Punkten.

Der Teppich von SIERPIŃSKI ist, wie auch die Kurve von VAN DER WAERDEN oder das in Aufgabe 65 betrachtete Kontinuum, nur ein Teil der vielen ungewöhnlichen mathematischen Objekte. Der italienische Mathematiker GUISEPPE PEANO veröffentlichte im Jahre 1890 die Idee einer Linie, der sogenannten PEANOschen Kurve, die durch alle Punkte eines gegebenen Quadrates verläuft. Das Beispiel von PEANO machte auf seine Zeitgenossen einen großen Eindruck. Der hervorragende französische Mathematiker HENRI POINCARÉ rief mit Bedauern, als er von der PEANOschen Kurve erfuhr: »Wie konnte uns die Intuition nur so täuschen!«

In Wirklichkeit zeigen die PEANOsche Kurve und die anderen sonderbaren Linien und Flächen nur, daß die intuitive Definition der Linie, der Fläche und des Körpers einer Präzisierung bedarf (siehe LIETZMANN (1982), WILENKIN (1986)).

67. Wir entfernten kleine Quadrate aus dem Einheitsquadrat, deren Gesamtflächeninhalt bei jedem Schritt die Summe einer endlichen geometrischen Reihe ist:

$$\frac{1}{25} + \frac{8}{25^2} + \frac{8^2}{25^3} + \ldots + \frac{8^n}{25^{n+1}}.$$

Wenn wir diese Operation unendlich oft wiederholen, so wird der entfernte Flächeninhalt

$$\frac{1}{25} + \frac{8}{25^2} + \frac{8^2}{25^3} + \ldots + \frac{8^n}{25^{n+1}} + \ldots = \frac{1}{17}$$

betragen. Der Flächeninhalt dieser Variante eines SIERPIŃSKIschen Teppichs beträgt also nicht weniger als $\frac{16}{17}$.

5. Logik

Das Denken gehört zu den größten Vergnügungen der menschlichen Rasse.

B. BRECHT

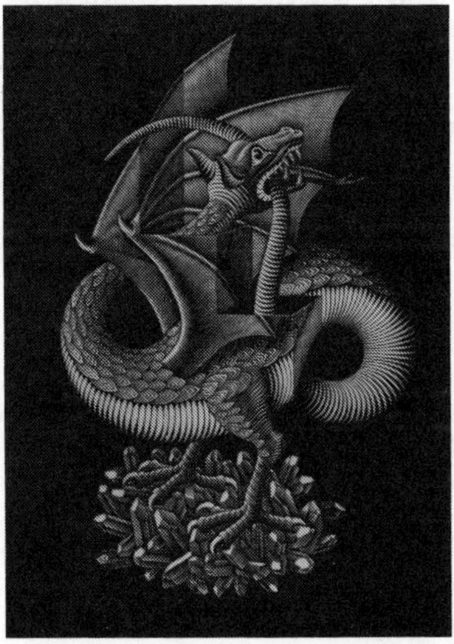

Auf den Spuren logischer Katastrophen

Oh, wie der Falschheit Außenseite glänzt!
SHAKESPEARE

Die im weiteren vorgestellten Aufgaben haben eine besondere Bedeutung. Sie sind nicht in erster Linie zum Lösen gedacht, sondern sollen Anstoß zum Nachdenken über jähe Wendungen im menschlichen Denken sein. Der menschliche Geist hat den Weg zur Wahrheit oft in den Labyrinthen der Vermutungen und Fehler gesucht und harten Zweikampf mit der Offensichtlichkeit geführt. Und es kam vor, daß sie ihn wie eine Fata Morgana in der Wüste auf Irrwege führte. Ein großer Teil der angegebenen Paradoxa gehört zu den berühmten Sackgassen, die im Laufe der Entwicklung der Wissenschaft von Zeit zu Zeit Erschütterungen in der Logik, in der Physik und in der Mathematik hervorriefen. Paradoxa entstanden fast immer in der Atmosphäre der Vorahnung qualitativer Sprünge in der Erkenntnisgewinnung und hinterließen am Wissenschaftsgebäude die Spuren teilweiser Zerstörung. Gleichzeitig stimulierten sie aber auch zu großartigen Instandsetzungsarbeiten am Fundament der Wissenschaft. Als Ergebnis erhärteten die Gelehrten die Grundlagen des theoretischen Wissens und drangen tiefer in die Geheimnisse der untersuchten Erscheinungen ein. Die Autoren antworten nicht übereinstimmend auf die Fragen nach den Entstehungsquellen, der Natur und der Rolle dieser seltsamen Werke menschlicher Vernunft in der Wissenschaft. Wir beschränken uns hier auf Erläuterungen, die in Enzyklopädien, Wörterbüchern und wichtigen Monographien zur Geschichte und zu den Grundlagen der Mathematik gegeben werden.

Die Aporien des Zenon von Elea (etwa 490 bis etwa 430 v. u. Z.)

Der antike griechische Philosoph ZENON von Elea »bewies« die Unmöglichkeit der Vielfalt der Dinge und der Existenz einer Bewegung. Er ist bekannt durch seine vielerörterten Paradoxa oder Aporien (vom griechischen aporia – Ausweglosigkeit, Sackgasse), die den Philosophen, Logikern und Mathematikern oft Sorge bereiteten. Insgesamt formulierte ZENON 45 Aporien, unter denen vier besonders bekannt sind: »Dichotomie«, »Achilles und die Schildkröte«, »Der fliegende Pfeil ruht«, »Das Stadion«.

1. *Dichotomie* (Zweiteilung)

Ein Körper, der sich vom Punkt A zum Punkt B ($|AB| = 1$) bewegen soll, erreicht nie sein Ziel, denn er müßte erst die Hälfte der Strecke $\overline{AB}$ durchlaufen, dabei von dieser ersten Hälfte erst wieder die erste Hälfte und so unendlichmal weiter. Er muß eine unendliche Menge von Mittelpunkten von Strecken, deren Längen

$$1, \frac{1}{2}, \frac{1}{4}, \frac{1}{8}, \ldots, \frac{1}{2^n}, \ldots$$

betragen, durchlaufen. Deshalb bewegt er sich nicht von der Stelle. Somit ist keine Bewegung möglich, denn sie kann nie beginnen.

2. *Achilles und die Schildkröte*

Der Schnelläufer Achilles kann eine Schildkröte nie überholen, vorausgesetzt, sie hat einen Vorsprung. Nehmen wir an, daß sich die Schildkröte in einer Entfernung von $|AB| = 1$ vor ihm befindet und Achilles 100mal schneller läuft als sie. Wenn Achilles diese Entfernung 1 durchlaufen hat, hat die Schildkröte einen Vorsprung von $\frac{1}{100}$. Wenn Achilles diese $\frac{1}{100}$ durchlaufen hat, ist die Schildkröte immer noch $\frac{1}{100^2}$ vor ihm usw. Wie lange der Wettlauf auch dauert, die Schildkröte wird stets einen Vorsprung besitzen ($\frac{1}{100^n}$, für natürliches n). Das heißt, es kann keine Bewegung geben, denn wenn sie begänne, endete sie nie.

3. *Der fliegende Pfeil ruht*

Wenn man sich Raum und Zeit durch unteilbare Teilchen gebildet vorstellt, so ruht ein Pfeil, welcher fliegt. In jedem unteilbaren Augenblick (Zeitatom) nimmt der Pfeil eine und dieselbe Lage ein, und seine Spitze befindet sich in irgendeinem Raumatom, wo eine Bewegung nicht mehr möglich ist, denn das Raumatom ist unteilbar. Dann besteht aber die ganze Flugbahn des Pfeils aus solchen Zuständen der Ruhe. Da sich der Pfeil im Ruhezustand nicht bewegt, ist der Weg, den er in diesem Augenblick zurücklegt, gleich Null, und das heißt, der ganze Weg ist

$$0 + 0 + 0 + \ldots = 0.$$

Der Pfeil bewegt sich also nicht.

4. *Das Stadion*

In einem Stadion bewegt sich der Körper A gleichmäßig nach rechts und der Körper B nach links. Wir stellen uns vor, daß diese Körper unteilbar, also Atome, sind und daß sie während eines Zeitatoms die Strecke von einem Raumatom zurücklegen. Wenn sich die Körper zu Beginn der Bewegung in einer Entfernung von $2n+1$ ($n \in \mathbb{N}$) Raumatomen zueinander befinden, so werden sie sich in der Mitte des Weges nach $\frac{1}{2}(2n+1)$ Zeitatomen treffen. Dabei wird jeder Körper einen Weg von $\frac{1}{2}(2n+1)$ Raumatomen zurücklegen. Wenn wir uns also die Bewegung in einer diskreten Raum-Zeit vorstellen, gelangen wir zu einem Widerspruch. Es ist also keine Bewegung möglich.

Die Paradoxa des Eubulides von Milet (4. Jahrhundert v. u. Z.)

Eubulides von Milet war ein griechischer Philosoph aus der megarischen Schule. Er versuchte zu beweisen, daß die gefühlsmäßige Widerspiegelung der Realität nicht exakt ist und daß Erkenntnis überhaupt nicht möglich ist, da sie widersprüchlich ist. Zur Begründung seiner Ideen formulierte er eine Reihe von Sophismen und Paradoxa, in denen er die Ideen des Zenon von Elea fortführte.

5. *Das Paradoxon »Der Lügner«*

Epimenides sagte: »Alle Kreter sind Lügner.« Epimenides war selbst Kreter, also ist auch er ein Lügner. Wenn er ein Lügner ist, ist sein Ausspruch aber falsch. Das bedeutet, daß die Kreter keine Lügner sind, und damit ist auch Epimenides kein Lügner, und deshalb ist sein Ausspruch wahr.

Ist der Ausspruch von Epimenides nun wahr oder falsch?

6. *Der Getreidehaufen*

Ein Getreidekorn bildet noch keinen Haufen. Wenn wir noch eins hinzutun, erhalten wir immer noch keinen Haufen. Wie können wir denn überhaupt einen Getreidehaufen erzeugen, indem wir jedesmal ein Korn hinzufügen, welches für sich genommen keinen Haufen ergibt?

7. *Der Verhüllte*

»Kennst du diesen verhüllten Mann?«

»Nein.«

»Aber dieser Mann ist dein Vater, du kennst also deinen eigenen Vater nicht.«

8. *Der Sophismus des Euathlos*

EUATHLOS nahm beim antiken griechischen Sophisten PROTAGORAS von Abdera Unterricht in Sophistik. Sie einigten sich, daß EUATHLOS das Honorar nur dann zahlen muß, wenn er seinen ersten Gerichtsprozeß gewinnt. Nach Beendigung der Lehre dachte EUATHLOS aber nicht daran, einen Gerichtsprozeß zu führen, und meinte deshalb, daß er das Honorar an PROTAGORAS nicht zu zahlen braucht. Der Lehrer drohte aber, gegen EUATHLOS gerichtlich vorzugehen:

»Unabhängig davon, ob dich das Gericht zur Zahlung des Honorars verpflichtet, wirst du es zahlen müssen. Im ersten Fall zahlst du nach dem Urteil des Gerichtes, und im zweiten Fall zahlst du nach unserer Abmachung.«

Darauf antwortete EUATHLOS, der die Kunst der Sophistik von PROTAGORAS erlernt hatte:

»In beiden Fällen werde ich das Honorar nicht bezahlen. Wenn ich zur Zahlung verurteilt werde, muß ich gemäß unserer Abmachung nicht zahlen, denn ich verliere ja meinen ersten Gerichtsprozeß. Im zweiten Fall brauche ich nach dem Gerichtsurteil das Honorar nicht zu bezahlen.«

Paradoxa aus der Mengentheorie

In den 70er Jahren des 19. Jahrhunderts entwickelte der hervorragende deutsche Mathematiker GEORG CANTOR ein neues mathematisches Gebiet, die Mengentheorie. Ihre Schaffung war ein revolutionärer Umbruch in der Mathematik und der Philosophie. Die Mengentheorie bereicherte die Mathematik durch neue, außerordentlich wichtige Entdeckungen und sollte eine theoretische Grundlage der Mathematik werden. Und gerade als die Mengentheorie nach einer Zeit, in der sie nicht anerkannt war, einen Sieg feierte, wurden in ihr Paradoxa (Antinomien) entdeckt. Sie machten einen niederschmetternden Eindruck auf viele Gelehrte, denn sie zeigten, daß eine Theorie, die das logische Fundament der Mathematik betraf, selbst logisch widersprüchlich war. Die Paradoxa der Mengentheorie begründeten eine Krise der methodologischen Grundlagen der Mathematik, die bis zum heutigen Tag noch nicht gänzlich überwunden ist.

Das erste Paradoxon wurde von CANTOR selbst um 1895 und 1897 vom italienischen Mathematiker CESARE BURALI-FORTI entdeckt. Durch ihn wurde es zahlreichen Mathematikern bekannt.

Im Jahre 1899 entdeckte CANTOR das zweite Paradoxon, und danach purzelten diese wie aus einem Füllhorn hervor und stifteten bei vielen Mathematikern Verwirrung. Einen besonders starken Eindruck auf die Gelehrten machte das durch seine Form erstaunlich einfache und in seiner Zerstörungskraft außerordentliche Paradoxon des englischen Mathematikers, Logikers und Philosophen BERTRAND RUSSELL. Viele Paradoxa entstehen in speziellen Gebieten der Mengentheorie. Wir führen hier nur einige der einfachsten an, deren Verständnis nicht das Studium weiterführender Teilgebiete der Mathematik erfordert.

9. *Das Paradoxon von G. Cantor aus dem Jahre 1895*

Für endliche und unendliche Mengen gilt folgender Satz: Die Menge M_1 aller Teilmengen der Menge M besitzt eine größere Mächtigkeit als die Menge M. Es sei nun A die Menge aller Mengen und A_1 die Menge der Teilmengen der Menge A. A_1 ist also eine Untermenge der Menge A, der Menge aller Mengen, und hat deshalb eine Mächtigkeit, die nicht größer ist als die der Menge A. Andererseits folgt aus dem angeführten Satz, daß die Mächtigkeit der Menge A_1 größer ist als die der Menge A, und wir sind zu einem Widerspruch gelangt.

10. *Das Paradoxon von B. Russell (entdeckt 1902, veröffentlicht 1903)*

Für eine gegebene Menge erhebt sich völlig vernünftig die Frage, ob sie sich selbst als Element enthält. So ist zum Beispiel die Menge aller abstrakten Begriffe selbst ein abstrakter Begriff. Viele Mengen enthalten sich aber nicht selbst als Element. So ist zum Beispiel die Menge aller Sterne kein Stern, die Menge aller Kühe keine Kuh, die Menge aller Bleistifte kein Bleistift usw. Wir teilen jetzt alle Mengen in zwei Klassen ein: Zur ersten Klasse (M_1) zählen wir alle die Mengen, die sich selbst als Element enthalten. Zur zweiten Klasse (M_2) zählen wir alle die Mengen, die sich selbst nicht als Element enthalten. Wir wollen nun die Menge M_2' untersuchen, die die Menge aller Mengen der Klasse M_2 sei. Angenommen, es gilt $M_2' \notin M_2$, dann folgt daraus sofort, daß $M_2' \in M_2$. Andererseits folgt aus der Annahme $M_2' \in M_2$ sofort $M_2' \notin M_2$. Wir erhalten ein niederschmetterndes Ergebnis:

$$M_2' \in M_2 \Leftrightarrow M_2' \notin M_2$$

Wir sind in eine logische Falle geraten.

Später popularisierte B. Russell sein Paradoxon am Beispiel eines Barbiers: Der einzige Barbier eines Dorfes erhält den strengen Befehl, die Männer des Dorfes zu rasieren, die sich nicht selbst rasieren, und keine anderen. Darf sich der Barbier rasieren?

11. *Das Paradoxon von J. Richard (1905)*

Wir nehmen irgendeine Sprache, zum Beispiel die deutsche, mit deren Hilfe man arithmetische Eigenschaften der natürlichen Zahlen ebenso wie auch solche Zahlen definieren kann, und untersuchen alle diese Definitionen, die man in der deutschen Sprache formulieren kann. Jede dieser Definitionen besteht aus einer endlichen Zahl von Wörtern und deshalb auch aus einer endlichen Zahl von Buchstaben des Alphabets. Deshalb kann man für diese Definitionen auf folgende Weise eine Ordnungsrelation einführen: Eine Definition liegt vor einer anderen, wenn die Zahl der Buchstaben der ersten Definition kleiner ist als die der zweiten. Falls zwei Definitionen aus derselben Zahl von Buchstaben bestehen, so soll sich ihre Reihenfolge nach der alphabetischen Reihenfolge der Buchstaben richten. Jetzt ordnen wir alle Definitionen nach dieser Ordnungsrelation und numerieren sie der Reihe nach. Die kürzeste Definition erhält die Nummer 1, die nächste die 2 usw. Damit ist jeder natürlichen Zahl eine Definition arithmetischer Eigenschaften der natürlichen Zahlen zugeordnet und umgekehrt. Es kann nun vorkommen, daß eine natürliche Zahl gerade die Eigenschaft hat, die mit der zugeordneten Definition definiert wird. Das ist zum Beispiel der Fall, wenn die Definition der Primzahl die Nummer 17 erhält, die selbst eine Primzahl ist, das heißt, die Nummer der Definition hat eine Eigenschaft, die mit dieser Definition beschrieben wird. Auch das Gegenteil kann der Fall sein, zum Beispiel wenn die Definition der Quadratzahl die Nummer 21 erhält, die selbst keine Quadratzahl ist.

Eine Zahl n_i ($n_i \in \mathbb{N}$) sei eine Richardsche Zahl, wenn n_i nicht die Eigenschaft besitzt, die mit der Definition unter Nr. n_i beschrieben wird. In unserem Beispiel wäre also 17 keine Richardsche Zahl im Gegensatz zu 21. Die Definition einer Richardschen Zahl ist natürlich auch die Definition einer Eigenschaft der natürlichen Zahlen und kommt deshalb in unserer Folge von Definitionen vor, sie erhielt dort eine Nummer, zum Beispiel n_j.

Das Paradoxon von Richard entsteht, wenn wir auf die völlig natürliche Frage antworten wollen: Ist n_j eine Richardsche Zahl? Versucht auf diese Frage zu antworten und überzeugt euch, daß ihr in eine Falle geraten seid.

12. *Das Paradoxon von K. Grelling (1908)*

Verschiedene deutsche Eigenschaftswörter, zum Beispiel »deutsch« und »mehrsilbig«, haben die Eigenschaft, die sie beschreiben: Das Wort »deutsch« ist selbst ein deutsches und das Wort »mehrsilbig« ist mehrsilbig. Die Mehrzahl der Eigenschaftswörter (zum Beispiel »französisch«, »süß«, »kalt«) haben nicht die Eigenschaft, die sie beschreiben. Wir wollen die Eigenschaftswörter der zweiten Art »heterologisch« nennen. Das Paradoxon entsteht sofort, wenn wir feststellen wollen, ob das Eigenschaftswort »heterologisch« heterologisch ist. »Heterologisch« ist heterologisch dann und nur dann, wenn »heterologisch« nicht heterologisch ist.

Weitere Sophismen und Paradoxa

Die Beschäftigung mit der Mathematik erzieht zu objektivem Denken, sie wehrt der unzulässigen Verallgemeinerung, sie bewirkt eine Präzision der Sprache.

H. Meschkowski

13. *Das Paradoxon des Krokodils*

Als ein Krokodil einer Mutter das Kind wegnahm und als diese bat, es wieder zurückzugeben, versprach das Krokodil, den Wunsch zu erfüllen, wenn die Mutter die Wahrheit spricht.

»Aber du wirst es mir trotzdem nicht zurückgeben«, sagte die Mutter, die dem Krokodil nicht glaubte.

»Das heißt, ich kann dir dein Kind nicht zurückgeben«, antwortete das Krokodil. »Wenn du die Wahrheit gesagt hast, dann darf ich es dir nicht zurückgeben, denn sonst hättest du gelogen. Wenn du gelogen hast, kann ich dir dein Kind wegen unserer Absprache nicht wiedergeben.«

14. Antike chinesische Literaturstellen berichten, wie ein Weiser, der auf seinem Schimmel die Grenze überqueren wollte, die mit einem Pferd zu überqueren verboten war, im Gespräch mit dem Grenzposten folgende Worte verwandte:

»Ein Pferd kann braun sein. Ein Schimmel kann nicht braun sein, also ist der Schimmel kein Pferd.«

Der Grenzposten war von der Glaubwürdigkeit der Schlußkette so betroffen, daß er den listigen Weisen die Grenze passieren ließ.

Wie gelang es dem Weisen, den Grenzposten zu überlisten?

15. *Aus »Don Quijote« von Cervantes*

Von den Problemen, die Sancho Pansa als Statthalter der Insel Baratario zu lösen hatte, steht eines in direktem Zusammenhang zu unserem Thema.

Ein Fremder wandte sich an Sancho: »Senor, ein wasserreicher Fluß trennte die zwei Hälften einer und derselben Herrschaft. Euer Gnaden wolle wohl aufmerken, denn der Fall ist von Wichtigkeit und einigermaßen schwierig. Ich sage also, über diesen Fluß führte eine Brücke, und am Ende derselben stand ein Galgen und ein Gebäude gewissermaßen wie ein Gerichtshaus, in welchem für gewöhnlich vier Richter ihren Sitz hatten und Recht sprachen nach dem Gesetze, das der Herr des Flusses, der Brücke und der Herrschaft gegeben hatte. Dies Gesetz hatte folgenden Inhalt: Wenn einer über diese Brücke von einer Seite zur anderen hinübergeht, muß er erst eidlich angeben, wohin und zu welchem Zwecke er dahin geht, und wenn er die Wahrheit schwört, so sollen sie ihn hinüberlassen, und wenn er lügt, soll er dafür an dem Galgen, der allda vor aller Augen steht, ohne alle Gnade hängen und sterben. Nachdem nun dies Gesetz und dessen strenge Verfügungen bekanntgeworden, gingen viele hinüber, und man konnte sogleich an dem, was sie schwuren, ersehen, daß sie die Wahrheit sagten, und die Richter ließen sie unbehelligt hinübergehen. Nun geschah es einmal, daß ein Mann, als ihm der Eid abgenommen wurde, schwur und erklärte, bei dem Eid, den er leistete, er gehe hinüber, um an dem Galgen zu sterben, der dorten stand, und zu keinem anderen Zwecke. Die Richter stutzten bei diesem Eidschwur und sagten: Lassen wir diesen Mann frei hinüber, so hat er mit seinem Eid gelogen und muß gemäß dem Gesetze sterben; hängen wir ihn aber, so hat er geschworen, er gehe hinüber, um an diesem Galgen zu sterben, und da er sonach geschworen hat, so muß er in Gemäßheit des nämlichen Gesetzes frei ausgehen. Nun verlangt man von Euer Gnaden zu wissen, Herr Statthalter, was sollen die Richter mit diesem Manne anfangen? Denn bis jetzt sind sie noch immer in Zweifeln befangen und unentschieden. Da sie aber von dem hohen und scharfsichtigen Verstande Euer Gnaden gehört, so haben sie mich hergesendet, um Euch in ihrem Namen zu bitten, Ihr möchtet Euer Gutachten in einem so verwickelten und zweifelhaften Fall erteilen.«

Sancho gab hierauf zur Antwort: »Wahrlich, Eure Herren Richter, die Euch an mich senden, hätten es wohl unterlassen dürfen; denn ich bin ein Mann, der eher schwer von Begriff als scharfsinnig ist. Aber dessenungeachtet, wiederholt mir den Handel noch einmal, so daß ich's verstehen kann. Vielleicht ist es doch möglich, daß ich ins Schwarze treffe.«

Der Fragesteller setzte wiederum und zum drittenmal auseinander, was er zuvor gesagt hatte, und Sancho sprach: »Meines Erachtens werde ich den ganzen Handel im Handumdrehen ins klare bringen, und es verhält sich so: Der bewußte Mann hat geschworen, daß er hinübergeht, um am Galgen zu sterben? Und wenn er am Galgen stirbt, hat er die Wahrheit geschworen und ist kraft des Gesetzes berechtigt, frei zu bleiben und über die Brücke zu gehen? Und wenn er nicht gehängt wird, hat er falsch geschworen und verdient, kraft desselben Gesetzes, gehängt zu werden?«

»So verhält es sich, wie der Herr Statthalter sagt«, bemerkte der Bote, »und was die Vollständigkeit und das Verständnis des Falles betrifft, so läßt sich nicht mehr verlangen und ist weiter kein Zweifel möglich.«

»Nun, so sag' ich jetzt«, versetzte Sancho, »man soll diejenige Hälfte von dem Manne, die wahr geschworen hat, hinübergehen lassen, und die Hälfte, die gelogen hat, an den Galgen hängen; und auf diese Weise wird die Bedingung des Übergangs buchstäblich erfüllt werden.«

»Da wird aber, Herr Statthalter«, entgegnete der Fragesteller, »der bewußte Mensch in zwei Hälften zerteilt werden müssen, in eine lügnerische und eine wahrhaftige, und wenn er zerteilt ist, muß er notwendigerweise sterben; und dergestalt geht nichts von all dem in Erfüllung, was das Gesetz verlangt, und es ist doch durchaus unerläßlich, daß es erfüllt werde.«

»Kommt einmal her, wackerer Herr«, entgegnete Sancho. »Entweder bin ich ein Klotzkopf, oder für den Brückengänger, den Ihr erwähnt, ist ebensoviel Grund vorhanden zu sterben als zu leben und über die Brücke zu gehen; denn wenn die Wahrheit ihn errettet, so verurteilt ihn die Lüge gleicherweise. Und da dies sich so verhält, so halte ich dafür, daß Ihr den Herren, die Euch an mich gesendet, sagen sollt; da in betreff der Gründe, ihn zu verurteilen wie ihn freizusprechen, das Zünglein der Waage mitten inne steht, so sollen sie ihn frei hinüberlassen, sintemal Gutes tun mehr als Böses gepriesen wird; und das würde ich ihnen schriftlich mit meines Namens Unterschrift geben, wenn ich unterschreiben könnte ...«

Und was schlägt der Leser vor?

16. Einer Touristikgruppe stand eine Wanderung bevor. Ihr Leiter erklärte, daß sie sich an einem Tag der nächsten Woche auf die

Wanderung machen werden unter der Bedingung, daß die Teilnehmer erst am Morgen dieses Tages davon erfahren werden. Der Leiter war dafür bekannt, daß alles genau so getan wurde, wie er es festgelegt hatte. Einer der Teilnehmer, ein Freund der Logik, erklärte, daß die Wanderung in diesem Fall nie stattfinden werde. Zum Beweis führte er aus:

»Es ist klar, daß die Wanderung nicht am nächsten Sonntag beginnen kann. Der Sonntag ist der letzte Tag der Woche, also der letzte mögliche Tag, und wir würden deshalb schon am Sonnabend davon wissen, wenn die Wanderung bis zum Sonnabend noch nicht begonnen hätte. Die Teilnehmer würden es also vor der offiziellen Bekanntgabe erfahren, und die Bedingung des Leiters wäre verletzt. Der Sonntag entfällt also, und der letztmögliche Tag, an dem die Wanderung beginnen kann, ist der Sonnabend. Aber auch am Sonnabend kann die Wanderung nicht beginnen, denn schon am Freitag wäre klar, daß nur noch der Sonnabend und der Sonntag möglich wären, der Sonntag aber entfällt. Also kann die Wanderung auch am Sonnabend nicht beginnen. Aus dem gleichen Grunde entfallen Freitag, Donnerstag, Mittwoch, Dienstag. Es bleibt nur noch Montag, also der morgige Tag. Morgen kann die Wanderung aber sicher nicht beginnen, denn das wissen wir schon heute.«

Die Forderung des Leiters ist in sich widersprüchlich. Einerseits besteht zwischen den beiden Forderungen des Leiters kein logischer Widerspruch, andererseits ist es aber nicht möglich, sie zu erfüllen.

17. »Ein Satz ist seiner Negation äquivalent«, sagte X. »Wenn $A \to B$ ein Satz ist, so hat der Satz $\neg B \to \neg A$ den gleichen Wahrheitswert.«

»Was ist $\neg B$ und $\neg A$?«, fragt Y.

»So wird die Negation der Aussage B bzw. A bezeichnet.«

»Kannst du auch beweisen, daß die beiden Sätze $A \to B$ und $\neg B \to \neg A$ äquivalent sind?«

»Aber ja! Angenommen, der Satz $A \to B$ ist wahr und der Satz $\neg B \to \neg A$ ist falsch. Dann ist der Satz $\neg B \to A$ richtig. Aus ihm folgt aber zusammen mit $A \to B$: $\neg B \to B$. Du siehst aber selbst, daß das nicht möglich ist. Deshalb ist der Satz $\neg B \to \neg A$ wahr.«

»Etwas gefällt mir an deinem Beweis nicht«, entgegnete Y. »Dafür kann ich dir beweisen, daß, wenn ein Satz wahr ist, auch sein inverser Satz wahr ist.«

»Das kann nun aber gewiß nicht sein«, entgegnete energisch X.

»Aber warum denn, höre nur zu: Der Satz $A \to B$ sei wahr. Wir müssen beweisen, daß dann $B \to A$ wahr ist. Angenommen, der letzte Satz sei falsch, dann ist $B \to \neg A$ wahr. Das hast du selbst gesagt. Dann ist aber zusammen mit $A \to B$ auch $A \to \neg A$ wahr. Das ist ein Widerspruch, also ist $B \to A$ wahr.«

»Mir ist nicht klar, wo du dich geirrt hast, aber dein Schluß muß falsch sein.«

»Ich habe genauso geschlossen wie du.«

Ist der Beweis von X richtig? Ist der Beweis von Y richtig? Ist die letzte Aussage von Y richtig?

18. Sicher ruft folgende logische Regel keine Zweifel hervor: Wenn aus der Aussage A die Aussage B folgt und aus der Aussage B die Aussage C folgt, so folgt auch aus der Aussage A die Aussage C.

Wir wollen diese Regel auf folgende drei Aussagen anwenden:
A = »SOKRATES ist ein rastloser Mensch.«
B = »SOKRATES ist ein Mensch.«
C = »Ich spreche die Wahrheit.«

Offensichtlich gilt, wenn ich sage, daß SOKRATES ein rastloser Mensch ist, auch, daß SOKRATES ein Mensch ist. Wenn ich aber sage, daß SOKRATES ein Mensch ist, spreche ich die Wahrheit. Folglich spreche ich, wenn ich sage, daß SOKRATES ein rastloser Mensch ist, die Wahrheit. Wo steckt der Fehler?

19. Die Regierung Kolumbiens senkte den Kurs zum peruanischen Dollar so, daß man jetzt für einen peruanischen Dollar 90 kolumbianische Cents bekommt. Die Regierung Perus legte ihrerseits folgenden Kurs fest: Für einen kolumbianischen Dollar erhält man 90 peruanische Cents.

An der Grenze der beiden Staaten wohnt ein Müller. Er geht nach Peru und trinkt dort ein Glas Bier (für 10 Cents). Auf den peruanischen Dollar, den er ausgibt, erhält er 90 peruanische Cents oder einen kolumbianischen Dollar Wechselgeld. Er nimmt den Dollar und geht nach Kolumbien ein Glas Bier (ebenfalls für 10 Cents) trinken. Er bezahlt mit einem kolumbianischen Dollar und erhält 90 kolumbianische Cents oder einen peruanischen Dollar. Auf diese Weise kann er kostenlos soviel Bier trinken, wie er will. Wer bezahlt das Bier?

Jede Seite dieses Buches öffnete neue Seiten in der Welt der logisch-mathematischen Überraschungen. Viele von ihnen verloren schnell ihre Maske und wurden gute Bekannte. Andere bringen störrisch weitere Sophismen hervor. Und trotzdem sind die dargebotenen Überraschungen nur eine kleine Insel in der Galaxis der Sophismen und Paradoxa, deren Autoren unermüdliche Wahrheitssuchende oder zufällige Besucher der logischen Labyrinthe waren.

Logikaufgaben

Für den Wahrheitssuchenden ist nichts wichtiger als die Wahrheit selbst, und man sollte die Wahrheit nicht geringschätzen oder von oben auf die herabschauen, die die Wahrheit ausgesprochen haben oder sie überbrachten. Wegen der Wahrheit darf man niemanden erniedrigen, im Gegenteil, die Wahrheit veredelt jeden.

al-Kindi

20. Man hatte sechs Blatt Papier. Einige dieser Blätter wurden in sieben Teile geschnitten. Danach wurden einige dieser Teile wieder in sieben Teile geteilt. Als man dann alle Papierstücke zählte, erhielt man 67. Beweist, daß man sich verzählt hatte.

21. Ein Drache hatte 1000 Köpfe. Ein Ritter konnte ihm mit einem Hieb 33, 21, 17 oder 1 Kopf abschlagen, wonach aber sofort 40, 0, 14 oder 10 Köpfe nachwuchsen (entsprechend der Zahl der abgeschlagenen Köpfe). Wenn aber der letzte Kopf abgeschlagen wurde, wächst keiner wieder nach. Kann der Ritter den Drachen besiegen?

22. Ein armer Ritter hatte zwei sehr wahrheitsliebende Töchter, Else und Martha. Sogar am 1. April sprachen sie nur die Wahrheit. Nur an ihrem Geburtstag konnten die Schwestern lügen und dann auch nur, wenn nach dem Tag ihrer Geburt gefragt wurde. Am 6. April 1442 fragte ein Reisender nach den Geburtstagen der Schwestern. Else antwortete: »Er war gestern.« Martha antwortete: »Er wird morgen sein.« Am nächsten Tag fragte der Reisende ein zweites Mal. Else antwortete wieder: »Er war gestern.« Auch Martha antwortete wieder: »Er wird morgen sein.« Wann hatten Else und Martha Geburtstag?

23. *Eine Aufgabe zur Diversion*

Im zweiten Weltkrieg schlug eine Gruppe englischer Mathematiker vor, über dem faschistischen Deutschland Flugblätter mit folgender Aufgabe abzuwerfen: »Auf einem Tisch liegen 10 Geldbörsen. In jeder befinden sich 10 gleiche Geldstücke. In neun Geldbörsen sind echte Geldstücke (mit einer Masse von 10 Gramm pro Geldstück), und in einer ist Falschgeld (mit einer Masse von jeweils 11 Gramm). Wie kann man mit einer Waage und beliebigen Gewichten durch nur eine Wägung die Geldbörse mit dem Falschgeld bestimmen?«

Zur Lösung dieser Aufgabe benötigten die Mitarbeiter eines englischen wissenschaftlichen Forschungszentrums über 10000 Stunden, womit sie dem militärischen Potential Englands nach Schätzung der Leiter des Forschungszentrums einen großen Schaden zugefügt hatten. Deshalb schlugen die englischen Mathematiker auch – vermutlich mehr zum Spaß als im Ernst – vor, mit dieser Diversionsaufgabe dem militärischen Potential des Gegners Schaden zuzufügen.

Die Aufgabe ist kompliziert und gleichzeitig elementar. Wir hoffen, daß ihr sie schneller als die englischen Mathematiker löst.

24. *Die Opfer der »Dicken Berta«*

Im ersten Weltkrieg beschossen die deutschen Truppen Paris mit einer gigantischen Kanone, die die Franzosen »Dicke Berta« nannten. Der Effekt des Beschusses war aber gering und artete manchmal sogar in Kuriositäten aus.

Einmal, am letzten Tage eines Kriegsmonats, trafen die Granaten einen alten Friedhof. Sie zerstörten nur das Grab eines Kämpfers aus der Zeit der Renaissance, welches mit dem lebensgroßen Denkmal dieses Kämpfers und seiner Lanze geschmückt war. Eine der Pariser Abendzeitungen reagierte auf dieses Ereignis mit einer logischen Aufgabe, die eine Sensation hervorrief. Sie lautet folgendermaßen:

Wenn wir das Datum des Tages (an dem der Vorfall stattfand) mit der Länge (in Ellen) der Lanze in der Hand des Kämpfers multiplizieren, dazu die Hälfte des Alters des Kämpfers multiplizieren und dazu die Hälfte der Zahl der Jahre, die seit dem Tod des Kämpfers bis zum Beschuß durch die »Dicke Berta« vergangen sind, multiplizieren, erhalten wir 451066. Wie alt wurde der Kämpfer, und in welchem Jahr wurde er beerdigt?

25. *Eine Aufgabe von Lewis Carroll*

Als der König erfuhr, daß seine Staatskasse fast leer war und das übriggebliebene Geld sehr sparsam ausgegeben werden mußte, beschloß er, so viele seiner Ratgeber wie möglich zu entlassen. Davon hatte der König sehr viele. Alle Weisen des Königs hatten ein imposantes Äußeres, edles graues Haar und trugen Luxusmäntel aus grünem Samt mit goldenen Knöpfen. Das einzige, was man ihnen hätte anlasten können, war die Widersprüchlichkeit ihrer Ratschläge, die sie dem König zu beliebigen Fragen gaben, und ihre Vorliebe für das Essen und Trinken an der königlichen Tafel. (Alle Weisen hatten einen großen Appetit.) Aber ein antikes Gesetz, welches kein König brechen konnte, forderte, daß am Hofe stets so viele Weisen seien, daß sich unter ihnen sieben finden, die auf beiden Augen blind waren, zwei, die auf einem Auge blind waren, fünf, die mit beiden Augen sehen konnten und neun, die mit einem Auge sehen konnten.

Wie viele Ratgeber mußte der König am Hofe lassen, um das antike Gesetz nicht zu verletzen?

26. *Noch eine Aufgabe von Lewis Carroll*

Ein Mann wollte sehr gern ins Theater gehen. Eine Eintrittskarte kostete 1 Shilling und 6 Pence. Er besaß aber nur einen Shilling. (Ein Shilling sind 12 Pence.) Der Mann beschloß deshalb, seinen Shilling einem Geldverleiher zu geben. Der Verleiher betrachtete das Geldstück aufmerksam und gab dem Mann, als er sich von der Echtheit der Münze überzeugt hatte, eine Anleihe von 9 Pence. Mit 9 Pence und der Quittung über einen Shilling ging der Mann und traf auf der Straße einen Bekannten, dem er vorschlug, für 9 Pence die Quittung zu kaufen. Jetzt besaß er 9 Pence vom Verleiher und 9 Pence vom Verkauf der Quittung. Das reichte gerade für eine Eintrittskarte. Wieviel verlor wer im Ergebnis aller Operationen?

27. Ein guter Mann riet Ilja Muromez: »Gehe den Weg entlang bis zur Gabelung. Wenn du dort den einen Weg einschlägst, kommt dein Pferd um, gehst du den anderen Weg, kommst du selbst um.« Ilja beschloß, das Pferd zu opfern. An der Weggabelung angelangt, wußte er aber nicht, auf welchem der Wege ihm was bevorstand. Plötzlich sah er an einem Pfahl folgende Inschrift: »Wenn du wissen willst, welchen Weg du einschlagen mußt, so stelle einem Reisenden eine Frage, auf die er mit ›Ja‹ oder ›Nein‹ antworten muß. Wisse aber, daß der Reisende ein Mensch sein kann, der stets die

Wahrheit spricht oder stets lügt. Wenn du die richtige Frage stellst, erfährst du, was dich auf welchem Weg erwartet.« Da sieht Ilja an der Gabelung einen Reisenden stehen. Welche Frage stellt er ihm?

28. Ein Gerber sollte dafür bestraft werden, daß er im Zorn viele Häute zerrissen hatte, die er für einen Reichen bearbeiten sollte. Der Richter war ein Liebhaber der Logik und war der Meinung, daß die an allem schuld waren, die den Gerber erzürnt hatten. Um den armen Gerber zu befreien, stellte er ihm folgende Aufgabe: »Vor dir sind zwei Türen. Eine führt in die Freiheit und die andere in die Gefangenschaft. An jeder Tür steht ein Wächter. Sie sehen äußerlich völlig gleich aus, aber einer spricht stets die Wahrheit, während der andere immer lügt. Stelle einem beliebigen von ihnen nur eine Frage und entscheide nach seiner Antwort, welche Tür in die Freiheit führt. Findest du sie, bist du frei.« Der Gerber fand die gesuchte Tür und war frei. Welche Frage stellte er dem Wächter?

29. Ein Logiker besuchte eine Insel, auf der zwei Völkerschaften lebten, Wahrheitsliebende und Lügner. Die einen sprachen stets die Wahrheit, während die anderen stets logen. An einer Weggabelung fragte der Logiker einen Inselbewohner, welcher Weg ins Dorf führt. Der Reisende wußte nicht, welcher Völkerschaft der Inselbewohner angehörte. Trotzdem stellte er nur eine Frage, aus deren Antwort er genau erfahren konnte, welcher Weg ins Dorf führte. Welche Frage hat er gestellt?

30. Ein Logiker besuchte eine Insel, auf der drei Völkerschaften lebten. Die Vertreter der einen sagten stets die Wahrheit, die der zweiten die Unwahrheit und die der dritten abwechselnd Wahrheit und Unwahrheit. Der Logiker stellte einem Inselbewohner zwei Fragen, die die Antworten »Ja« oder »Nein« erforderten, und konnte sofort feststellen, welcher Völkerschaft der Befragte angehörte. Welche Fragen hatte der Logiker gestellt?

31. Auf der Dreidörferinsel gab es drei Dörfer. Ein Dorf hieß Wahrheit, das zweite Unwahrheit und das dritte Halbwahrheit. Verständlicherweise sprachen die Einwohner des ersten Dorfes stets die Wahrheit, die des zweiten Dorfes stets die Unwahrheit und die des dritten Dorfes abwechselnd die Wahrheit und die Unwahrheit, und zwar konnte ihre erste Antwort sowohl wahr als auch falsch sein.

Der Logiker traf gleichzeitig fünf Inselbewohner: Schielauge, Bart, Stupsnase, Pausbacke und Langohr. Um herauszubekommen, wer aus welchem Dorf stammt, bat der Logiker die ersten beiden der Reihe nach zu erzählen, wer in welchem Dorf wohnt. Schielauge antwortete, daß Bart ein Halbwahrer, Stupsnase ein Wahrer, Pausbacke ein Halbwahrer und Langohr ein Unwahrer ist. Bart antwortete, daß Schielauge ein Halbwahrer, Stupsnase ein Unwahrer, Pausbacke ein Wahrer und Langohr ein Halbwahrer ist. Aus diesen Antworten konnte der Logiker feststellen, wer der fünf Inselbewohner in welchem Dorf wohnt. Welche Überlegungen stellte er an?

32. Von der Sommerhitze und den Diskussionen ermüdet, legten sich drei antike griechische Weise nieder und schliefen ein. Während sie schliefen, beschmierte ihnen jemand die Stirnen. Als die Weisen erwachten und sich anschauten, fingen sie an zu lachen, weil jedem schien, daß die beiden anderen übereinander lachten. Plötzlich hörte einer der Weisen auf zu lachen, weil er erkannte, daß seine Stirn beschmiert ist. Wie kam er darauf?

33. Drei Weise stritten darüber, wer von ihnen der Weiseste sei. Da kam ein Wanderer des Weges und schlug vor, den Streit zu beenden, indem er ihnen eine logische Aufgabe stellte:

»Hier habe ich fünf Hüte, drei schwarze und zwei weiße. Schließt die Augen.«

Er setzte jedem einen schwarzen Hut auf und versteckte die beiden weißen. »Öffnet die Augen«, sagte der Wanderer. »Wer als erster weiß, was für einen Hut er aufhat, der kann sich für den Weisesten unter euch halten.«

Lange sahen die Weisen einander an. Schließlich sagte einer: »Mein Hut ist schwarz.«

Wie hatte er das erraten?

34. Die Weisen befriedigte die Lösung des Problems nicht (siehe Aufgabe 33). Deshalb schlug der Wanderer eine weitere vor:

»Vor euch liegen drei Schachteln. In einer befinden sich drei schwarze Kugeln, in einer anderen zwei schwarze und eine weiße und in der dritten Schachtel drei weiße. Auf den Schachteln sind Aufkleber: ›3 schwarze‹, ›2 schwarze, 1 weiße‹, ›3 weiße‹. Aber kein Aufkleber entspricht dem Inhalt der Schachtel, auf die er geklebt ist. Ich stelle die Schachteln so, daß ihr die Aufkleber im Augenblick noch nicht lesen könnt. Jeder von euch nimmt aus einer Schachtel zwei Kugeln und kann dann die Aufschrift lesen. Ohne in die Schachtel zu sehen, soll daraus jeder die Farbe der Kugel bestimmen, die im Kasten liegt.«

Einer der Weisen entnahm der ersten Schachtel zwei Kugeln und sagte, nachdem er die Aufschrift gelesen hatte: »Ich habe zwei schwarze Kugeln entnommen und kann sagen, welche Farbe die Kugel hat, die im Kasten liegt.«

Der zweite Weise entnahm der zweiten Schachtel zwei Kugeln und sagte nach dem Lesen des Aufklebers: »Ich habe zwei schwarze Kugeln entnommen, kann aber nicht sagen, welche Farbe die dritte Kugel hat.«

Der dritte Weise, der seine Freunde gehört hatte, sagte: »Ich brauche der dritten Schachtel keine Kugel zu entnehmen. Ich kenne auch so die Farbe jeder Kugel in ihr.«

Wie konnte er das feststellen?

35. Asja kam aus der Schule nach Hause und erzählte, wie sie als einzige in der Klasse eine logische Aufgabe gelöst hatte:

»Die Lehrerin rief Katja, Sina und mich nach vorn und stellte uns hintereinander vor die Klasse; mich als erste, hinter mich Sina und hinter Sina Katja und erlaubte uns nicht, uns umzudrehen. Danach zeigte uns die Lehrerin eine Schachtel, in der 5 Bänder lagen, zwei weiße und drei schwarze. Je ein Band knüpfte die Lehrerin an meinen, Sinas und Katjas Zopf. Keiner von uns wußte, welches Band er trägt und welche Bänder in der Schachtel verblieben waren. Katja hatte es am leichtesten, sie sah mich und Sina, Sina sah nur mich, und ich sah niemanden. Deshalb fragte die Lehrerin zuerst Katja, ob sie weiß, was für ein Band sie im Haar trägt. Katja sagte, sie wisse es nicht. Sina wußte es auch nicht. Nur ich konnte dank logischer Schlüsse zur richtigen Antwort gelangen.«

Keiner wollte ihr glauben. Deshalb erzählte Asja ausführlicher, wie sie geschlußfolgert hatte. Was erzählte Asja?

36. Ein Logiker versprach seinem Gesprächspartner, daß er ihm unwahrscheinliche Situationen demonstrieren werde. Beim Spaziergang trafen die beiden den bekannten Wahrheitsliebenden W. Der Logiker stellte ihm zweimal ein und dieselbe Frage, auf die er die gegensätzlichen Antworten »Nein« und »Ja« erhielt. Die drei setzten den Spaziergang fort und trafen L., von dem man nie ein wahres Wort zu hören bekam. Der Logiker stellte dem Wahrheitsliebenden und dem Lügner ein und dieselbe Frage, und beide antworteten darauf »Ja«. Danach stellte er ihnen wieder ein und dieselbe Frage und erhielt von beiden die Antwort »Nein«. Welche Fragen stellte der Logiker?

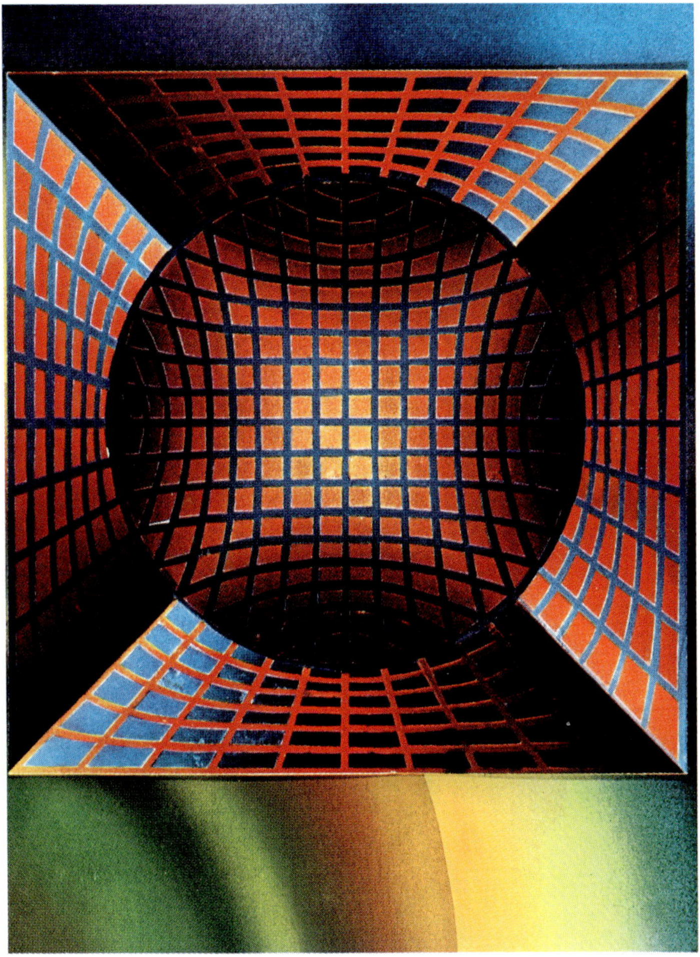

Unter gewissen Bedingungen gibt uns unser Sehvermögen ein falsches oder ein unsicheres Bild der realen Gegenstände. Trotzdem ist unter gewöhnlichen Bedingungen das Sehen ein zuverlässiges räumliches Orientierungsmittel. Wenn sich der Mensch mit seinen Sinnesorganen nicht richtig orientieren könnte, wäre er im schweren und lang andauernden Kampf ums Dasein einfach zugrunde gegangen.

Manchmal sagt man: »Sehen bedeutet überprüfen.« Oft ist aber das Gegenteil der Fall: »Sehen bedeutet sich irren.« Begebt euch auf das Podest, geht an den seltsamen Figuren vorbei und bleibt unter den Bögen des Gartenhäuschens stehen, erfreut euch am geometrischen Horizont. Es scheint alles so zu sein, wie es sein soll. Doch nein, irgendetwas an dem, was uns hier umgibt, ist verkehrt …

Zwei kleine Aufstiege und wir befinden uns neben einem Turm, der von einer wundersamen Treppe begrenzt ist. In linker Richtung – ein unendlicher Abstieg, nach rechts geht es ständig aufwärts. Das kann doch nicht sein!? Ist die Menschheitsgeschichte nicht ein ewiger Aufstieg? Angefangen beim ersten gespaltenen Stein, der den ersten Faustkeil ergab, bis zum gespaltenen Atomkern… Mancher wird bemerken, daß man zu diesem Turm nicht gelangen kann. Die Höhlung ist eine Wölbung und die Wand ein Abgrund. Die Natur hatte es auch nicht einfach, sich zum Homo sapiens zu erheben.

Der hervorragende Architekt und Architekturtheoretiker Le Corbusier schrieb: »Was wäre, wenn der Mensch so ein System erfände, welches für sich genommen absolut logisch wäre und gleichzeitig den Naturgesetzen widerspräche, und von seiner geistigen Konstruktion zur praktischen Umsetzung überginge? Er würde sofort stolpern, ohne einen einzigen Schritt gegangen zu sein.« Das gleiche wird denen widerfahren, die versuchen, solch ein Objekt in der Praxis zu errichten.

Solche optische Täuschungen wie unmögliche Objekte und verdrehte Figuren sind sehr populär. Wenn wir uns die gewöhnliche Leiter mit den beiden Sprossen aufmerksam ansehen, werden wir bemerken, daß es solch eine Leiter in Wirklichkeit gar nicht geben kann.
Daneben sehen wir einen Quader, aus dem ein kleiner Quader herausgenommen wurde, oder drei Wände eines Kastens, in dem ein kleiner Quader liegt. Und die Treppe: Sieht man sie von oben oder von unten?

Die Stühle sind offenbar so gestellt worden, daß man auf ihnen den Fluß überqueren kann. Man könnte aber auch meinen, daß die Stühle am Ufer übereinanderstehen.
Eine Wunderwippe auf der man aber leider nicht wippen kann. Warum?
Die meisten sehen auf dem untersten Bild erst einmal eine Vase und danach zwei Gesichter von der Seite. Das gleiche ist der Fall, wenn wir die Farben vertauschen.

Das Auge des Menschen ist ein außerordentlich feines Instrument. Und trotzdem ist die Wahrnehmung nur die erste und nicht die wichtigste Stufe der Erkenntnis.
Auf den ersten Blick werden wir nichts Seltsames bemerken. Wenn wir die Bilder hier und auf den nächsten Seiten aber aufmerksam betrachten, stellt sich heraus, daß alle Figuren auf verschiedene Art unmögliche Objekte sind.

Viele Eindrücke sind oft dadurch bedingt, daß wir die Objekte und Teile von ihnen nicht isoliert voneinander, sondern in Verbindung mit den Figuren, die sie umgeben, und ihrem Hintergrund wahrnehmen.

Die Strecken AB und A_1B_1 sind gleichlang, obwohl es den Anschein hat, daß $AB > A_1B_1$ gilt. Außerdem ist CD = DE und $C_1D_1 = D_1E_1$. Der Kreis, der von kleinen Kreisen umgeben ist, wirkt größer als der gleichgroße Kreis, der von großen Kreisen umgeben ist.

Die beiden Geraden der zwei Geradenpaare sind jeweils parallel zueinander. Der Hintergrund aus anderen Linien bewirkt aber eine optische Täuschung: Links scheinen die Geraden auseinanderzugehen und rechts wirken sie wie Bögen, die sich oben und unten schneiden werden. Vor dem Hintergrund eines Strahlenbündels wirkt der rechte Würfel größer als der linke, obwohl alle drei Würfel gleichgroß sind. Die sich schneidenden Strahlen erwecken die Illusion räumlicher Tiefe.

Wie wir die von Menschenhand geschaffenen Gebilde auch betrachten, sie werden von uns stets als verschiedenartige Verbindungen geometrischer Figuren wahrgenommen und zwar oft nicht als die, die sie in Wirklichkeit sind. Deshalb spielen die psychologische Widerspieglung räumlicher Objekte und die dabei auftretenden Illusionen in der Architektur, der Luftbildfotografie und im Militärwesen eine wichtige Rolle. Auch die Unterhaltungsmathematik bedient sich dieser Illusionen.

37. Ein Logiker brachte seine Schüler, Mitglieder eines Zirkels junger Logiker, zum Staunen, indem er ihnen vorrechnete, wie viele Tage ihnen im Jahr zum Lernen blieben: »Zur Vorbereitung auf den Schlaf, den Schlaf selber und das Aufstehen benötigt ihr $\frac{2}{5}$ des Tages, also insgesamt 146 Tage im Jahr. Für den Rest bleiben $366-146=220$ Tage. Zum Essen benötigt ihr $\frac{5}{4}$ Stunden pro Tag, also insgesamt 20 Tage. Es verbleiben $220-20=200$ Tage. Eine Stunde am Tag liest ein Schüler interessante Bücher, sieht fern oder geht ins Kino. Das sind weitere 15 Tage im Jahr. $1\frac{1}{2}$ Stunden nehmen die Schulwege und Erholungspausen am Tag ein. Das sind 20 Tage im Jahr. Es verbleiben also 165 Tage. Wenn wir davon noch die 52 Sonntage und die 104 Ferientage subtrahieren, verbleiben noch 9 Tage, die gesetzliche Feiertage sind. Zum Lernen verbleiben also 0 Tage.«

38. Der Wahrsager des französischen Königs Ludwig XI. (15. Jh.) hatte das Pech, den Tod einer Liebhaberin des Königs vorauszusehen. Als sie tatsächlich starb, befahl der König, den Propheten zu rufen und dem Henker, ihn auf sein Zeichen hin zu köpfen. Als der Wahrsager erschien, wandte sich der König mit den Worten an ihn: »Du hältst dich für so weise, daß du das Schicksal anderer sehr genau voraussagen kannst. Sage, wieviel Zeit dir selbst zum Leben bleibt!«

Als er die Antwort des Propheten hörte, ließ er ihn nicht nur frei, sondern befahl, sein inzwischen kostbares Leben zu schützen. Was antwortete der Prophet dem König?

39. In einer mittelalterlichen Stadt siedelte sich ein Wahrsager an, der erklärte, daß er zukünftigen Eltern sagen kann, ob sie einen Sohn oder eine Tochter erwarteten. Der Ruhm dieses Wahrsagers war bald in aller Munde, und er konnte sich vor Kunden kaum noch retten. Er irrte sich nie.

Mit der Zeit sammelten sich aber merkwürdigerweise immer mehr Besucher an, die den Wahrsager falsch verstanden hatten und deren Erwartungen deshalb unerfüllt blieben. Einer von ihnen, ein Liebhaber der Logik, stellte schnell fest, wie es dem Wahrsager gelang, seine Kunden hinters Licht zu führen. Worin bestand das Geheimnis des Wahrsagers?

40. Vor vielen, vielen Jahren wurde in einem Gerichtsprozeß eine Erbschaftsangelegenheit verhandelt. Der Richter wandte sich an einen Zeugen, einen 92jährigen Mann: »Sagen sie, haben sie einen Bruder?«

»Vor 140 Jahren hatte ich einen Bruder«, antwortete der Alte.

»Wie kann das sein?«, fragte der Richter.

»Sehr einfach. Ich hatte einen Bruder, der starb aber vor 140 Jahren.«

»Sie irren sich sicher. Sie können sich vermutlich nicht auf ihr Gedächtnis verlassen, sie sind ja auch schon 92 Jahre alt.«

»Nein. Ich irre mich nicht, und mein Gedächtnis ist auch ausgezeichnet. Sie können nicht zählen und logisch denken«, entgegnete der Alte giftig.

»Enthalten Sie sich solcher Äußerungen, oder ich werde Sie wegen Gerichtsbeleidigung mit einer Strafe belegen.«

»Hier ist der Beweis«, sagte der Alte und zeigte die Todesurkunde seines Bruders und seine Geburtsurkunde. »Die Sache ist die, daß mein Vater ...«

Was sagte der Alte?

41. Eine Aufgabe von Jerome K. Jerome

... Ich saß hinter zwei Damen, als der Schaffner heraufkam, um das Fahrgeld zu kassieren. Eine von ihnen gab ihm einen Sixpence und sagte ihm, sie wolle zum Piccadilly Circus – was zwei Pence kostete.

»Nein«, sagte die andere Dame zu ihrer Freundin, wobei sie dem Mann einen Shilling gab, »ich bin dir einen Sixpence schuldig, du gibst mir vier Pence, und ich bezahle für beide.«

Der Schaffner nahm den Shilling, knipste zwei Fahrscheine zu zwei Pence, blieb dann stehen und versuchte klarzukommen.

»Es stimmt schon«, sagte die Dame, die zuletzt gesprochen hatte, »geben Sie meiner Freundin vier Pence« – der Schaffner tat es –, »du gibst mir jetzt diese vier Pence« – die Freundin gab sie ihr –, »und Sie«, wandte sie sich abschließend an den Schaffner, »geben mir acht Pence, dann ist alles in Ordnung.«

Mißtrauisch rückte der Schaffner ihr die acht Pence heraus – den Sixpence, den er von der ersten Dame bekommen hatte, einen Penny und zwei halbe Pennies aus der eigenen Tasche – und zog sich zurück, wobei er so etwas vor sich hin murmelte wie: Blitzrechnen gehöre nicht zu seinen Pflichten.

»Jetzt«, sagte die ältere Dame zu der jüngeren, »schulde ich dir einen Schilling.«

Ich hielt den Fall für erledigt, als plötzlich ein Herr mit rosigem Gesicht auf dem Sitz gegenüber mit Stentorstimme ausrief: »He, Schaffner! Sie haben diese Damen um vier Pence geprellt!«

»Wer hat wen um vier Pence geprellt?« erwiderte der unwillige Schaffner von der obersten Stufe. »Es war eine Fahrt für zwei Pence.«

»Zweimal zwei Pence macht noch nicht acht Pence«, versetzte der rosige Herr hitzig. »Wieviel haben Sie dem Burschen gegeben, meine Liebe?« wandte er sich an die erste der jungen Damen.

»Ich habe ihm sechs Pence gegeben«, erwiderte die Dame und sah dabei in ihrer Börse nach. »Und dann habe ich dir vier Pence gegeben, wie du weißt«, fügte sie, an ihre Begleiterin gewandt, hinzu.

»Das wird eine teure Zwei-Pence-Fahrt«, fiel ein gewöhnlich aussehender Mann ein, der dahinter saß.

»Oh, das ist unmöglich, Liebe«, gab die andere zurück, »denn ich war dir von Anfang an sechs Pence schuldig.«

»Doch!« beharrte die erste Dame.

»Sie haben mir einen Schilling gegeben«, sagte der Schaffner, der zurückgekehrt war, und wies mit einem anklagenden Zeigefinger auf die ältere der Damen.

Die ältere Dame nickte.

»Und ich habe Ihnen einen Sixpence und zwei Pennies gegeben, nicht wahr?«

Die Dame gestand das zu.

»Und ihr gab ich« – er deutete auf die jüngere Dame – »vier Pence, stimmt's?«

»Die ich dir gegeben habe, meine Liebe, du weißt doch«, bemerkte die jüngere Dame.

»Der Kuckuck soll mich holen, wenn nicht ich um die vier Pence geprellt worden bin!« rief der Schaffner.

»Aber«, sagte der rosige Herr, »die andere Dame hat Ihnen sechs Pence gegeben.«

»Die ich dieser da gegeben habe«, sagte der Schaffner, wiederum mit dem Anklagefinger auf die ältere Dame weisend. »Sie können meinen Beutel durchsuchen, wenn's beliebt. Ich habe keinen verflixten Sixpence bei mir.«

Inzwischen hatten alle vergessen, was sie getan hatten, und sie widersprachen sich selbst und einander ...

Wer hatte in diesem Streit nun eigentlich recht und wer nicht?

Antworten, Lösungen und Kommentare

Das Verständnis der Gründe dessen, was vor sich geht, bedeutet viel mehr als die bloße Kenntnis der Fakten.

G. GALILEI

1., 2. Das mathematische Modell der stetigen Bewegung löst leicht beide Paradoxa. Es gilt:

$$\lim_{n\to\infty}\left(\frac{1}{2}+\frac{1}{2^2}+\frac{1}{2^3}+\ldots+\frac{1}{2^n}+\ldots\right)=|AB|$$

Eine wichtige Rolle spielen hierbei die Axiome der reellen Zahlen, insbesondere folgende:

1) Für eine beliebige reelle Zahl a und eine beliebige natürliche Zahl n existiert solch eine reelle Zahl b, daß $n\cdot b=a$ ist (Möglichkeit des unbegrenzten Teilens).

2) Für beliebige reelle Zahlen a und b existiert ein $n\in\mathbb{N}$, so daß $a<n\cdot b$ ist (ARCHIMEDisches Axiom).

Diese Axiome geben uns die Möglichkeit, mit einer beliebig kleinen Maßeinheit beliebig große Größen auszudrücken, also beliebige Längen-, Zeit-, Flächen-, ... werte zu messen.

Trotzdem löst das Modell der stetigen Bewegung nicht alle von ZENON gestellten Probleme. Der deutsche Mathematiker HERMANN WEYL führte, um das Wesen der Dichotomie zu erklären, folgendes Beispiel an: Stellen wir uns einen Computer vor, der die erste Operation (zum Beispiel das Zählen einer natürlichen Zahl) in $\frac{1}{2}$ Minute, die zweite in $\frac{1}{2^2}$ Minute, die dritte in $\frac{1}{2^3}$ Minute usw. ausführt. So ein Computer könnte in der ersten Minute alle natürlichen Zahlen durchzählen, das heißt, er kann durch Angabe aller Elemente die aktual-unendliche Menge $\mathbb{N}$ darstellen. Damit wird der Begriff der aktualen Unendlichkeit eingeführt, denn $\mathbb{N}$ ist vollständig dargestellt. Es liegt auf der Hand, jetzt neue, transfinite Zahlen einzuführen, die hinter den natürlichen Zahlen liegen. Die erste, ω, liegt unmittelbar hinter den natürlichen Zahlen, danach kommt $\omega+1$, $\omega+2$, usw. Genau diese Überlegungen stellte G. CANTOR an. Aber die von ihm entwickelte Theorie konnte nicht alle Paradoxa beseitigen, die mit der aktualen Unendlichkeit zusammenhängen. Es verblieben die Antinomien der Mengentheorie (siehe Nr. 1–4).

Die Dichotomie zeigt, wie schwer es ist, die Bewegung zu erklären, wenn man den Raum und die Zeit als unendlich teilbar (kontinuierlich) ansieht. Um den Weg $|AB| = 1$ zurückzulegen, muß man jedes der Intervalle aus der aktual-unendlichen Menge von Teilintervallen der Längen

$$\ldots, \frac{1}{2^3}, \frac{1}{2^2}, \frac{1}{2}$$

durchlaufen. Welchen physikalischen Sinn kann man dem ersten Element dieser Menge geben? Einerseits muß es eine bestimmte Ausdehnung haben, denn es ist ein Teil der Strecke $\overline{AB}$, andererseits ist seine Länge aber gleich Null, denn

$$\lim_{n \to \infty} \frac{1}{2^n} = 0.$$

In der Dichotomie hatte die aktual gegebene unendliche Menge von Intervallen kein erstes Element $\left(\frac{1}{2^n}, \text{ für } n \to \infty\right)$, mit dem die Bewegung beginnen könnte. Im Paradoxon »Achilles und die Schildkröte« gab es kein letztes Element, in dem die Bewegung enden könnte. Wie lange das Verfolgungsrennen in der unendlich teilbaren Raum-Zeit auch dauert, die Schildkröte wird sich stets in einem gewissen Abstand vor Achilles befinden.

Die zweite Aporie lenkt die Aufmerksamkeit noch auf eine weitere paradoxe Eigenschaft unendlicher Mengen. Nehmen wir an, daß Achilles die Schildkröte zu einem gewissen Zeitpunkt t_ω eingeholt hat. Wir berechnen den Weg, den Achilles (s_A) und die Schildkröte (s_S) bis zum Zeitpunkt t_ω zurücklegen.

$$s_A = 1 + \frac{1}{100} + \frac{1}{100^2} + \ldots$$

$$s_S = \frac{1}{100} + \frac{1}{100^2} + \frac{1}{100^3} + \ldots$$

Jedes Teilintervall der Länge $\frac{1}{100^k}$ des Weges von Achilles entspricht einem Teilintervall der Länge $\frac{1}{100^{k+1}}$ des Weges der Schildkröte. Wenn wir die »Zahl« der Intervalle, die von der Schildkröte bis zum Zeitpunkt t_ω durchlaufen wurden, mit α bezeichnen, so bestehen einerseits die Mengen s_A und s_S aus der gleichen Zahl von Intervallen, denn wir können eine eineindeutige Abbildung zwischen den Intervallen herstellen $\left(\frac{1}{100^k} \leftrightarrow \frac{1}{100^{k+1}}\right)$, aber andererseits gilt $\alpha + 1 = \alpha$, denn Achilles durchläuft in der gleichen Zeit ein Intervall mehr als die Schildkröte. Also ist $s_S \subset s_A$ und $s_S \sim s_A$. Das widerspricht dem offensichtlichen Fakt, der den Status einer unbestreitbaren wissenschaftlichen Wahrheit besitzt und als achtes Axiom in den »Elementen« von EUKLID folgendermaßen lautet: »Das Ganze ist größer als der Teil.« Wenn wir annehmen, daß Achilles die Schildkröte einholt, so folgt daraus ein Widerspruch zu diesem Axiom, nämlich, daß der Teil gleich dem Ganzen ist. Später entdeckte GALILEO GALILEI weitere Beispiele, die diese unangenehmen Wahrheiten demonstrieren. Darüber wurde oft nachgedacht und nach Erklärungen gesucht. Erst Ende des 19. Jahrhunderts entdeckten die Gelehrten, daß alle unendlichen Mengen – und nur diese – jene Eigenschaft besitzen. Deshalb kann man mit Hilfe dieser Eigenschaft eine streng wissenschaftliche Definition einer unendlichen Menge einführen: Die Menge M heißt unendlich, wenn sie eine echte Teilmenge M_1 hat ($M_1 \subset M$), so daß die Mengen M und M_1 gleich mächtig sind ($M_1 \sim M$).

3., 4. Die Paradoxa »Der fliegende Pfeil« und »Das Stadion« zeigen die Schwierigkeiten, die beim Beschreiben der Bewegung in einer diskreten Raum-Zeit auftreten. Der fliegende Pfeil macht die Widersprüchlichkeit unserer Vorstellung darüber deutlich, daß man eine stetige Größe (in unserem Beispiel die Entfernung) als Summe einer unendlichen Zahl von sehr kleinen, aber unteilbaren Teilen auffassen kann. Die Gelehrten zu ZENONS Zeit waren der Meinung, daß so eine Summe unbedingt unendlich groß wird.

Die vier berühmten Aporien des ZENON wurden uns in ARISTOTELES' Fassung im sechsten Kapitel des sechsten Buches seiner »Physik-Vorlesung« überliefert. Aber auch an vielen anderen Stellen in seinen Arbeiten erinnert ARISTOTELES in der Diskussion mit den Eleaten an diese Aporien. Unter anderem schrieb er in der Arbeit »Über Entstehen und Vergehen«: »Diese Überlegungen sind sehr elegant, liegen in der Tat aber nahe beim Wahnsinn.« Diesen Aporien wurde viel Literatur gewidmet. Der bekannte amerikanische Mathematikhistoriker D. J. STRUIK bemerkte zu Recht, daß ZENONS Aporien eine Sensation waren, deren Überreste noch heute zu beobachten sind.

Der estnische Philosoph G. J. NAAN schrieb über ZENONS Aporien: »Eine genaue Analyse zeigt, daß man auf jedem Wissensniveau ZENON tatsächlich zu 99% widerlegen kann. Es bleibt nur ein einziges Prozent. Danach stellt sich aber heraus, daß in diesem einen Prozent das ganze Wesen und der Keim für neue Schwierigkeiten, neue Widersprüche und neue Erkenntnis steckt. Deshalb ist es nicht verwunderlich, daß auch noch heute, nach 24 Jahrhunderten, die Analyse dieser Paradoxa fortgesetzt wird.

Vielleicht wird es der Menschheit nie möglich sein, die Eleaten zu 100% zu widerlegen: Die Unendlichkeit ist unerschöpflich. ZENON hat es, wie uns scheint, verstanden, in einer naiven, aber genialen Form die drei ›ewigen‹ Probleme, die untereinander und mit dem Problem der Unendlichkeit eng verbunden sind, zu erfassen: Das Problem des *Nichts*, das Problem der *Kontinuität* und das Problem der *Existenz*.«

Es ist klar, daß das mathematische Modell der stetigen Bewegung nur ein angenähertes Modell für so einen außerordentlich schwierigen Prozeß wie die Bewegung ist. Mathematische (wie auch andere) Modelle verabsolutieren gewisse Eigenschaften und heben diese aus der unendlichen Vielfalt der Eigenschaften der Bewegung hervor.

Bei der Analyse der Aporien von ZENON sprach LENIN seinen bekannten Aphorismus über die Unvermeidbarkeit, Produktivität und Beschränktheit der Vereinfachungen, über die Schematisierung der untersuchten Erscheinung aus: »Wir können die Bewegung nicht vorstellen, ausdrücken, ausmessen, abbilden, ohne das Kontinuierliche zu unterbrechen, ohne zu versimpeln, zu vergröbern, ohne das Lebendige zu zerstückeln, abzutöten. Die Abbildung der Bewegung durch das Denken ist immer eine Vergröberung, ein Abtöten – und nicht nur die Abbildung durch das Denken, sondern auch die Empfindung, und nicht nur die Abbildung der Bewegung, sondern auch die **jedes** Begriffes.«

Es ist leicht, triviale Beispiele für Eigenschaften einer konkreten Art der physikalischen Bewegung zu finden, die von seinem mathematischen Modell nicht erfaßt werden.

ZENON entdeckte solche tiefliegenden und allgemeinen Charakteristika einer breiten Klasse von Bewegungen, die von den fundamentalen Eigenschaften der Raum-Zeit, von den topologischen Strukturen der Mikrowelt abhängen. Gerade deshalb wird sein außerordentlich geniales Werk unsterblich sein.

Die sowjetische Mathematikerin und Philosophin S. A. JANOWSKAJA beendete ihren Artikel mit dem charakteristischen Titel »Sind die Schwierigkeiten, die unter der Bezeichnung ›Zenons Aporien‹ bekannt sind, in der modernen Wissenschaft überwindbar?« (nach Meinung der Autorin bleiben sie bestehen) mit folgenden Worten: »Beim Studium der klassischen Mechanik kommt man nicht umhin festzustellen, daß die Gegner der Dialektik, die behaupten, daß Bewegung das Auffinden eines Körpers in einem Augenblick in einem Punkt und zu einem anderen Augenblick in einem anderen Punkt des Raumes ist, das eigentliche Wesen der Sache außer acht lassen, unter anderem auch die Rechtmäßigkeit der Voraussetzungen über Augenblicke und Punkte, auf die sich alles gründet.

Im Gegenteil, die klare Einschätzung der Rechtmäßigkeit der idealisierten Annahmen gibt die Möglichkeit, einerseits die reale Existenz ausdehnungsloser »Punkte« und »Augenblicke« zu verneinen und andererseits verschiedene reale, in der Zeit ausgedehnte Ereignisse mit Augenblicken und im Raum ausgedehnte Objekte (zum Beispiel die Planeten und die Sonne in der Kosmologie) mit Punkten zu identifizieren. Die Ermittlung der Grenzen dieser Rechtmäßigkeit (verschiedene unter verschiedenen Bedingungen) ist von besonderer Bedeutung für die Entwicklung der modernen Physik (vor allem der Atomphysik) und Technik. Und so sind wir gezwungen, auf einem wesentlich höheren Niveau der Wissenschaft wieder zu den Problemen zurückzukehren, die mit den Aporien von Zenon verbunden sind.«

In der modernen Physik wird bereits über das Messen der Raum-Zeit gesprochen: »Wenn wir an der Grenze unserer Möglichkeiten, den Teil eines Intervalls noch weiter zu unterteilen und einen rationalen Dezimalbruch dafür anzugeben, angelangt sind, nehmen wir trotzdem an, daß es *im Prinzip* möglich wäre, ein empfindlicheres Gerät zu entwickeln, um dieses übriggebliebene Intervall in noch kleinere Teile zu teilen. Danach können wir ein noch empfindlicheres Gerät konstruieren und so weiter, bis ins Unendliche. Es wird angenommen, daß wir die Länge eines Raumintervalls, welches wir stets mit Hilfe einer endlichen Zahl von Schritten messen, auch mit Hilfe einer unendlichen Zahl von Schritten solange messen können, bis das übriggebliebene Stückchen des Intervalls ›unendlich klein‹ geworden ist. Wo machen wir diese Annahme? Sie wird sofort gemacht, wenn wir die Resultate unserer Messungen in Form von Zahlenwerten in den Formeln der Differential- und Integralrechnung benutzen. Die Infinitesimalrechnung ist das mathematische Modell, in dem die Annahme realisiert ist, die wir eben machten.

In der Physik wird meist angenommen, daß unsere Raum-Zeit ein stetiges, kontinuierliches Gebilde ist. Es ist logisch zugelassen, beliebig kleine (sogar unendlich kleine) Intervalle der Raum-Zeit zu betrachten. Wir müssen uns aber stets daran erinnern, daß es keinen Grund gibt, der uns zwingt, unendlich kleine Intervalle zu betrachten, als den, daß es mathematisch einfacher ist, ein stetiges Kontinuum zu beschreiben.

Im Augenblick ist aber noch keine konsequente physikalische Theorie entwickelt, die die Diskretheit der Raum-Zeit-Struktur berücksichtigt.« (Akosta, 1981)

Der sowjetische Logiker A. S. Achmanow schrieb über Zenons Aporien: »Die logische Anziehungskraft dieser Paradoxa besteht darin, daß sie, wie auch viele andere Paradoxa, den Versuch unternehmen, einen neuen Fakt zu begreifen in den Kategorien und Begriffen, die eine alte Erfahrung und alte Fakten widerspiegeln. Deshalb wird versucht, dem Neuen in Begriffen, die der neuen Erfahrung und dem neuen Fakt nicht genügen oder gar ... fremd sind, einen Sinn zu geben.

Unseren Begriffen ist die Eigenschaft eigen, daß sie stets eine bestimmte und beschränkte Erfahrung widerspiegeln, und sich deshalb zur unendlichen Erweiterung nicht eignen. Oft ist der Versuch, sie über die Grenzen der Erfahrung, die sie widerspiegeln, zu verallgemeinern, ein Grund dafür, daß eine neue Erfahrung in ihr fremden Kategorien erfaßt wird, was oft Paradoxa hervorruft, die nur dann behoben werden können, wenn neue Begriffe gefunden sind, die die neue Erfahrung widerspiegeln.«

Zenons Aporien fanden auch Widerhall in der Belletristik. L. N. Tolstoi beginnt den dritten Teil des dritten Bandes seines Romans »Krieg und Frieden« mit Überlegungen zu Problemen, die die antiken griechischen Philosophen aufgestellt haben und zu Wegen ihrer Lösung mit Methoden der höheren Mathematik.

5. Das Paradoxon von Epimenides, das auch als Paradoxon »Der Lügner« bekannt ist, gibt es auch in einer stärkeren Form: Jemand sagt: »Der Satz, den ich gerade ausspreche, ist falsch.« Dieses Paradoxon wird Eubulides zugeschrieben. Seine Analyse stimulierte im Mittelalter die Autoren der logischen Arbeiten über unlösbare Aussagen. Antinomien diesen Typs spielen in der modernen mathematischen Logik und Mengenlehre eine große Rolle. Die Idee des Paradoxons »Der Lügner« wird zum Beispiel im Beweis des berühmten Gödelschen Unvollständigkeitssatzes formalisierter Theorien benutzt (vgl. Nagel/Newman (1979) oder Meschkowski (1985)).

6. Dieses Problem tritt auf, wenn man den Versuch unternimmt, auf die Frage zu antworten, wann aus »keinem Haufen« »ein Haufen« wird, das heißt, ob eine definierte Menge von Elementen existiert, die diesen Übergang vollzieht. Die Analyse zeigt, daß im Paradoxon angenommen wird, daß sich das Prinzip der vollständigen Induktion beim Übergang von n auf $n+1$ anwenden läßt, daß also im Paradoxon versteckt das Prinzip der vollständigen Induktion angewendet wurde, was letztendlich auch zum Widerspruch führte. Denn dieses Prinzip darf nicht auf unklar definierte Begriffe, wie »Haufen« einer ist, angewendet werden. Außerdem wird im Paradoxon die objektive Gesetzmäßigkeit des Umschlagens von quantitativen Veränderungen in neue Qualitäten nicht beachtet. Es ist durchaus möglich, daß eine alte Eigenschaft (»ein Haufen«) nach quantitativen Veränderungen in eine neue Eigenschaft (»kein Haufen«) umschlägt.

7. Man erkennt schnell, daß dieses Paradoxon, wenn wir es aus dem Blickwinkel der traditionellen Logik betrachten, einen Sophismus darstellt, in dem eine Doppeldeutigkeit des Wortes »kennen« benutzt wird. Über einen verhüllten Mann kann man nicht sagen, ob man ihn kennt oder nicht. Deshalb hätte man auf die Frage so antworten müssen: »Da dieser Mann verhüllt ist, ist mir nicht bekannt, ob ich ihn kenne oder nicht.« So ist der Sophismus leicht zu durchschauen.

Beim Untersuchen des Wesens des Paradoxons stellt man aber fest, daß seine Aufklärung eine bedeutend schwierigere Aufgabe ist. Erst dem deutschen Mathematiker und Logiker Gottlob Frege gelang es, das Paradoxon mit Hilfe der von ihm entwickelten Theorie der vermittelten Benutzung der Gegenstandsnamen aufzulösen.

8. Aus der Sicht der traditionellen Logik entstand der Sophismus als Ergebnis der Verletzung des Identitätsgesetzes. Dieselbe Abmachung wurde von Euathlos in verschiedenen Beziehungen benutzt. Im ersten Fall sollte Euathlos in einem Gerichtsprozeß als Jurist, der seinen Prozeß verliert, auftreten, im zweiten Fall dagegen als Angeklagter, der vom Gericht freigesprochen wird.

9. Der bekannte amerikanische Mathematiker und Logiker Steven Cole Kleene schrieb 1952 über solche Paradoxa wie das 1895 von Cantor entdeckte: »Man kann annehmen, daß der in den Paradoxa ... gemachte Fehler in der Benutzung so komplexer Mengen wie der Menge aller Mengen oder der Menge aller Kardinalzahlen

oder in der Betrachtung einer Menge als eigenes Element, was auch ein Einwand gegen die Menge aller Mengen ist, besteht. Diese Annahmen muß man nicht unbedingt verwerfen, man darf sie aber auch nicht als trivial betrachten. Sie stellen uns vor das Problem, die ganze Mengentheorie auf einer vollständig veränderten Grundlage, deren Details in ihr heute höchstens in Ansätzen vorhanden sind, umzugestalten. Wenn wir zum Beispiel verbieten wollen, die Menge aller Kardinalzahlen zu betrachten, so können wir auch nicht die Menge aller natürlichen Zahlen betrachten, solange wir nicht wissen, ob diese Zahlen durch den Vorrat der natürlichen Zahlen ausgeschöpft werden. Diese Schwierigkeiten treten auch auf höherer Stufe auf. Wenn wir die Menge aller Mengen verbieten, kommen wir mit der CANTORschen Definition der Menge in Konflikt. Damit es überhaupt eine Mengentheorie gibt, brauchen wir Sätze, die für alle Mengen wahr sind, alle Mengen bilden aber nach der CANTORschen Definition eine Menge. Wenn das nicht so sein soll, dann müssen wir die Definition, die wir anstelle der CANTORschen benutzen wollen, oder wenigstens ein Zusatzkriterium zur CANTORschen Definition angeben, welches deutlich macht, wann eine Zusammenfassung von Elementen eine Menge ist.«

Wie wir sehen, sind die Paradoxa der Mengentheorie innere Schwierigkeiten der Theorie und liegen in ihren Grundlagen, ihren Beweismethoden und Begriffen. Unendliche Mengen wurden als durch die Gesamtheit ihrer Elemente gegebene, also als aktual existierende, betrachtet. Damit wurde in Beweisen die Abstraktion der aktualen Unendlichkeit benutzt, die eine Abstraktion einer sehr hohen Stufe darstellt. Wenn nicht Einschränkungen an ihre Benutzung in Beweisen festgelegt werden, kann man leicht zu Widersprüchen gelangen.

In axiomatischen Theorien wurden verschiedene Methoden zur Vermeidung der CANTORschen Paradoxa erarbeitet. Zum Beispiel wird der CANTORsche Satz über die Mächtigkeiten von Mengen nur in einer speziellen Form bewiesen, die hilft, Paradoxa zu vermeiden.

10. Aus der Sicht der CANTORschen Mengentheorie ist anzunehmen, daß jede exakt beschriebene Eigenschaft *A* von Objekten eine bestimmte Menge *B* von Objekten definiert, die diese Eigenschaft *A* besitzen. Diese Annahme wird in der Mathematik sehr vielfältig verwendet. Das Paradoxon von RUSSELL zeigte, daß diese Anschauungen zu vereinfacht waren, und wirkte deshalb auf die Gelehrten besonders niederschmetternd. Man mußte zugeben, daß einige und auf den ersten Blick sogar ziemlich einfache Eigenschaften wie die von der Art der Menge M_2' als ungenau oder gar unkorrekt anzusehen sind, oder zulassen, daß es exakte Definitionen von Mengen gibt, die kein mathematisches Objekt definieren. Sofort entstehen aber neue, komplizierte und außerordentlich wichtige Fragen:

1) Welche Eigenschaften kann man als genau definiert ansehen und welche nicht?
2) Welche Eigenschaften definieren mathematische Objekte und welche nicht?
3) Wo ist die Garantie, daß die Eigenschaften, die bereits vielfältig in der Mathematik benutzt werden, nicht zu Paradoxa führen?
4) Kann man in der Mathematik so ein Teilgebiet finden, in dem man sich ausreichend vor Paradoxa geschützt fühlen kann und das trotzdem genügend groß ist, um die uns gewohnte mathematische Praxis zu enthalten?

Aus alledem folgte, daß bei der Entwicklung der mathematischen Theorien, die den Anspruch erhoben, logisches Fundament der gesamten Mathematik zu sein, allgemein bekannte und offensichtliche Wahrheiten benutzt wurden, aber daß intuitive Klarheit der Ideen noch lange kein zuverlässiges Argument ist.

Das vierte der genannten Probleme zu lösen gelang mit der Schaffung exakter logisch-mathematischer Sprachen. Was das erste und das zweite Problem betrifft, so zeigen die Erfolge der modernen Mathematik, daß ihre endgültige Lösung möglicherweise nicht existiert. Trotzdem ist die Situation aber nicht völlig hoffnungslos. Obwohl die Probleme, die mit RUSSELLS Paradoxa entstanden, von einer Lösung weit entfernt sind, wurden verschiedene Wege zur Vermeidung von Paradoxa erarbeitet. Diese prophylaktischen Maßnahmen machen die Natur der Paradoxa und die logischen Verbindungen zwischen mengentheoretischen Systemen durchsichtiger. Die größten Erfolge erzielten die Mathematiker mit der Schaffung axiomatischer Mengentheorien.

Wir wollen nun eine im Jahre 1919 von RUSSELL gegebene Formulierung seines Paradoxons untersuchen. Wir bezeichnen die Einwohner des Dorfes mit m_i ($i = 1, 2, \ldots, n$) und die Menge aller Einwohner mit M, das heißt, $M = \{m_1, m_2, \ldots, m_n\}$. Der Barbier sei m_1. Aus der Voraussetzung folgt, daß die Menge aller Einwohner des Dorfes (M) in zwei Untermengen geteilt ist: Die Einwohner, die sich selbst rasieren (M_1), und die, die sich nicht selbst rasieren (M_2). Diese Unterteilung hat folgende Eigenschaften:

1) $M_1 \neq \emptyset$, $M_2 \neq \emptyset$.

2) Für alle i gilt, $m_i \in M_1$ oder $m_i \in M_2$.

3) $M_1 \cap M_2 = \emptyset$ (Diese Eigenschaft ist verständlich, denn jeder Dorfbewohner rasiert sich entweder oder rasiert sich nicht, eine dritte Möglichkeit gibt es nicht.)

4) $M_1 \cup M_2 = M$.

Da der Barbier ein Dorfbewohner ist, gilt, daß m_1 der Menge M und einer und nur einer der beiden Teilmengen M_1 und M_2 angehört. Dabei kann es keinerlei Ausnahme oder Mehrdeutigkeit geben, denn dann wären die Bedingungen des Paradoxons nicht erfüllt. Jetzt wollen wir die Logik der Aufgabe untersuchen, wissend, daß die Benutzung der Gesetze der formalen Logik, die sich in einem langen Prozeß der theoretischen Verallgemeinerung einer großen praktischen Erfahrung entwickelt haben, nicht vor logischen Fehlern schützt, was nicht die Schuld der logischen Gesetze ist, sondern derer, die sie verletzen. Wir betrachten folgende Aussagen:

A: Der Barbier rasiert die und nur die Dorfbewohner, die sich nicht selbst rasieren.

B: Der Barbier rasiert sich dann und nur dann, wenn er sich selbst nicht rasiert.

Man hat den Eindruck, daß es hier eine logische Implikation $A \Rightarrow B$ gibt. Ist das tatsächlich so?

Der Befehl, den der Barbier (m_1) erhielt, ist seine eigentliche Definition als Objekt, welches in unserem Beweis benutzt wird. Man sieht, daß die Aussage B, die ihrem Wesen nach die Fortsetzung der Definition von m_1 ist, zwei gegensätzliche Charakteristika enthält, deren Verhältnis so geschrieben werden kann: $m_1 \in M_1 \leftrightarrow m_1 \in M_2$. Diese Aussage folgt nirgendwoher und verwundert uns deshalb auch nicht. Natürlich gibt es keinen Barbier, der diesen Bedingungen genügt, wie es in der Geometrie auch keinen »eckigen Kreis«, in der Algebra keine »kubische Gleichung zweiten Grades« oder in der Arithmetik keine »zweistellige Zahl, die kleiner als zehn ist« gibt.

Es ist leicht einzusehen, daß man das Paradoxon vermeiden kann, indem man den Schluß zieht, daß solch ein Barbier nicht existieren kann. Dieser Schluß wird gerade durch das Paradoxon bewiesen.

In der Praxis werden uns solche Probleme aber keinen Ärger bereiten. Die Situationen im Leben sind bei weitem nicht klar festgelegt und exakt formuliert. Anders ist es in mathematischen Beweisen. Von ihnen fordern wir Klarheit, Überzeugungskraft und in erster Linie innere Widerspruchsfreiheit. Das Paradoxon von Russell war eine ernste Warnung: Selbst auf dem exaktesten Gebiet des theoretischen Denkens, der Mathematik, waren diese natürlichen Bedingungen nicht immer erfüllt.

B. Russell formulierte sein Paradoxon am 16. Juni 1902 in einem Brief an den deutschen Mathematiker Gottlob Frege. Dieser widmete über 20 Jahre der logischen Begründung der Arithmetik. Der erste Band seines großen Werkes »Grundgesetze der Arithmetik« wurde im Jahre 1893 veröffentlicht. Der zweite Band wurde gerade gedruckt, als Frege Russells Brief mit seinem Paradoxon erhielt, welches bedeutete, daß sich bereits im ersten Band in versteckter Form ein formal-logischer Widerspruch befand.

11. Das Paradoxon von Richard gehört zu den semantischen Paradoxa. Es entstand, weil im angeführten Beweis versteckt eine weitere Annahme gemacht wurde. Wir betrachteten reine arithmetische Eigenschaften der natürlichen Zahlen, das heißt solche Eigenschaften, die sich mittels arithmetischer Operationen, arithmetischer Gesetze, Eigenschaften der Zahlen usw. formulieren lassen. Danach fügten wir in die Folge von Definitionen eine weitere Definition ein, die mittels einer gewissen Schreibweise arithmetischer Eigenschaften formuliert war. Deshalb gehört strenggenommen die Definition einer Richardschen Zahl nicht zu der Folge von Definitionen, die wir zu Beginn beschrieben haben, denn sie enthält solche nichtarithmetischen Begriffe wie die Nummer eines Buchstabens (oder überhaupt eines Zeichens) in einer Folge.

Das Paradoxon von Richard kann man vermeiden, wenn man zwischen arithmetischen Aussagen und Aussagen über die Arithmetik (zum Beispiel über arithmetische Formeln usw.) streng unterscheidet. Die problematischen Aussagen gehören nicht mehr zur Arithmetik, sondern zur Metaarithmetik, einer Wissenschaft, die verschiedene Aussagen über die Arithmetik untersucht.

12. Das ist ein semantisches Paradoxon, welches die gleiche Natur hat wie das Paradoxon von Richard.

13. Das Paradoxon ist nach dem gleichen Beweisschema aufgebaut, wie der Sophismus von Euathlos (siehe Nr. 8).

14. Im ersten Satz des Sophismus ist die Rede von einer Teilmenge aller Pferde (der Menge der braunen Pferde), im letzten Satz dagegen von der Menge aller Pferde. Der Fehler ist also eine Äquivokation, was den falschen Schluß »ein Schimmel ist kein Pferd« hervorrief.

15. Der Brückengänger, der die Richter so beunruhigte, definierte mit seiner Antwort eine gewisse Menge von Menschen, denn nicht nur er allein hätte so antworten können. Ebenso wie im Paradoxon von RUSSELL (siehe Nr. 10) wurde eine in sich widersprüchliche Definition einer gewissen Untermenge der Brückengänger formuliert. In Wirklichkeit ist diese Untermenge leer, denn es existiert kein einziges Objekt (in unserem Falle ein Brückengänger), das die definierte Eigenschaft besitzt (ausführlicher siehe den Kommentar zu Nr. 10).

18. Sicher kann man sich über den Wahrheitsgehalt der Aussage A streiten, den Satz C kann man aber ohne weitere Präzisierung gewiß nicht als Aussage zählen. Der Satz C ist eine verkürzte Form des Satzes: »Indem ich x sage, spreche ich die Wahrheit.« Dieser Satz wird zu einer Aussage, wenn x konkretisiert wird. (Für eine Bedeutung von x erhalten wir eine wahre Aussage, für eine andere – eine falsche.)

Den Fehler kann man auch damit erklären, daß in den Sätzen $B \to C$ und $A \to C$ der Hintersatz C verschiedene Bedeutungen hat.

19. Diese Aufgabe wurde in der Zeitschrift »Technika – Molodjoshi« mit der Bemerkung abgedruckt, daß weder Professor A. BUTKEWITSCH, der sie einsandte, noch der Redaktion der Zeitschrift die Lösung bekannt sei. Der Autor kennt sie ebenfalls nicht. (Anm. der Herausgeber: Die beiden Länder bewerten die betrachteten Währungen unterschiedlich: jedes gibt der eigenen Währung den höheren Wert. Das Bier des Müllers zahlen daher die jeweiligen Länder bzw. ihre Staatsbanken.)

20. Jedes Mal, wenn ein Blatt Papier in sieben Teile zerschnitten wurde, erhöhte sich die Gesamtzahl der Teile um sechs. Da wir am Anfang sechs Blatt Papier hatten, so hätte auch die Zahl aller Papierstücke am Ende durch sechs teilbar sein müssen.

21. Der Ritter hätte die Köpfe des Drachens zum Beispiel in folgender Reihenfolge abschlagen können:

$1000 - 21 \cdot 47 \to 13 - 1 \to 12 + 10 \to 22 - 21 \to 1 - 1 \to 0$

22. Else wurde am 6. April geboren. Ihre Antwort an diesem Tag war falsch. Aus den gleichen Überlegungen heraus erhält man, daß der Geburtstag von Martha der 7. April war.

23. Aus der ersten Geldbörse nehmen wir ein Geldstück, aus der zweiten zwei, aus der dritten drei, ..., aus der zehnten zehn, insgesamt also 55 Geldstücke. Diese haben eine Gesamtmasse von $(550 + n)$ g, wobei $n \in \mathbb{N}$ und $1 \leqq n \leqq 10$ ist. Das Falschgeld befindet sich dann in der Geldbörse mit der Nummer n.

24. Die Primfaktorenzerlegung der Zahl 451066 ist $2 \cdot 7 \cdot 11 \cdot 29 \cdot 101$. Der letzte Tag des Monats, an dem der Beschuß stattfand, muß der 29. gewesen sein, denn die anderen Faktoren oder Produkte von ihnen kommen nicht in Frage. Dann muß das Jahr des Beschusses ein Schaltjahr sein, also das Jahr 1916, das einzige Schaltjahr während des ersten Weltkrieges.

Die Lanze ist offenbar 7 Ellen lang, 2 Ellen wären zu kurz und 11 Ellen zu lang. Es verbleiben drei Primfaktoren: 2, 11, 101. 101 kann nicht die Hälfte des Alters des Kämpfers sein, 202 Jahre wären eine nicht reale Lebensdauer. Sein Alter war also 22 oder 44 Jahre. Angenommen, er wurde 44 Jahre alt, dann ist 101 die Hälfte der Zahl der Jahre, die seit seinem Tode bis 1916 vergangen sind, das heißt, er starb im Jahre 1714 $(1916 - 2 \cdot 101)$. Das ist aber ein Widerspruch dazu, daß der Kämpfer in der Zeit der Renaissance lebte, denn die französische Renaissance endete wesentlich früher als 1714. Deshalb war das Alter des Kämpfers 22 Jahre, und seit seinem Tod bis zum Jahre 1916 sind $2 \cdot 2 \cdot 101 = 404$ Jahre vergangen. Er starb also im Jahre 1512 $(1916 - 404)$.

25. Die Lösung von Lewis Carroll:

Obwohl das Gesetz streng war,
der König umging es:
Wer ein Schlaukopf ist, kann ein Gesetz geschickt
mit einem Kniff umgehen.
Sieben Sehende und fünf Blinde
zählte der König zweimal ab.
Seinen Gedankenweg beliebte der Kauz,
so zu erklären:
»Der, der auf beiden Augen blind ist,
ist natürlich auch auf einem blind.
Der, der mit beiden Augen sieht,
kann auch mit einem Auge sehen.«

Weiter ist alles auch ohne Worte klar:
Nur sechzehn Weise
bleiben am Hofe,
um die Staatskasse zu schröpfen.

26. Die Antwort von Lewis Carroll:

Du meinst natürlich, daß der Bekannte des findigen Theaterliebhabers 6 Pence verlor. Deine Antwort ist falsch, ehrt dich aber, denn sie zeigt, daß du nicht die geringste Ahnung davon hast, wie ein Geldverleiher arbeitet. In deiner Antwort bist du nämlich davon ausgegangen, daß ein Verleiher sein Geschäft nicht habsüchtig betreibt.

28. Es sind folgende vier Kombinationen der Türen und Wächter möglich:

1) Die Tür führt in die Freiheit und der Wächter spricht die Wahrheit.
2) Die Tür führt in die Freiheit und der Wächter lügt.
3) Die Tür führt in die Gefangenschaft und der Wächter spricht die Wahrheit.
4) Die Tür führt in die Gefangenschaft und der Wächter lügt.

Der Gerber fragte einen der Wächter: »Was würde dein Kollege an der anderen Tür über die Tür, die du bewachst, sagen?«

Im ersten und zweiten Fall wäre die Antwort: »Er sagt, sie führt in die Gefangenschaft.« Im dritten und vierten Fall wäre die Antwort: »Er sagt, sie führt in die Freiheit.«

29. Eine der möglichen Fragen wäre: »Wenn ich einen beliebigen Vertreter deiner Völkerschaft frage, ob dieser Weg ins Dorf führt, antwortet er dann ›ja‹?« Wenn der Logiker dabei auf den Weg zeigt, der ins Dorf führt, so antwortet jeder Inselbewohner »Ja«, wenn er auf den anderen Weg zeigt, so antwortet jeder »Nein«.

30. Der Logiker fragt zweimal hintereinander einen Inselbewohner, ob er abwechselnd die Wahrheit und die Unwahrheit spricht. Wenn er als Antwort zweimal »Nein« hört, weiß der Logiker, daß vor ihm ein Wahrheitsliebender steht. Zweimal »Ja« zeigt, daß der Befragte stets lügt, und verschiedene Antworten zeugen davon, daß vor dem Logiker ein Vertreter der dritten Völkerschaft steht.

31. Schielauge, Bart und Pausbacke sind Unwahre, Stupsnase ist ein Halbwahrer und Langohr ein Wahrer.

32. Jeder der Weisen kann denken, daß seine Stirn sauber ist. Der erste wird in dem Glauben, daß seine Stirn sauber ist, über die beiden anderen wegen ihrer dreckigen Stirn lachen. Wenn die Stirn des ersten sauber wäre, würde er sich wundern, daß der zweite lacht, denn es gäbe dann keinen Grund dafür. Der erste wundert sich aber nicht, der zweite lacht also über ihn. Das Gesicht des ersten ist also auch beschmiert.

34. Es sind drei weiße Kugeln, denn die beiden anderen Weisen haben die schwarzen Kugeln bereits entnommen.

35. Es gibt sieben verschiedene Varianten, die Bänder zu verteilen (siehe Bild 95). Die erste muß man verwerfen, denn wenn Katja vor sich zwei weiße Bänder sähe, wüßte sie sofort, daß ihr Band schwarz ist. Sie antwortete aber, daß sie nicht weiß, welche Farbe ihr Band hat. Die zweite und dritte Variante entfallen ebenfalls, denn Sina würde antworten, daß sie ihre Farbe kennt. Sie würde so überlegen: Ich sehe vor mir ein weißes Band. Wenn ich ein weißes Band im Haar hätte, hätte Katja sofort erkannt, daß sie ein schwarzes Band im Haar hat. Da sie das nicht tat, muß ich also ein schwarzes Band im Haar haben. Es bleiben die Varianten 4 bis 7. In jedem Fall hat Asja ein schwarzes Band im Haar. Dessen konnte sie sicher sein, nachdem Sina und Katja geantwortet hatten, daß sie ihre Bandfarbe nicht kennen.

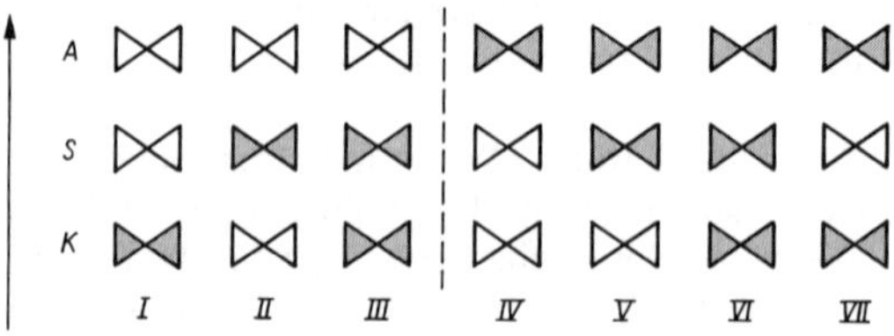

Bild 95

36. W. hat sein Prinzip nicht verletzt. Der Logiker fragte ihn zweimal: »Fragte ich Sie heute irgendetwas?« Das erste Mal lautete die richtige Antwort »Nein«, das zweite Mal »Ja«.

An W. und L. wandte sich der Logiker mit ein und derselben Frage: »Sprechen Sie stets die Wahrheit?« und danach mit der Frage: »Lügen Sie immer?«.

37. Der Logiker rechnete die Zeit für den Schlaf, zum Bücherlesen, für Erholung und Wege usw. mehrfach. Sie gingen in alle Tage des Jahres ein, so auch in die Feiertage, Sonntage und Ferien.

38. Der Prophet antwortete: »Ich sterbe drei Tage vor Ihrem Tod.«

Die Wahrsager waren zum Teil zu verzweifelten und gefährlichen Schritten bereit, um ihre Ehre und die Autorität ihrer Pseudowissenschaft zu erhalten, an die sie oft selbst nicht glaubten, aber wohl wußten, daß sie ihrem Lebensunterhalt dient.

Einer der Söhne des zu seiner Zeit als NOSTRADAMUS berühmten Wahrsagers MICHEL DE NOTREDAME, der auch den Namen Michel hatte, erbte den Beruf des Vaters. Als die von ihm für das Jahr 1575 vorhergesagte Feuersbrunst der Stadt Pousin, die gerade von königlichen Truppen belagert wurde, nicht ausbrach, brannte er sie selbst an. Die aufmerksamen Städter hatten den Propheten im Auge. Sie nahmen ihn in flagranti fest und verurteilten ihn.

39. Der Wahrsager führte darüber Buch, wer sich an ihn wandte. Er schrieb die Namen der zukünftigen Eltern auf und sagte ihnen zum Beispiel: »Ihr werdet einen Jungen bekommen«, schrieb aber ins Buch: »Mädchen«.

Wenn diesen Eltern nach einiger Zeit ein Junge geboren wurde, wunderten sie sich über die Richtigkeit der Vorhersage und stärkten durch ihre Erzählungen den Leumund des Wahrsagers. Wenn ein Mädchen geboren wurde und sich die verärgerten Eltern an ihn wandten, so empfing er sie freundlich, bat sie, sich zu beruhigen, fragte sie nach ihren Namen, fand die Stelle in seinen Aufzeichnungen und sagte: »Es ist alles richtig, ihr solltet ein Mädchen bekommen. Hier habe ich es aufgeschrieben.« Die entmutigten Eltern gingen, wunderten sich, wie sie den Wahrsager nicht richtig verstehen konnten, und erzählten natürlich keinem, was ihnen widerfuhr.

40. Der Vater des 92jährigen Alten heiratete sehr früh, mit 18 Jahren, und wurde Vater. Der geborene Sohn starb noch im gleichen Jahr. Der Vater heiratete mit 65 Jahren ein zweites Mal, und der Sohn, der geboren wurde, war der Zeuge im Gerichtsprozeß. Vom Tod des ersten Sohnes bis zur Geburt des zweiten vergingen 48 ($65 + 1 - 18$) Jahre. Das heißt, vom Tod des Bruders bis zum Gerichtsprozeß vergingen tatsächlich 140 ($92 + 48$) Jahre, obwohl das auf den ersten Blick unwahrscheinlich wirkt.

Unsere Reise durch die Welt der Paradoxa ist beendet. Wir sahen, daß die Paradoxa eine Art »Abwehrreaktion« des Begriffssystems sind (unter anderem auch formalisierter Theorien), wenn dieses System außerhalb der Grenze der gewohnten Anwendbarkeit benutzt wird. Dabei muß man aber wissen, daß in einem neuen Begriffssystem wieder neue Paradoxa auftreten können, die dann ebenfalls zu beseitigen sind. Das ist die Dialektik des Erkenntnisprozesses, der unendlichen Annäherung an die Wahrheit. Euch soll nicht zurückschrecken, daß auf diesem Wege nicht alles verständlich ist. Der hervorragende französische Mathematiker D'ALEMBERT riet: »Arbeitet, arbeitet, und das Verständnis kommt danach.« Befolgt diesen Rat und erinnert euch auch an die Worte des sowjetischen Mathematikers und vielseitigen Gelehrten M. A. LAWRENTJEW: »Die Frage ›Warum?‹ ist eine der fruchtbarsten. Stellt sie euch des öfteren!«

Benutzte und empfehlenswerte Literatur

Und dann erweitern Bücher den Gesichtskreis.
Wenn man sie nämlich liest.
A. POLGAR

AKOSTA, W.; KOWAN, K.; GREM, B.: Osnowy sowremennoi Fisiki. – Moskau: 1981, S. 14/15
(Grundlagen der modernen Physik)

BACHMANN, P.: Das Fermatproblem in seiner bisherigen Entwicklung. – Berlin; Leipzig: Walter de Gruyter Verl., 1919

CARROLL, L.: Geschichten mit Knoten. – Frankfurt/Main: Suhrkamp-Verl., 1978

CARROLL, L.: Alice im Wunderland. Alice im Spiegelland. – Leipzig: Reclam-Verl., 1983

DEWESS, M. u. G.: Summa summarum. – Leipzig: Teubner, 1986

DUBNOW, J. S.: Fehler in geometrischen Beweisen. – 5. Aufl. – Berlin: Dt. Verl. Wiss., 1973

EDWARDS, H. M.: Fermat's Last Theorem. – Berlin; Heidelberg; New York; Tokyo: Springer-Verl., 1977
(Der Große Fermatsche Satz)

GARDNER, M.: Logik unterm Galgen. – 2. Aufl. – Braunschweig: Vieweg-Verl., 1980

GARDNER, M.: Mathematische Rätsel und Probleme. – 6. Aufl. – Braunschweig; Wiesbaden: Vieweg-Verl., 1986

GELLERT, W. (u. a.): Lexikon der Mathematik. – 3. Aufl. – Leipzig: Bibliograph. Institut, 1981

GOTTWALD, S.; ILGAUDS, H.-J.; SCHLOTE, K.-H.: Lexikon bedeutender Mathematiker. – Leipzig: Bibliograph. Institut, 1990

HUGHES, P.; BRECHT, G.: Die Scheinwelt des Paradoxons. – Braunschweig: Vieweg-Verl., 1978

IGNATJEW, E. I.: Mathematische Spielereien. – Leipzig; Jena; Berlin: Urania-Verl., 1982

KHINTCHINE, A.: Kettenbrüche. – Leipzig: Teubner, 1956

KLAUS, G.; BUHR, M.: Philosophisches Wörterbuch. – 7. Aufl. – Leipzig: Teubner, 1976

KLEENE, S. C.: Introduction to Metamathematics. – Amsterdam: North-Holland Publ. Comp.; New York: van Nostrand, 1952
(Einführung in die Metamathematik)

KOMAROW, W. N.: Auf den Spuren des Unendlichen. – Leipzig: Teubner, 1978

KONDAKOW, N. I.: Wörterbuch der Logik. – 2. Aufl. – Leipzig: Bibliograph. Institut, 1983

KONFOROWITSCH, A. G.: Guten Tag, Herr Archimedes. – Leipzig: Fachbuchverl., 1986

KRBEK, F. VON: Eingefangenes Unendlich. – Leipzig: Akadem. Verlagsgesellsch. Geest & Portig, 1952

LANGE, W. N.: Physikalische Knobeleien. – 5. Aufl. – Leipzig: Teubner, 1985

LEHMANN, J.: Kurzweil durch Mathe. – Leipzig; Jena; Berlin: Urania-Verl., 1980

LIETZMANN, W.: Wo steckt der Fehler? – 5. Aufl. – Leipzig: Teubner, 1969

LIETZMANN, W.: Lustiges und Merkwürdiges von Zahlen und Formen. – 11. Aufl. – Göttingen: Vandenhoeck & Ruprecht Verl., 1982

MAKEJEWA, G. P.; ZEDRIK, M. S.: Verwunderliches aus der Physik. – 7. Aufl. – Leipzig: Teubner, 1984

MARKUSCHEWITSCH, A. I.: Rekursive Folgen. – 4. Aufl. – Berlin: Dt. Verl. d. Wiss., 1977

MESCHKOWSKI, H.: Wandlungen des mathematischen Denkens. – 5. Aufl. – München; Zürich: Piper Verl., 1985

NAGEL, E.; NEWMAN, J. R.: Der Gödelsche Beweis. – 2. Aufl. – Wien; München: Oldenbourg-Verl., 1979

NORTHROP, E. P.: Rätselvolle Mathematik. – Frankfurt/Main; Wien: Humboldt-Verl., 1954

OBREIMOW, W. I.: Matematičeskie sofizmy. – 2. Aufl. – Petersburg: Izd. F. Pavlenkova, 1889 – (Mathematische Sophismen)

PERELMAN, J. A.: Unterhaltsame Geometrie. – Berlin: Volk und Wissen Verl., 1962

PERELMAN, J. A.: Heitere Mathematik. – 5. Aufl. – Berlin: Kinderbuchverl., 1964

PERELMAN, J. A.: Lebendige Mathematik. – Thun und Frankfurt/Main: Verl. Harri Deutsch, 1990

PERELMAN, J. A.: Unterhaltsame Algebra. – Berlin: Volk und Wissen Verl., 1965

PÉTER, R.: Das Spiel mit dem Unendlichen. – 5. Aufl. – Leipzig: Teubner, 1984

REICHARDT, H.: Gauß und die nicht-euklidische Geometrie. – Leipzig: Teubner, 1976

SMOGORSCHEWSKI, A. S.: Lobatschewskische Geometrie. – Leipzig: Teubner, 1978

SMULLYAN, R. M.: Wie heißt dieses Buch? – Braunschweig; Wiesbaden: Vieweg-Verl., 1981

SMULLYAN, R. M.: Buch ohne Titel. – Braunschweig; Wiesbaden: Vieweg-Verl., 1983

STEINHAUS, H.: 100 Aufgaben. – Leipzig; Jena; Berlin: Urania-Verl., 1968

STEINHAUS, H.: 100 neue Aufgaben. – Leipzig; Jena; Berlin: Urania-Verl., 1973

STRUIK, D. J.: Abriß der Geschichte der Mathematik. – 7. Aufl. – Berlin: Dt. Verl. Wiss., 1980

SUCHOTIN, A. K.: Kuriositäten in der Wissenschaft? – Leipzig: Fachbuchverl., 1983

Wilenkin, N. J.: Unterhaltsame Mengenlehre. – 3. Aufl. – Leipzig: Teubner, 1986

Zich, O.; Kolman, A.: Unterhaltsame Logik. – 3. Aufl. – Leipzig: Teubner, 1975

Bildnachweis

Die im folgenden aufgeführten Bilder sind von Maurits Cornelis Escher; zur Verfügung gestellt von:
Collection Haags Gemeentemuseum – The Hague
»Relativität«, Lithographie, 1953, Einband
»Andere Welt II«, Holzstich, 1947, Seite 2
»Wasserfall«, Lithographie, 1961, Seite 10
»Fische und Schuppen«, Holzschnitt, 1959, Seite 11
»Treppauf und Treppab«, Lithographie, 1960, Seite 50
»Knoten«, Holzschnitt, 1965, Seite 51
»Belvedere«, Lithographie, 1958, Seite 70
»Sterne«, Holzstich, 1948, Seite 71
»Oben und unten«, Lithographie, 1947, Seite 102
»Luft und Wasser I«, Holzschnitt, 1938, Seite 103
»Reptilien«, Lithographie, 1943, Seite 190
»Drache«, Holzstich, 1952, Seite 191

Personenregister

Abel, Niels Henrik (5. 8. 1802–6. 4. 1829) 91, 95
d'Alembert, Jean le Rond (16. 11. 1717–29. 10. 1783) 35, 244
Ambarzumjan, Wiktor Amasaspowitsch (geb. 5. 9. 1908) 15
Archimedes von Syrakus (um 287–212 v. u. Z.) 228
Aristoteles (384–322 v. u. Z.) 27, 31, 41, 44, 134, 174f., 230

Banach, Stefan (30. 3. 1892–31. 8. 1945) 36
Bólyai, Farkas (9. 2. 1775–20. 11. 1856) 12, 144
Bólyai, János (15. 12. 1802–27. 1. 1860) 12f., 144
Boole, George (2. 11. 1815–8. 12. 1864) 39
Bourbaki, Nicolas (Mathematikerkollektiv) 27, 42
Bruno, Giordano (1548–17. 2. 1600) 12
Burali-Forti, Cesare (13. 8. 1861–21. 1. 1931) 196

Cantor, Georg (3. 3. 1845–6. 1. 1918) 35, 195f., 228, 234f.
Carroll, Lewis (s. Dodgson)
Chronos, Diodoros (gest. um 307 v. u. Z.) 7
Chrysippos (um 280–um 207 v. u. Z.) 33
Curry, Haskell Brooks (12. 9. 1900–1. 9. 1982) 33

Darboux, Jean Gaston (14. 8. 1842–23. 2. 1912) 21
Dedekind, Richard (6. 10. 1831–12. 2. 1916) 36
Demokrit von Abdera (um 460–um 380) 12
Dodgson, Charles Lutwidge, gen. Lewis Carroll (27. 1. 1832–14. 1. 1898) 20, 30, 205, 240f.

Epikur (341–270 v. u. Z.) 44
Epimenides (um 500 v. u. Z.) 33, 194, 233
Escher, Maurits Cornelis (17. 6. 1898–27. 3. 1972) 2, 10f., 14, 50f., 70f., 102f., 190f.
Eubulides von Milet (4. Jh. v. u. Z.) 7, 33, 194, 233
Euklid (um 365–um 300 v. u. Z.) 7, 27, 42, 143f.
Euler, Leonhard (15. 4. 1707–18. 9. 1783) 45, 82, 97

Fermat, Pierre de (20. 8. 1601–12.1. 1665) 57f., 65f., 119
Fibonacci (s. Leonardo von Pisa)
Frege, Gottlob (8. 11. 1848–26. 7. 1925) 234, 238

Galilei, Galileo (15. 2. 1564–8. 1. 1642) 121, 175, 228, 230
Galois, Evariste (25. 10. 1811–31. 5. 1832) 91
Gassend, Piere (22. 1. 1592–24. 10. 1655) 15
Gauß, Carl Friedrich (30. 4. 1777–23. 2. 1855) 49, 59
Gödel, Kurt (28. 4. 1906–14. 1. 1978) 34, 233

Hardy, Godefrey Harold (7. 12. 1877–1. 12. 1947) 44
Hausdorff, Felix (8. 11. 1868–26. 1. 1942) 32, 36
Hegel, Georg Wilhelm Friedrich (27. 8. 1770–14. 11. 1831) 69
Herzen, Alexander Iwanowitsch (6. 4. 1821–21. 1. 1870) 31, 72
Hilbert, David (23. 1. 1862–14. 2. 1943) 29, 46f., 104, 133

Hobbes, Thomas (5. 7. 1588–4. 12. 1679) 16, 21

Janowskaja, Sophia Alexandrowna (31. 1. 1896–24. 10. 1966) 231
Jordan, Camille (5. 1. 1838–21. 1. 1922) 183

Kleene, Steven Cole (geb. 5. 1. 1909) 234

Lawrentjew, Michail Alexejewitsch (19. 11. 1900–15. 10. 1980) 244
Leibniz, Gottfried Wilhelm (1. 7. 1646–14. 11. 1716) 38f., 45, 95f.
Leonardo von Pisa, gen. Fibonacci (um 1170–um 1250) 169f., 172
Lobatschewski, Nikolai Iwanowitsch (1. 12. 1792–24. 2. 1856) 16, 35, 143f.
Lullus, Raimundus (um 1235–1315) 38

Magnizki, Leonti Filippowitsch (19. 6. 1669–30. 10. 1739) 59
Möbius, August Ferdinand (17. 11. 1790–26. 9. 1868) 13
Morgan, Augustus de (27. 6. 1806–18. 3. 1871) 41

Newton, Isaac (4. 1. 1643–31. 3. 1727) 12, 45

Oresme, Nicole (um 1323–1382) 96, 188

Pacioli, Luca (um 1445–1517) 45
Pascal, Blaise (19. 6. 1623–19. 8. 1662) 32, 35, 45, 49f.
Peano, Guiseppe (27. 8. 1858–20. 4. 1939) 189
Philetas von Kos (geb. um 308 v. u. Z.) 7, 33
Platon (um 427–um 347 v. u. Z.) 31
Poincaré, Jules-Henri (29. 4. 1854–17. 7. 1912) 47, 189
Polya, George (13. 12. 1887–7. 9. 1985) 46, 62, 150, 157
Proklos, Diadochos (um 412–um 485) 148, 181
Protagoras von Abdera (um 485–415 v. u. Z.) 31, 195
Pythagoras von Samos (etwa 580–etwa 500 v. u. Z.) 16, 26, 57f., 120, 145, 153

Richard, Jules Antoine (12. 8. 1862–14. 10. 1956) 197, 238
Riemann, Bernhard (17. 9. 1826–20. 7. 1866) 96
Russell, Bertrand (18. 5. 1872–2. 2. 1970) 47, 196f., 235

Schwarz, Hermann Amandus (25. 1. 1843–30. 11. 1921) 178
Sierpiński, Wacław (14. 3. 1882–21. 10. 1969) 155f., 189
Steinhaus, Hugo (14. 1. 1887–25. 2. 1972) 30, 32

Tarski, Alfred (14. 1. 1901–26. 10. 1983) 36
Thales von Milet (um 625–um 547 v. u. Z.) 150

Waerden, Barthel Leendert van der (geb. 2. 2. 1903) 154, 186, 189
Wallis, John (23. 11. 1616–28. 10. 1703) 21, 81, 96
Weyl, Hermann (9. 11. 1885–8. 12. 1955) 22, 228

Zenon von Elea (um 490–um 430 v. u. Z.) 33, 192, 194, 228, 230ff.

Kompaktes Wissen

Taschenbuch mathematischer Formeln
Von Dr. Hans-Jochen Bartsch
Die praktische Formelsammlung für Studenten naturwissenschaftlich-technischer Fachrichtungen an Fachhochschulen und Hochschulen, für Lehrer und für den Praktiker zum Nachschlagen
17., neubearbeitete Auflage 1997, 700 Seiten, 480 Abbildungen und zahlreiche Beispiele, Festeinband, ISBN 3-446-18717-0

Taschenbuch der Wirtschaftsmathematik
Von Prof. Dr. rer. nat. Wolfgang Eichholz und Prof. Dr.-Ing. Eberhard Vilkner
Dieses Nachschlagewerk wendet sich an Studenten wirtschaftlicher Fachrichtungen und auch an die in der Praxis tätigen Wirtschaftswissenschaftler. Es stellt eine Brücke zwischen mathematischen Verfahren und wirtschaftlichen Anwendungen in komprimierter Form dar. Einfache Beispiele verdeutlichen mathematische Zusammenhänge und wirtschaftliche Anwendungen.
1997, 261 Seiten, 46 Abbildungen, 194 durchgerechnete Beispiele und zahlreiche Tabellen, Festeinband, ISBN 3-446-18720-0

Taschenbuch der Physik
Von Oberstudienrat Horst Kuchling
Die wichtigsten physikalischen Gesetzmäßigkeiten und ein umfangreicher Tabellenanhang
16. Auflage 1996, 708 Seiten, 550 Abbildungen, 63 Tabellen, Festeinband, ISBN 3-446-18692-1